똥 누는 시간 12초 오줌 누는 시간 21초

내 몸을 살리는 평활근 생물학

똥 누는 시간 12초
오줌 누는 시간 21초

김홍표 지음

내 몸을 살리는
평활근 생물학

지호

5장

오줌 누기 21초 똥 누기 12초

머리에 변기 뚜껑을 쓰고 시상식에 나타나다 | 가장 쉬운 질문에 대답하기가 여전히 가장 어렵다-세금 제대로 쓰기 | 오줌의 대차대조표 | 오줌은 노랗다 | 오줌의 물리학 | 오줌의 유체역학 | 오줌 누는 시간 21초 | 방광을 비우는 일 | 소변기에 앉은 파리 | 똥 누기 | 메주 모양의 똥 | 똥 누기 네 단계 | 똥 누는 일의 통계학 | 기체를 내보내다 | 똥 누는 시간 12초

저장하지 못하는 것들과 함께 살기

저장하지 못하는 것들이 생존을 위협하다

✳

333 생존 법칙

공기 없이 3분
물 없이 3일
먹지 않고 3주

_허브 스펜서, 〈죽음:《사람은 어떻게 죽음을 맞이하는가》를 읽고〉, 2020

방주를 만들 때 노아는 목선의 틈새를 막으려고 검고 끈적끈적한 타르(tar)를 사용했다고 한다. 기록에 따르면 중동 사람들은 일찍부터 석유로 타르를 만들었다. 아스팔트라는 이름으로 우리에게 익숙한 타르는 흔히 고체라고 여기지만 그것이 액체임을 증명한 사람이 있다. 지금도 호주 퀸즐랜드 대학에서 진행되고 있는 이 실험은 1927년에 물리학자 토마스 파넬Thomas Parnell, 1881~1948이 시작했다. 그는 깔때기에 타르를 넣고 공기가 들어가지 않게 커다란 유리병을 덮어 둔 장치를 설계했다. 실험을 시작한 지 11년 만에 첫 번째 타르 방울이 떨어졌다. 그 뒤로 1947년,

©www.wikipedia.org

타르 낙하 실험

1954년에 두 번째, 세 번째 방울이 떨어졌고 어느덧 여덟 번째 방울이 떨어진 2000년에 이어 2014년에 아홉 번째 방울이 떨어졌다. 거의 10년마다 한 방울씩 떨어진 셈이다. 재미있는 사실은 타르가 떨어지는 순간을 직접 목격한 사람은 지금까지 아무도 없다는 점이다. 누군가 답답하기 짝이 없는 이런 실험을 하겠다면 당장 면박을 받을 일일지도 모르지만, 토마스의 '미친' 연구는 전 세계에 알려졌고 사람들이 찾아오기 시작하자 학교는 홍보용으로 이를 전시하기로 작정했다. 토마스는 세 번째 방울이 떨어지는 것을 보지 못하고 죽었지만, 지금도 타르는 유체로서 자신의 존재감을 느릿느릿 드러내고 있다.

내가 아는 한 역사상 토마스의 실험이 가장 긴 실험이다. 지금도 진행 중이라니까 100년이 넘을 날도 그리 머지않았다. 시간상 길게 진행되는 실험은 보통 실험자가 자신의 생애를 두고 진행하거나 자신을 실험 대상으로 하기 십상이다. 전자의 예로 제2차세계대전 중 며칠을 제외하고는 하루도 빠지지 않고 12년 넘게 매일 같은 실험을 25만 번 반복한 조르조 피카르디Giorgio Piccardi, 1895~1972라는 이탈리아 화학자가 있다. 피카르디는 실험할 때 어떤 날은 2.5초가 걸리고 어떤 날은 1.8초가 걸리는 이유를 알기 위해 날씨, 온도, 기압 등을 매일 기록했다. 1962년, 그 기록물은 《의료기후학의 화학적 기초 The Chemical Basis Of Medical Climatology》로 출간됐다. 결론은 물이 적외선의 영향을 받아● 무

● 〈조르조 피카르디: 잊혔으나 여전히 위대한 이탈리아 과학자〉라는 제목의 논문에서 카를로 아르테미Carlo Artemi는 행성 사이의 자기장이 그 원인이라고 말했다.

기화학 반응 속도에 영향을 주었다는 것이다. 결론은 어쨌을망정 실험의 파급력은 꽤 커서 피카르디를 추종하는 사람들이 생겨나기까지 했다.

수십 년에 걸쳐 한 실험을 반복하는 일은 어지간한 인내심과 불굴의 의지가 없으면 그 누구도 흉내 내기 힘들다. 그 자체로 찬탄할 만한 인간 승리이다. 평생 모기를 연구한 부산 고신대학교 이동규 박사나 뉴질랜드 달팽이에 기생하는 기생충 연구로 성(sex)의 기원을 파헤친 커티스 리블리Curtis Lively가 좋은 사례. 생리학 분야에서도 그런 과학자들이 많았다. 우연한 기회에 인간의 소화기관을 들여다보고 그것의 생리학을 연구하여 '소화기 생리학의 아버지'가 된 사람의 이력도 잠시 살펴보자.

1822년 프랑스계 캐나다인 알렉시스 세인트 마틴Alexis St. Martin, 1802~1880은 미국 미시간주의 맥키노MacKinac 섬 모피 회사 앞에 서 있다가 불의의 사고를 당했다. 불과 1미터도 떨어지지 않은 곳에서 날아온 총알은 마틴의 왼쪽 가슴을 뚫고 지나갔다. 섬의 요새를 지키는 미국 육군 소속 의사인 윌리엄 버몬트William Beaumont, 1785~1853가 피투성이 마틴을 맞았다. 갈비뼈 여러 개를 지난 총탄은 왼편 아래쪽 폐(허파)를 거쳐 횡격막(가로막)까지 찢고 나갔다. 총탄은 몸 밖으로 나가기 전 급기야 위에 구멍을 뚫기도 했다. 결국 마틴의 왼편 상복부에는 위로 직접 통하는 구멍이 나게 되었고, 아침에 먹은 음식물이 아직 소화되지 못한 채 낭자한 피에 뒤섞인 상황을 버몬트는 담담하게 묘사하면서 마틴이 이틀을 넘기지 못할 것이라고 치료 일지에 적었다.

그러나 웬걸, 마틴은 죽지 않았다. 갈비뼈와 연골 조각을 빼앗긴 상태였지만 마틴은 회복세로 들어섰다. 하지만 문제는 그가 물이나 음식물을 먹기 힘들었다는 사실이다. 위에 뚫린 구멍으로 새 나왔기 때문이다. 상처 부위를 눌러 붙이고 접착성 띠로 묶어 아물 때까지 버몬트는 항문을 통해 영양소를 공급했다.

마침내 마틴은 완전히 회복했다. 다만 한 가지 이상한 일이 벌어졌다. 위 구멍이 완전히 닫히지 않고 위 벽이 배 쪽 피부에 붙어 버린 것이다. 갈비뼈 아래에 구멍이 생겨서 위 내부가 바깥으로 열린 셈이었다. 버몬트는 구멍을 봉합하고자 했지만, 상처를 회복하느라 진이 빠진 마틴은 이를 거부했다. 음식물이 새 나오지 않게 밴드를 붙인 지 몇 달이 지나자, 위가 스스로 해결책을 찾아냈다. 안쪽에서 밸브 비슷한 피부막(flap)이 자라 나온 것이다. 하지만 완벽하지는 않아서 손가락으로 누르면 위 안에 접근할 수 있었다. 지금이라면 절대 있을 수 없는 일이고 마틴에게는 불행의 시작이었지만 어쨌든 버몬트는 이 천재일우의 기회를 놓치지 않았다. 마틴이 한쪽으로 비스듬하게 누우면 버몬트가 그의 위 안에서 벌어지는 일을 관찰하는 일이 반복되었다. 위에 물을 붓고 수저로 음식을 욱여넣은 뒤 관을 꽂아 반죽이 된 음식물을 맨눈으로 볼 수 있었다. 여러 종류의 음식물을 넣고 빼는 과정을 거쳐 버몬트는 소화에 걸리는 시간을 알 수 있었다. 한번은 익히지 않은 소고기 조각을 구멍에 집어넣기도 했다. 그것은 채 5시간도 지나지 않아 완전히 소화되었다.

도망치고 찾아내는 우여곡절을 거쳐 약 10년 동안 버몬트는 200회

넘게 인간 실험을 진행했다. 그 결과가 《위산과 소화기 생리학의 실험과 관찰Experiments and Observations on the Gastric Juice, and the Physiology of Digestion》이라는 저술로 이어졌다. 인체를 실험 수단으로 선택한 버몬트의 비도덕성은 따로 단죄해야 하겠지만 어쨌든 그의 연구는 혁명적이었다. 버몬트는 소화 생리학을 두루 망라하는 51가지의 결론을 기술했다. 가령 이런 것들이다. 채소는 고기보다 천천히 소화된다. 우유는 소화 초기 단계에서 엉킨다. 건강한 위는 점액층으로 덮여 있고 창백한 분홍빛을 띤다. 위는 음식물을 뒤섞어 내용물의 소화를 돕는다. 하지만 그의 주된 관심은 위산에 집중되었다.

음식이나 어떤 유동액과도 섞이지 않은 건강한 성인의 위산은 그 자체로 맑고 투명한 액체이다. 약간 짠맛이지만 냄새는 없고 산(acid)이다. 미량을 혀에 대면 끈적이는 물 느낌이고 염산의 신맛이 난다. 물, 와인 및 주정에 쉽게 섞이고 알칼리와 반응하여 약간 거품이 난다. 위산은 음식 성분의 효과적인 용매이다.

별다른 감흥은 없는 밋밋한 논조지만 당시에는 엄청난 파급 효과가 있었다. 1820년 전까지 위산은 그야말로 미궁 속에 있었다. 아무도 그 정체를 몰랐고 그것이 무슨 일을 하는지도 알지 못했다. 어떤 사람들은 그것이 용매일 것이라고 말했고 다른 사람들은 그것이 식도를 통과한 침에 불과한 것이라고 단정 지어 말했다.

현대적 시각에서 보면 버몬트는 위산의 중요성을 강조했지만 소장으로 분비되는 다양한 췌장 효소와 위에서 분비되는 단백질 분해 효소인 펩신(pepsin)이 소화 과정에서 차지하는 역할은 거의 알지 못했거나 짐짓 무시했다. 위산 분비를 억제하고 산을 중화시키는 약물을 투여해도 커다란 문제가 생기지 않듯 위산은 무척 중요하지만 절대적이지는 않다. 위산의 임무는 분해 효소를 부추겨 단백질을 잘게 부수고 세균을 제거하는 일이다. 따라서 속이 쓰리다고 위산 분비를 억제하는 약물을 장기간 복용하면 세균의 준동을 억제하는 기능이 떨어지리라는 점도 쉽사리 예상할 수 있다.

버몬트의 첫 실험이 이루어지기 직전인 1824년, 영국의 의사 출신 화학자 윌리엄 프라우트William Prout, 1785~1850•는 동물의 위액에 위산이 들어 있다는 사실을 발견했다. 하지만 사람들은 그 발견에 반신반의했다. 조물주가 몸 안에 그렇게 독성이 강한 물질을 분비하는 어리석은 일을 하리라고 생각하지 않았기 때문일 것이다. 대서양 건너편에서 버몬트는 프라우트를 의심의 눈초리에서 구해 냈을 뿐만 아니라 위 벽에서 부식성이 있는 용액이 분비된다는 사실도 재확인했다.

• 윌리엄 프라우트는 오줌에서 요소(urea)를 추출했고 위액의 정체를 알아냈다. 모든 원소의 원자량은 제1 물질이자 기본 원소인 수소 원자량의 정수배라는 가설을 주창했다. 말 나온 김에, 위의 산 분비샘의 상피세포에 존재하는 벽세포(parietal cell)는 ATP를 써서 양성자 펌프를 작동하고 양성자(수소 이온, 즉 산)를 위 안으로 내보낸다. 즉, 위 벽세포에서 산을 분비하는 것이다. 막 주위로 이온이 통과하는 일에 에너지가 쓰인다는 상념에 빠졌던 피터 미첼Peter Mitchell, 1920~1992은 이 개념으로 미토콘드리아 내막에서 일어나는 사건을 설명할 수 있으리라 생각했다. 막을 중심으로 벌어지는 양성자의 이동이 에너지 소비 혹은 생산과 짝지을 수 있다면 어떻게 될까? 이 가설은 궁극적으로 양성자 농도 기울기에 바탕을 둔 화합 삼투(chemiosmosis) 이론으로 연결되었다. 미토콘드리아에서 벌어지는 에너지 생산의 동력인 양성자 농도 기울기(화학 삼투)는 우리가 알고 있는 거의 모든 생명체 내부에서 벌어지는 보편적인 생화학이다.

평소 잘 생각해 보지 않는 주제이긴 하지만 위산의 분비는 진화적으로 척추동물 발생 초기에 생겨난 것으로 보인다. 단백질을 분해하는 일이 위액의 주요한 기능 중 하나라면 당연히 다른 동물의 단백질을 노리는 포식자가 떠오를 것이기 때문이다. 덴마크의 코펜하겐 대학 안데르스 욘센Anders Johnsen은 위산의 분비가 4억 년 전 연골어류에서 기원한다고 말했다. 위산을 만드는 데 에너지 소모가 크고 또 위궤양을 일으키거나 거꾸로 역류하여 식도를 훼손한다면 산성인 위액을 분비하는 일은 무척 위험하다. 생명체에게 충분한 보상을 치르지 않았다면 자연 선택되어 지금에 이를 수 없으리라는 뜻이다. 물고기, 양서류, 파충류, 조류, 포유류 할 것 없이 대부분의 척추동물은 위산을 분비하며 끄떡없이 살아간다.

위산 분비를 촉진하는 호르몬으로 알려진 가스트린(gastrin)은 34개 아미노산으로 구성된 펩타이드(peptide)ㆍ로 분비된 후 잘려서 아미노산이 14개인 활성형 펩타이드가 된다. 그 외에도 17개 아미노산을 갖는 펩타이드로도 발견된다. 계통적으로 보았을 때 이 물질은 위산보다 더 오래되었다. 척추동물로 이행하는 중간 생명체이자(근육세포 기원을 언급할 때 다시 등장할 것이다) 원시 척삭동물의 대표 격인 유령명게(Ciona intestinalis)에서도 발견되기 때문이다. 가스트린은 모든 척추동물에서 잘 보존되어 있지만 포유동물에서는 커다란 구조적 변화를

● 한 아미노산의 카복시기(-COOH)와 다른 아미노산의 아미노기(-NH₂)가 물 분자를 형성하여 탈수하면서 결합한 화합물이다.

동반한 것으로 밝혀졌다. 이 호르몬은 위에서 십이지장(샘창자)으로 나가는 날문안뜰(antrum)에 위치하며 위 내강의 수소 이온을 감지하는 가스트린 세포에서 혈액으로 분비된다. 수소 이온 농도 지수 pH가 4보다 적으면 가스트린 세포의 활성이 억제된다. 그 이상이면 억제 효과가 사라지고 가스트린 세포가 활성화되면서 가스트린 호르몬이 분비된다. 수소 이온 농도 지수 pH가 4보다 적으면 위산은 효과적으로 세균을 제거한다. 외부에서 음식을 따라 위에 침입한 세균은 15분이면 거의 다 죽는다. 그보다 높으면 위산의 살균 효과는 현저히 떨어진다. 위산 분비와 살균 효과가 절묘한 균형을 이루고 있다는 점은 무척 흥미로운 일이다.

위산을 분비하여 소화를 촉진하는 일 외에도 위에는 음식물을 보관하는 기능이 있다. 위를 절제한 환자들이 끊임없이 음식을 자주 먹어야 하는 까닭이 바로 저 보관 기능에 있다. 잘 알려지지 않았지만 위 벽세포는 내인성 인자(intrinsic factor)라는 당단백질을 분비하는데, 이 내인성 인자는 음식물을 통해 들어오는 비타민 B_{12}의 흡수를 돕는다. 내인성 인자는 비타민 B_{12}와 복합체를 이루어 위에서 소화가 진행되는 동안 비타민 B_{12}가 분해되는 것을 막아 주고 안전하게 소장(작은창자)의 말단인 회장(돌창자)의 상피세포로 이동시켜 그곳에서 비타민 B_{12}가 흡수되도록 해 준다. 그러므로 위가 내인성 인자를 만들지 못하면 비타민 B_{12}는 우리 몸 안으로 거의 들어오지 못한다. 내인성 인자가 비타민 B_{12}의 결핍 여부를 결정한다는 뜻이다. 코발트를 함유한 물질이라서 코발라민(cobalamin)이라는 이름이 붙은 비타민 B_{12}

는 모든 세포에 필요하다. 지방산과 아미노산을 만들 때도 필요하지만 무엇보다 유전자를 복제하고 수선하는 데 긴요하게 쓰이기 때문이다. 축삭을 피막처럼 둘러싸는 미엘린 절연체를 만들어야 하는 신경세포는 더더욱 비타민 B_{12} 의존도가 높다. 짐작하겠지만 빠르게 분열하는 혈구 세포들도 이 비타민이 있어야 한다. 문제는 비타민 B_{12}가 동물성 음식물에서만 충족된다는 데 있다. 곰팡이나 식물은 이 비타민을 갖고 있지 않다. 그렇기에 채식을 고집하는 사람들은 비타민 B_{12}를 따로 챙겨 먹어야 한다. 그럼 초식동물은 비타민 B_{12}가 없어도 사는 데 지장이 없을까? 그렇지는 않다. 그럼 이들은 비타민 B_{12}를 어디에서 수급하는 걸까? 장내 세균이다. 주식(宙食)을 담보로 초식동물은 세균에게 비타민 B_{12}를 얻는다. 물론 인간도 이와 같은 방식으로 혈액 응고에 필요한 비타민 K의 공급을 세균 공장에 일임했다.

저울 의자에 앉아 먹고 싸기

좀 장황해졌지만 버몬트 이야기는 앞으로 살펴볼 '먹고 싸는' 일의 예고편쯤으로 간주하면 좋겠다. 이제 자기 몸을 실험 도구로 삼아 긴 시간에 걸쳐 먹고 싸는 일을 정량적으로 실험한 역사적 사실을 살펴보겠다. 열량계가 곧 실험자가 묵을 숙소인 이런 설비의 무게를 직접 재는 현대적 실험 결과(표10, 217쪽)도 머잖아 알아보겠지만, 우선 이탈리아 베네치아의 산토리오 산토리오Santorio Santorio, 1561~1636에게 가 보자.

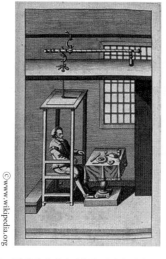

왼쪽 그림에서 케이지 비슷한 괴상한 설비 안에 앉은 산토리오의 모습을 볼 수 있다. 그 장치 위쪽을 보면 한쪽 끝이 거대한 저울에 매달려 있는 모습이다. 왼쪽 그림은 1614년에 처음 출간된 산토리오의《의학 통계 *Ars de statica medicina*》에 수록되어 있다. 이 그림 위쪽에 매달린 장치를 보니 오른편 저울이 떠오른다. 옛날 삼촌이 오일장을 돌며 말린 고추를 팔 때 신주처럼 늘 들고 다니던 막대 저울이다.

산토리오는 왜 먹고 마시는 것보다 나중에 배설하는 것의 양이 기본적으로 더 적은가를 알아보기 위한 실험 장치로 '저울 의자'를 제작했다. 그는 이 질문에 답하느라 자신을 다 소진해 버렸다. 산토리오는 이 여분의 무게가 어디로 가는지 살피느라 온 생애를 바친 것이다. 그는 자신을 실험동물로 삼아 어떤 것이든 행동 전후의 무게 변화를 기록했다. 오줌을 싸거나 똥을 싸는 일은 물론이거니와 운동을 하든 성행위를 하든 저울 의자 위에 올라앉았단 뜻이다. 먹기 전에는 음식물의 무게를 쟀다. 무려 30년 동안 실험을 진행한 뒤 그는 '감지할 수 없는 땀(insensible perspiration, *perspiratio insensibilis*)' 가설에 도달했다.

사람이 어떤 성분들을 피부나 입을 통해 잃어버린다는 말이다. 잃어버린 무게는 바로 거기에 있었다. '감지할 수 없는 발한 작용'이라고 알려진 그의 결론은 30년 세월에 비하면 사뭇 허망하지만 무슨 말인지 그 속내를 들여다보자.

우리는 호흡이나 피부를 통해 몸 안의 물을 잃어버린다. 또한 그 물이 우리가 직접 마셨거나 입으로 들어온 음식물 속에 든 것이거나 물질대사 과정을 거쳐 음식물을 분해한 결과 생기는 부산물이라는 사실을 잘 알고 있다. 우리 몸 안의 모든 물질은 끊임없이 움직이고 교체된다. 가장 양이 많은 대사체인 물도 사정은 마찬가지다. 사라 에버츠Sarah Everts는 사람 피부에 박힌 약 200만 개의 땀샘을 통해 미처 인식하지 못한 채 분비되는 땀의 양이 하루에 얼추 400그램 정도라고 말했다. 충분히 예상할 수 있듯, 더우면 땀의 양이 좀 더 많고 추우면 적다. 임진왜란이 일어났던 당시 인간의 지적 수준에서 세포 호흡은 범접할 수 없는 미지의 영역이었기 때문에 산토리오가 내린 '발한 작용'의 속내는 한동안 미지의 영역으로 남았다. 생화학* 이란 용어가

---

* 생화학은 생명체의 화학 조성을 알아내고, 생명체의 성장과 유지를 가능하게 하는 생화학적 과정을 연구하는 분야를 광범위하게 아우른다. 19세기 이전부터 살아 있는 세포 내 생물과 화학의 경계 분야를 연구하기 시작했지만 근대적 의미의 생화학은 19세기 후반에서 20세기 초반에 들어서야 이루어졌다. 소화 또는 체액의 화학 또는 세포 화학을 포함하는 생리 화학 연구가 활발해진 것이다. 1903년 독일의 화학자 칼 노이베르크Carl Neuberg, 1877~1956는 생화학이란 용어를 처음으로 사용했다. 체액과 근육 생리를 연구한 클로드 베르나르Claude Bernard, 1813~1878는 생화학의 아버지로 알려졌다. 이후 걸출한 과학자들이 등장하여 지방, 단백질 및 탄수화물 화학을 깊이 연구했다. 그와 함께 효소의 기본적인 측면도 모습을 드러냈다. 생화학의 지식과 정보가 쌓이면서 세포와 유전자 연구로 그 분야가 확장되었다. 오믹스(omics, 주로 유전체학, 전사체학, 단백질체학, 대사체학 등을 이른다. 오믹스학은 주로 개별 생명 요소에 대한 연구보다는 생체 내 특정 종류의 분자들을 통합적으로 분

처음 생긴 해는 1903년이다. 하지만 산토리오는 사실상 대사의 진면목을 이해하고 있었다. 오줌이나 똥으로 변하기 전 음식물이나 물이 몸 안에서 어떤 변화를 겪고 거기서 유래된 '활력'이 인간을 움직이게 한다고 보았기 때문이다.

대사라는 말은 1839년 독일의 생리학자 테오도어 슈반Theodor Schwann, 1810~1882이 만들었다. 1836년 소화 과정을 연구하다가 위(胃)에서 소화와 관계있는 물질을 발견하고 펩신이라고 이름 지었으며, 살아 있는 조직에서 일어나는 화학 변화를 물질대사라고 했다. 그는 또한 살아 있는 모든 생명체는 세포로 이루어졌다는 사실을 깨달은 첫 번째 세대에 속한다. 슈반은 마티아스 슐라이덴Matthias Schleiden, 1804~1881이 식물의 세포설을 주장한 다음 해인 1839년에 동물도 식물처럼 세포로 되어 있다는 동물 세포설을 주장했다. 또한 식도 상부의 가로무늬근을 발견했으며, 신경섬유인 축삭돌기를 싸고 있는 수초를 발견하기도 했다.

대사는 '신진대사(新陳代謝)'의 줄임말이다. 말뜻 그대로 '묵은 것이 없어지고 새것이 대신 생긴다'는 사전적 의미를 띤다. 딱 떨어지는 것은 아니지만 대사는 두 가지다. 묵은 것이 없어지는 '이화' 작용과 새것이 대신 생기는 '동화' 작용이다. 식물의 초록 잎에서 일어나는 탄소 동화 작용의 동화 또는 고정(fix)이 포도당을 새로 만든다는 뜻

석함으로써 생체의 구조와 기능을 연구하는 학문이다.) 분야가 전면에 등장하면서 이제는 생화학도 네트워크 분야를 다루게 되었다. 생화학은 스스로 그 영역을 넓혀 왔음에도 지금은 그 이름의 역사성 때문에 스스로 편협함에 사로잡히기도 한다.

이 있음을 생각해 보면 두 단어의 의미가 쉽게 구분될 것이다. 복잡한 화합물을 분해하는 이화 과정에서 에너지가 방출된다. 음식물에서 에너지를 얻는 과정을 두루 '이화'라고 보면 된다. 우리 입으로 들어온 지방은 이화 작용을 거쳐 지방산과 글리세롤(glycerol, $C_3H_8O_3$)로 나뉘고, 탄수화물은 포도당으로, 단백질은 아미노산으로 분해되면서 우리 몸을 움직이는 데 필요한 에너지가 만들어진다.

그런데 간과 근육은 일부러 에너지를 들여서 포도당(glucose, $C_6H_{12}O_6$)을 글리코겐(glycogen, $(C_6H_{10}O_5)_n$)으로 저장한다. 나중에 포도당으로 분해하여 에너지를 꺼내 쓰기 위해서 일종의 동화 단계를 거치는 것이다. 하지만 에너지 통화라고 하는 ATP(아데노신삼인산(adenosine triphosphate, $C_{10}H_{16}N_5O_{13}P_3$)의 약자)˙는 몸 안에 저장되지 않는다. 그래서 만드는 족족 써야 한다. 우리가 죽을 때까지 ATP를 만들지 않으면 안 된다는 말이다. 불을 피울 때와 마찬가지로 ATP를 생산하려면 산소와 장작이 필요하다. 장작인 고분자 화합물은 연소의 결과, 물과 이산화탄소로 흩어지고 세포 안을 따스한 온기로 채우고 ATP로 변환된다. 산토리오의 답은 바로 이 대사 방정식에 있다. ATP를 만들면서 그 부산물로 이산화탄소와 물 그리고 열을 내놓는다. 산토리오가 찾던 질문의 답, 잃어버린 체중은 결국 이산화탄소와 물이

- 아데닌에 5개의 탄소를 가진 단당류 리보스(ribose, $C_5H_{10}O_5$)가 결합한 아데노신에 3분자의 인산이 결합한 뉴클레오타이드이며 고에너지 인산 결합체이다. 체내 이화 과정에서 생기는 에너지는 ATP라는 형태로 흡수되고 저장된다. 즉, ATP가 1분자의 인산기를 떼어 내고, 아데노신이인산 즉 ADP(adenosine diphosphate, $C_{10}H_{15}N_5O_{10}P_2$)가 될 때 높은 에너지를 방출한다. 이 에너지가 근육 수축이나 생체 성분의 합성이나 그 밖의 생명 활동의 에너지로 직접 이용되는 것이다.

었다. 산토리오는 당대를 뛰어넘는 천재적 발상을 실험으로 증명했지만 17세기 초반 인류의 뇌리에는 이산화탄소가 자리 잡지 못했다. 그것이 그의 결론이 반쪽짜리 답에 불과한 이유이다.

본문에서 미주알고주알 다시 살펴보겠지만 간단히 몇 가지 숫자에 대해서도 기억을 되살려 보자. 식품에서 열량(熱量) 계산의 기준이 되는 영양소는 탄수화물, 지방, 단백질 등이다. 이것들이 완전 연소할 때의 열량, 즉 각 영양소들이 체내에서 완전히 분해될 때 발생하는 ATP와 열에너지의 합계는 1그램당 탄수화물은 4.1킬로칼로리, 지방은 9.45킬로칼로리, 단백질은 5.65킬로칼로리이다. 나는 세포 유전물질인 DNA도 소화되어 어떤 식으로든 열량을 낼 것으로 추측하지만 그것을 다룬 정보를 찾기는 어렵다.

탄수화물과 지방은 거의 완전히 연소하고 물과 이산화탄소로 변한다. 그러나 단백질은 그러지 못하고 요소, 요산(uric acid), 크레아틴(creatine), 크레아티닌(creatinine) 등 에너지를 발생할 수 있는 화합물로 변하거나 소변으로 배설된다. 불완전 연소와 비슷하다고 볼 수 있다. 이런 손실을 고려하면 단백질이 연소할 때 발생하는 열량은 완전 연소할 때보다 약 1.3킬로칼로리 줄어든다. 또 소화율은 탄수화물 98퍼센트, 지방 95퍼센트 그리고 단백질 92퍼센트이므로 이 수치를 참작한 열량은 우리가 상식적으로 아는 익숙한 값에 이른다. 1그램당 탄수화물은 4.0킬로칼로리이고 지방은 9.0킬로칼로리이며 단백질은 4.0킬로칼로리가 된다. 이들 값을 애트워터 계수(Atwater factor)라 한다.

숫자는 숫자일 뿐이다. 이 숫자가 의미를 가지려면 영양소가 우리 몸 안의 모든 세포에 들어와야 한다.《먹고 사는 것의 생물학》에서 나는 입에서 항문에 이르는 소화기관의 진화 과정을 살펴본 적이 있다. 처음에 나는 그 책의 제목을 내 안의 밖(inner outside)으로 할지 고민했다. 엄밀히 따지면 소화기관은 우리 몸 밖에 있다. 그렇기에 인간은 '열린 관'을 몸의 정중앙에 배치하고 에너지를 써서 영양소를 몸 안으로 끌어들인다. 그때 우리는 소화기관을 움직여야 한다. 그것이 소화기를 둘러싼 평활근이 할 일이다. 우리 몸 안으로 들어온 분자 크기의 영양소는 이제 각 세포에 배분되어야 한다. 그러자면 혈관을 둘러싼 평활근이 바지런히 움직여야 한다. 이런 일이 무난히 이루어져야 저 숫자들이 제 의미를 띤다. 이제 얼추 준비 작업을 마쳤으니 본격적으로 근육을 움직여 보자.

이 책은 주로 근육을 다룰 것이다. 뼈에 붙어 생명체의 움직임을 관장하는 골격근의 중요함은 이루 말할 수 없지만 우리 몸 안 하부구조(infrastructure)인 혈관과 소화기관 벽을 구성하는 평활근의 역할을 누누이 강조하고 싶었다. 사람들은 무슨 문제가 생겼을 때만 이 '음지에서 묵묵히 스스로 일하는' 불수의근을 마지못해 바라본다. 따라서 평활근 병리학은 쌓인 지식도 풍부하지 않고 알려진 내용도 많지 않다. 정상적 평활근 생리학을 두고는 자료도 적고 할 말도 많지 않다는 뜻이다. 골격근 식스팩을 만들어 해수욕장 과시용으로 쓰는 일을 탓할 생각은 추호도 없지만 혈관을 떠도는 알코올이나 콜레스테롤 같은 물질, 위 벽을 지나 십이지장에 도착한 콜라와 피자 같은 음식물이 의식하지 않아도 혼자 '열일하는' 평활근에 어떤 영향을 끼치는지, 죽

을 때까지 평활근과 행복하게 사는 방법은 없는지 행간을 이용해서
라도 나름으로 해법을 찾고 싶은 생각이 간절하다.

1장

근육은 많다

*

근육은 혼자서는 움직일 수 없다.

_모토카와 다쓰오,《성게, 메뚜기, 불가사리가 그렇게 생긴 이유》

지금은 시큰둥하지만 나도 한때 겨드랑이 틈에 바람을 집어넣고 힘 주며 걸어 다니던 적이 있었다. 한자가 드문드문 섞인 '현대인의 가슴 에 원시적인 힘'이란 문구에 이끌려 갓 스물이 되었을 때 역기를 들 고 근육을 응시하면서 '솟구쳐라' 주문을 외운 적이 있었다. 하지만 그 시간은 길지 않았다. 금방 입대해서 운전병으로 '앉아' 지내기도 했거니와 '3보 이상은 걷지 않는' 운전병 전통을 고수하느라 이내 근 육이고 뭐고 슬그머니 사라져 버렸던 탓이다. 그때 느꼈던 사실은 골 격근육은 유지하기 무척 사치스러운 기관이라는 점이다. 그 생각은 지금도 크게 달라지지 않았다.

우리 몸에는 650종류가 넘는 골격근육, 즉 골격근(skeletal muscle) 이 있다. 좀 너그러운 사람들은 그 숫자를 늘려 잡아 840종류가 넘는 다고 본다. 골격근이라는 용어에 골(bone, 骨)이 들어 있듯 골격근 대 부분은 직접 또는 힘줄의 도움을 받아 뼈에 붙어 있다. 갈비탕이나

T-본 스테이크가 생긴 연유다. 뼈는 206개다(갓 태어났을 때는 260개 정도였다. 크면서 갈라진 머리뼈가 융합되며 그 수가 줄어들었다). 손가락과 발가락에 인간이 가진 뼈 거의 절반이 모여 있으니 그 부위 근육의 움직임이 정교하게 조절되리라는 짐작이 가지만 커다란 뼈에 여러 종류의 근육이 동시에 붙어 있을 때도 많은 것이다.

근육이 연장된 섬유조직인 힘줄(tendon)은 골격근을 뼈에 붙인다. 반면 인대(ligament)는 뼈와 뼈를 연결한다. 운동을 과하게 하다가 무릎 관절을 연결하는 십자인대가 '나갔다'는 표현을 들어 보았을 것이다. 무릎 관절 안에서 십자 모양으로 관절을 받쳐 주는 두 인대인 십자인대를 다치면, 즉 십자인대가 나가면 긴 시간 재활 치료를 해야 한다. 반면 관용어처럼 쓰이는 아킬레스건은 힘줄이다. 종아리 근육을 발꿈치뼈에 연결하기 때문이다. 얼굴에 있는 근육은 한쪽 끝이 피부 아래 붙기도 하지만 양쪽 끝이 결합조직이나 한쪽 끝이 뼈에 붙어 있는 혀 근육도 있다. 이는 양쪽 끝 모두가 뼈에 닿지 않은 유일한 근육이다. 우리 몸 중에서 접촉에 가장 민감한 부위가 바로 혀끝이다. 빌 브라이슨Bill Bryson은《바디 *The Body*》에서 이렇게 너스레를 떨었다.

우리가 그냥 일어서기만 해도 100개의 근육이 쓰인다. 지금 읽고 있는 단어 위로 눈을 옮기기만 해도 12개의 근육이 필요하다.

이처럼 골격근은 힘줄의 도움을 받아 대개 관절 하나 이상을 가로질러 뼈에 붙기 때문에 신체의 움직임에 관여하고 우리가 유일하게 의지로 조절할 수 있는 기관이다. 우람한 근육으로 유명했던 전 캘리포니아 주지사일지라도 간을 움츠린다거나[•] 담관을 막고 있는 담석을 쓸개 안으로 보내 통증을 줄이지 못한다. 뇌는 우리 의지로 조절할 수 있는 기관일까? 잘 모르겠다. 어쨌든 강한 의지로 근육의 부피를 늘려 좌우 양쪽으로 가로줄이 뚜렷한 아랫배를 가지려 애쓰는 사람은 계속 늘어나는 듯 보이지만 항문조임근이나 식도조임근을 단련하여 먹고 내보내는 일을 작년보다 좀 더 완벽히 처리하겠다는 사람은 좀체 나타나지 않는다.

성인 남성의 두드러진 골격근은 전체 체중의 약 40퍼센트를 차지한다(표1). 단백질의 비율은 더 높아서 전체 체중의 50~75퍼센트에 이른다. 근육 섬유를 이루는 근절(sarcomere)이 주로 운동 단백질로 구성되었기 때문이다. 단백질이 많으니 이 생체 고분자 화합물의 합성과 분해도 활발해서 전체 단백질 순환의 30~50퍼센트는 근육에서 벌어진다. 이 수리 생리학에서 근육이 아미노산의 저장고 역할을 하리라는 추측이 가능해진다.

지방 조직과 달리[••] 골격근의 75퍼센트는 물이다. 그 많다는 단백질은 기껏해야 20퍼센트밖에 안 된다. 그래도 그걸 도드라지게 만들고자 노력하는 사람들이 많다. 그러거나 말거나 단백질의 합성과

● 밥을 먹으면 간이 커졌다가 굶으면 줄어든다(장철순, 〈포유동물 조직 간 대사체 교환을 돼지에서 정량화하다〉, *Cell Metabolism*, 제30권, 594, 2019).

●● 지방 조직 안의 지방의 함량은 60~94퍼센트, 물은 6~36퍼센트로 편차가 심한 편이다. 평균해서 지방이 약 80퍼센트, 물이 15퍼센트다. 비중은 0.916그램/밀리리터.

(표1) 나이별 골격근량 비율의 변화(《*Journal of Applied Physiology*》, 2000)

나이	남성(골격근량 비율, %)	여성(골격근량 비율, %)
18-35	40-44	31-33
36-55	36-40	29-31
56-75	32-35	27-30
76-85	<31	<26

골격근의 평균 근육량에 관한 믿을 만한 정보는 생각보다 많지 않다. 하지만 다행스럽게도 우리에게는 성인 남녀 468명을 대상으로 분석한 데이터가 있다. 예상대로 나이가 들면서 골격근량이 줄어든다. 흔히 40세를 지나면서 골격근량이 눈에 띄게 줄어든다. 이것 말고도 우리는 위의 표에서 한 가지 사실을 더 알 수 있다. 남성이 여성보다 골격근량이 많다는 점이다. 대신 여성에게는 근육량을 상쇄할 만큼 지방의 비율이 높다. 지방과 비교하여 근육에 더 많은 양의 물이 들어 있다.

분해 사이의 균형에 따라 근육량이 결정된다는 사실은 변함이 없다. 특히 나이가 들었거나 병상에 오래 누워 있던 탓에 분해 쪽으로 균형추가 기울고 근육량이 부쩍 줄어들면 여러 가지 문제점이 불거질 수 있다. 골격근이 원래 해야 할 일을 제대로 해내지 못할 것이기 때문이다. 이런 현상에서 우리가 눈여겨볼 것은 두 가지다. 하나는 근육을 유지하는 데 비용이 많이 든다는 것이고 다른 하나는 앞서 말한 것과 결국 같은 말이겠지만 쓰지 않는 근육은 금세 가늘어진다는 것이다.

근육은 대체 무엇에 쓰는 물건일까? 과학자들이 마우스 실험동물에서 어떤 유전자를 없애는 이유는 한 가지다. 그 유전자의 기능을 알아보기 위함이다. 하지만 대개 그 목표는 제대로 이루어지지 않는다. 유전자 결손 마우스가 아예 살아남지 못하는 때도 있고 단 하나의 유전자로 특정 형질의 변화 또는 손상된 생리적 기능을 설명할 수 있는 경우가 흔치 않기 때문이다. 하지만 하나의 기관으로서 근육이 유기체의 기능적 독립성에 이바지함은 거의 확실하다. 시간이 지남에 따라 근육을 제어하는 능력이 점차 떨어지는 파킨슨병(Parkinson's disease) 환자를 떠올려 보자. 가만히 있을 때 떨린다거나(안정떨림) 관절을 구부리거나 펼 때 저항이 나타나 뻣뻣한 느낌이 든다거나(경축) 몸동작이 굼뜨고 움직이는 폭이 줄어든다거나(운동완만) 자주 넘어지는 자세불안정 등의 파킨슨병 증상은 오랜 세월에 걸쳐 악화된다. X염색체 연관 유전 패턴을 따르는 희귀 근육 질환인 뒤셴근이영양증(Duchenne muscular dystrophy)은 근세포를 온전하게 유지하는 데 관여하는 디스트로핀(dystrophin) 단백질이 없거나 돌연변이가 일어나 근육이 파괴되는 질병이다. 어려서 발병하는 근이영양증 환자는 걷거나 달리지 못한다. 나중에는 심장과 호흡기 근육도 영향을 받아 사는 데 어려움을 겪는다. 이런 질환의 증상을 보면 결론은 명확하다. 근육은 힘을 생성하고 자세를 유지하여 인간으로서의 활동이 가능하도록 움직임을 구현한다.

근육은 대사기관이기도 하다. 저장한 글리코겐을 써서 힘차게 움직이는 일도 중요하지만 대사 관점에서 무엇보다 중요한 것은 아미노산 저장고로서 근육의 역할이다. 장에서 아미노산이 적절히 흡수되지 않을 때 조직과 기관에서 단백질 합성에 필요한 아미노산은 주로 근육에서 충당된다. 또 굶었을 때 뇌가 요구하는 포도당을 만드는 재료인 아미노산(알라닌(alanine))도 근육이 공급한다. 하지만 평소에는 먹었을 때나 흡수가 다 끝난 뒤 우리 몸의 아미노산 요구량은 크게 달라지지 않는다. 식사를 마친 뒤 소장에서 흡수된 아미노산은 주로 근육으로 들어간다. 먹지 않았을 때 부족해진 아미노산을 충당하려는 것이다. 그렇기에 정상적인 조건이라면 단백질의 합성과 분해가 균형을 이룬다. 물질대사가 주로 포도당과 지방산에 맞춰지는 탓에 사람들은 혈중 아미노산의 양을 유지하는 데 근육 단백질이 얼마나 분해될 수 있는지 별 관심이 없다. 1964년 비만을 치료하기 위해 굶기를 처방했던 한 연구자는 먹지 않더라도 비만 환자의 분해된 단백질로 혈중 아미노산의 양을 거의 60일 동안 유지할 수 있다고 보고했다. 대단한 양이다. 하지만 단백질을 분해할 수 있다고 해서 근육을 함부로 내팽개칠 수는 없는 노릇이다. 바르샤바 수용소 유대인을 조사했던 연구자들은 오랫동안 먹지 못해서 죽은 사람들의 근육량이 상당히 줄었다고 결론을 내렸다. 근육은 열을 내 심부 체온을 일정하게 유지하고 산소도 다량 소모한다. 정리하면 근육은 유기체를 움직이고 신체 단백질 대사에 관여하며 체온을 일정하게 유지하는 역할을 담당한다.

평생 근육량을 일정하게 유지하는 일은 어렵다. 나도 안다. 허벅지 안쪽 근육이 홀쭉해진 걸 발견하고부터 걷기 시작한 지가 벌써 몇 해가 되었으니. 생리학자들은 근육량이 줄어들면 스트레스나 만성 질환에 대처하는 능력이 떨어진다고 걱정한다. 이런 걱정을 덜려면 잘 먹거나 운동을 해야 한다. 근육의 균형추를 분해보다는 합성 쪽으로 보내야 한다는 뜻이다. 빠르게 걸으면 근육이 좀 붙을까? 미국 밴더빌트 대학 재활의학과 월터 프론테라Walter Frontera와 줄리엔 오칼라Julien Ochala는 고개를 젓는다. 과도한 피로 없이 긴 시간 동안 지구력을 갖고 운동하는 달리기, 걷기, 수영, 춤 같은 활동으로는 신진대사 능력을 키울지언정 근육이 커지거나 힘이 세지지는 않는다. 그렇다면, 신진대사 능력이 좋아진다는 것은 무엇을 뜻할까? 에너지를 저장하고 활용하는 용량이 커지는 현상이다. 즉, 에너지를 생산하는 미토콘드리아의 수와 용량이 늘어나는 일이다. 미토콘드리아 수가 늘면 별다른 일이 없는 한 산소의 소모량이 커진다. 산소가 하는 일이란 지방과 포도당을 깨서 에너지를 얻는 일과 크게 다르지 않다. 또한 미토콘드리아 용량이 늘면 지방과 글리코겐의 저장량도 많아져야 한다. 근절의 크기가 아니라 근절의 효율성이 커지는 것이다. 미토콘드리아의 수와 하는 일에 따라 골격근은 지근(遲筋)과 속근(速筋)으로 나뉜다. 말 그대로 속근은 숨을 쉬지 않고 100미터를 주파하는 우사인 볼트Usain Bolt의 백색 근육을 연상하면 틀리지 않는다. 움직일 때 산소를 적게 소비하는 근육은 미토콘드리아의 양도 적다. 지근은 에티오피아 마라톤 선수들의 근육을 떠올리면 된다. 미토콘드리아의 양이 많은 이들의 근육은 붉고 어둡다.

그러나 근절의 크기를 키우려면 같은 말 같지만 근력 운동을 해야 한다. 근절이 추가되고 근육 단백질 합성이 늘면서 전반적으로 근육이 커지고 힘을 낼 수 있다. 근육 줄기세포라 불리는 위성세포(satellite cell, 박스 35쪽)가 활성화되어 근절에 융합되는 일이 벌어진다. 이런 일은 주로 발생 과정에서 볼 수 있지만 손상된 근육이 재생될 때도 반복된다. 생물학자들은 이 과정에 관여하는 근육세포들 간의 신호 전달 과정을 자세히 연구했고 결국 두 가지, 단백질 합성과 근절의 융합을 촉진하는 현상으로 근절이 커지는 과정을 설명한다.

흔히들 근육을 크게 만드는 데 중요한 역할을 하는 줄 알고 있지만 오히려 평소 근육량이 늘어나지 못하게 조절하는 단백질이 우리 몸속에 있다. 전사인자 단백질 중 하나로 우리에게도 그 이름이 익숙한데, 마이오스타틴(myostatin)이다. 같은 이름을 가진 마이오스타틴 유전자(*MSTN*)에 의해 암호화되는 단백질이다. 울트라 '슈퍼 근육'을 가진 돼지가 유전자 조작 기술로 탄생했다고 매스컴이 대서특필한 적이 있다. 인터넷에서 그 모습을 바로 찾아볼 수 있다. 과학자들이 마이오스타틴 유전자를 변형시켜 네 다리에 근육이 울퉁불퉁한 돼지를 탄생시킨 것이다. 유전자 변형 기술로 마이오스타틴 유전자가 기능을 못 하게 했던 것이 슈퍼 근육의 이론적 배경이다. 헬스장에 가서 무거운 것을 드는 근력 운동은 저 단백질의 활성을 억제하는 것으로 알려졌다. 그러므로 나처럼 아무리 근력 운동을 해도 근육이 붙지 않는 사람은 마이오스타틴 활성이 좋을지도 모를 일이다. 이미 만들어진 근육이 다른 조직에 아미노산을 보충하도록 차출되지 않으려면, 다시 말해 근육의 분해를 줄이려면 먹는 일도 신경을 써야 한다는 점 또한 자명한 일이다.

뒤에서 더 자세히 살펴볼 테지만, 근감소증(근육감소증)이라는 용어는 늙어 가면서 지방을 제외한 몸무게를 의미하는 제지방량이 줄어드는 현상을 일컫는다. 인하대학교 곽효범 박사는 노화성 근감소증의 원인이 주로 미토콘드리아 기능이 떨어지는 데 있다고 논평했다.

우리는 뭔가 확실히 잘 모를 때 이것저것 이유를 주워섬긴다. 근감소증도 마찬가지다. 아마 노화를 설명하는 여러 가지 가설을 여기에 가져와도 전혀 문맥이 흐트러지지는 않을 것이다. 어쨌든 몇 가지 더 알아보자. 만성 염증, 성호르몬도 근육량이 줄어드는 데 영향을 끼친다.

위성세포

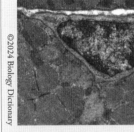 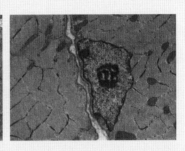

위성세포는 골격근 외측 근섬유막(sarcolemma)과 기저막(basement membrane) 사이에서 발견되는 하나의 핵을 가진 방추형 세포이다.

위성세포는 골격근 조직의 여러 세포로 분화할 수 있는 줄기세포이다. 예를 들어 근육의 파열 등 부상을 입거나 수술을 해서 근육이 손상되었을 때 위성세포가 분열하여 근육 재생을 가능하게 해 준다.

고주파 심장 박동 조율기(pacemaker)를 발명한 미국 록펠러 대학의 생물리학자 알렉산더 마우로Alexander Mauro, 1921~1989는 1961년 개구리 정강이 근육에서 위성세포를 발견하고, 이들이 근육 재생에 참여할 것이라고 추정했다 (《Journal of Biophysical and Biochemical Cytology》, 제9권 제2호, 493, 1961). 유전적인 요인으로 근세포막이 손상되고 근육 섬유의 괴사와 퇴행 과정을 거쳐 결국 점차 근육이 위축되고 근력이 쇠약해지는 질환인 근이영양증(muscular dystrophy) 환자에게 최근에는 위성세포를 배양해서 이식하려는 시도가 활발하다.

기전은 뚜렷하지 않지만 남성이 여성보다 근육량이 더 많이 줄어든다. 팔보다 다리의 살이 더 빠진다는 사실은 상황을 더 나쁘게 만든다. 느리게 삐뚤빼뚤 걷다 잘못해서 넘어지기라도 하면 뼈가 부러질 확률이 커지기 때문이다. 고령자 집단에서 근감소증은 4~27퍼센트 범위에서 나타난다고 한다. 내가 보기에는 그보다 더 많을 것으로 생각되지만 여하튼 그렇다. 운동을 통해 근육량이 줄어드는 현상을 지연시킬 수 있다는 점이 그나마 다행이라고 할까?

근감소증은 근육량이 줄어드는 현상을 말하지만 늙어 감에 따라 근섬유의 품질이 떨어지는 현상도 마찬가지로 중요하다. 유전자, 단백질 그리고 그들 사이의 협동 작업, 전반에 걸쳐 근육의 성능이 떨어지는 쪽으로 바뀐다. 사람들은 근감소증이 노화에 따른 필연적인 현상인지 아니면 단지 사용을 덜하는 탓에 전체적인 총체성이 줄어드는지 묻는다. 하지만 둘 다 옳다고 봐야 할 것이다. 게다가 현대적인 생활양식이 걷기보다는 앉는 자세를 강요한다는 점도 잊으면 안 된다. 나이가 젊은 사람들도 근육을 덜 사용하면 쉽게 다치기 쉽다는 점은 우리 모두 경험적으로 잘 안다. 침대에서 생활하는 인간을 대상으로 실험한 결과를 참고하면 약 30~90일 정도 근육을 움직이지 않아야 근육량과 힘 모두가 현저하게 줄어든다. 35일 정도 침대에서 휴식을 취한 피험자들에게서 단백질 분해 경로가 활성화된 것이다. 지근이나 속근 모두에 해당하는 얘기이다. 지구력 운동을 담당하는 지근이 속근으로 마치 상전이를 치르는 것처럼 변환하는 일도 목격되었다. 반면 나이가 들면 그 반대의 일이 벌어진다고 한다. 이런 사실만 보아도 나이 드는 일과 근육을 쓰지 않는 일은 각기 나름대로 근육의 질을 떨구는 것 같다.

"모든 세포의 꿈은 두 개의 세포가 되는 것이다."

이는 효소의 유전적 조절 작용과 바이러스 합성에 대한 연구로 1965년 노벨 생리학·의학상을 수상한 프랑스와 자코브François Jacob, 1920~2013 의 말이다. 우리는 하나의 세포가 분열하여 둘로 나뉘는 현상에 자못 익숙하다. 하지만 포유동물이 탄생하던 최초의 사건은 그와 정반대인 세포 융합에서 비롯했다. 유전적으로 다른 두 개의 세포가 하나가 된 뒤에는 세포 분열이 대세다. 이는 유성생식을 하는 모든 생명체에서 살펴볼 수 있는 보편적 현상이다. 심지어 암세포도 분열하여 자신의 세를 불린다. 그렇기에 생물학적으로 우리에겐 세포 분열이 훨씬 익숙하다. 떨어져 나간 각질을 보충하기 위해 피부 줄기세포는 지금도 분열을 거듭한다. 더디긴 하지만 조혈기관인 뼈의 골수는 매초 2백만 개씩 부서지는 적혈구를 벌충하느라 바쁘다.•

　하지만 세포 융합이 그리 드문 현상도 아니다. 가장 뚜렷한 세포

• 론 센더Ron Sender와 론 마일로Ron Milo는 하루에 약 80(±20)그램에 달하는 세포가 만들어지고 그만큼 분해된다고 계산했다. 주로 혈구와 소화기 상피세포다. 약 3천3백만 개의 세포가 생기고 그중 90퍼센트가 혈구세포다(《Nature Medicine》, 제27권, 45, 2021). 세포의 꿈이 이루어지면 두 배가 되고자 하는 DNA의 꿈도 이루어진다.

융합 현상은 수정란이 어미의 자궁 내막에 달라붙어 태반을 이루는 과정에서 볼 수 있다. 수정란은 부모의 유전체가 섞인 것이고 자궁 내막은 외할머니와 외할아버지의 유전자가 반반씩 섞인 엄마의 유전체일 것이기 때문에 두 종류의 세포는 유전적으로 각기 다르다. 태반 형성에는 어미와 배아의 긴밀한 협동이 필요하겠지만 태반 그 자체는 배아 세포에서 시작된다. 그렇기에 태반이 암수가 있다는 점도 잊지 말아야 한다. 그러나 여기까지다. 아직도 생식 생물학은 여전히 연구하기 어렵고 인간에서는 더욱 그렇다.

수정란과 달리 같은 유전자를 가진 세포끼리 융합하는 현상은 파골세포와 골격근에서 엿볼 수 있다. 중력에 적응하기 위해 입체적으로 설계된 뼈를 공학적으로 흉내 내는˙ 일이 무척 어렵다고들 하지만 조골(造骨)세포와 파골(破骨)세포는 별 탈 없이 이런 일을 쓱쓱 해낸다. 말 그대로 조골세포는 뼈를 채우고 파골세포는 손상되었거나 불필요한 조골세포를 분해한다. 하는 일로만 보면 세균을 잡아먹는 대식세포(macrophage)와 크게 다르지 않지만 파골세포는 조혈모세포에서 유래한 여러 개의 대식세포가 융합하여 연합 세포 형태로

● 《왼손잡이 우주》에서 최강신 교수는 벌집 모양의 구조가 위에서 내리누르는 힘에 저항성을 갖는다고 말했다. 중력을 받는 뼈도 속을 비우고 벌집 형태를 취한다. 빈속은 또 다른 기능이 들어찰 가능성을 열었다. 혈관이 들어오고 조혈 작용이 벌어지는 일이 그것이다. 근육과 뼈에서 그런 일이 벌어지는 현상은 반드시 우연은 아닐 것이다. 《코끼리의 시간, 쥐의 시간》을 쓴 일본 생물학자, 모토카와 다쓰오는 '관절로 구부릴 수는 있지만 길이는 변하지 않는 단단한 봉'을 뼈라고 정의했다. 뼈에는 굴근(屈筋)과 신근(伸筋)이 양쪽에 달라붙어 한쪽 근육이 수축하는 동안 다른 쪽 근육은 펴진다. 길이가 변하지 않는 뼈가 두 길항근에 붙어 있기에 가능한 일이다. 근육과 뼈는 최대의 힘을 발휘할 뿐만 아니라 중력에도 버텨야 한다. 근육세포는 서로 융합되고 뼈는 속이 빈다.

이루어진 융합체(syncytium)다. 그렇기에 하나의 세포 안에 핵이 여러 개가 보인다. 2021년 《Cell》에 발표된 논문에 따르면 임무를 마친 파골세포는 다시 분열하여 아직 한글 이름이 없는 오스테오모르(osteomorph)로 변하는 순환 과정을 겪는다고 한다. 다시 파골세포로 변할 수도 있다는 뜻이다. 정말 세상에는 모르는 것투성이다. 골격근 융합으로 넘어가기 전에 별로 달갑지 않은 병리적 현상 한 가지를 간략히 살펴보자.

암세포를 공략하기 어려운 이유는 한둘이 아니겠지만 의학자들은 암 덩어리가 이질적인 세포로 구성되어 있다는 점을 거론한다. 최근 연구자들은 암세포끼리 서로 융합하여 유전자를 섞는 일이 벌어지면서 유전적 이질성이 더욱 심화된다는 연구 결과를 줄줄이 발표했다. 유전적 불안정성 때문에 융합한 세포는 대개 죽지만 백에 하나 꼴로 새로운 특성을 얻은 세포들은 왕성하게 분열을 이어 간다고 한다. 그렇다면 언젠가는 암세포 분열뿐만 아니라 융합을 억제하는 약물도 등장하지 않을까?

암세포 융합은 새로운 발견이지만 자연계에서 융합은 바이러스의 행동에서 쉽게 찾아볼 수 있다. 과학자들은 바이러스를 생명체로 치는 데 인색하지만 생물학적으로 그런 판정은 거의 중요하지 않다. 자신의 유전체를 숙주 세포에 집어넣으려면 우선 바이러스 외피 단백질을 숙주 세포막에 버무려 넣어야 하기 때문이다. 그렇기에 세포 융합은 바이러스의 주특기다. 진화생물학자들은 바이러스가 숙주 세포막에 융합할 때 사용하는 유전자가 동물 세포로 옮겨 간 덕분에 태반포유류가 탄생했으며 인간은 바이러스에 톡톡히 신세를 졌다고 판단한다. 특정한 바이러스가 인간 세포에 편입되어 암을 유발할 수 있다는 사실을 참작하면 세포 융합을 담당하는 유전자가 바이러스에서 왔다고 호들갑을 떨 일은 아니다. 파골세포나 앞으로 살펴볼 근육세포가 융합하는 데 바이러스 유전자가 어떤 역할을 했는지 알려진 바는 없지만 그럴 가능성은 언제든 열려 있는 질문에 속한다.

그렇다면 세포는 무슨 이유로 융합하는 것일까? 세포 생물학자들은 융합된 세포가 안정적이고 영구적으로 분화된 새로운 세포로 바뀌거나 다세포 유기체를 형성하는 수단이라고 생각한다. 새로운 기능을 얻은 세포들이 면역, 운동, 번식, 삼투압 조절, 감각 지각 같은 다양한 역할을 수행한다. 물론 예쁜꼬마선충처럼 여러 종류의 생명체를 조사하면 세포 융합이 생물학에서 자주 선택되는 긴요한 수단임을 짐작하게도 된다. 아메바가 세균을 잡아먹는 일도 엄밀히 말하면 세포 융합 과정이기 때문이다. 이 순간 잊지 말아야 할 것이 있다. 인간의 진핵세포가 세균과 고세균이 서로 융합한 결과물이라는 사실이다. 융합은 다세포성을 이끄는 동력으로 지구상의 커다란 식물과 동물의 존재는 융합에 힘입은 바가 크다.

근육을 키우자

두 번째로 살펴볼 골격근은 수천 개의 근섬유가 뭉쳐서 이루어진다.

태어날 때부터 골격근이 있기에 우리는 발생 과정에서 골격근이 생긴다고 추정할 수 있다. 그리고 앞서 말했듯, 동물의 크기를 결정하는 것은 근골격계다. 두말할 것 없이 우리 신체는 세포로 구성된 생명체다. 생명체 일부인 골격근 조직에서 세포는 어떤 모습을 하고 있을까? 결론부터 말하면 근육세포는 융합체. 2013년 에바 비앙코니Eva Bianconi가 발표한 논문에 따르면 근섬유의 개수는 2억 5천만 개다.

반면 분화를 마친 뒤 근섬유와 융합하는 위성세포의 수는 그보다 훨씬 많은 150억 개에 달한다. 하나의 핵을 가진 여러 세포가 합쳐진 까닭에 당연히 융합체 근섬유에는 핵의 수가 여럿이다.《우리는 어떻게 움직이는가Muscle: The Gripping Story of Strength and Movement》에서 로이 밀스Roy Meals는 위팔두갈래근 근육세포가 약 300개의 핵을 가진다고 말했다. 생물학자들은 핵과 미토콘드리아를 끼워서 각각의 근섬유를 1개의 세포로 간주하는 모양이지만 형태상으로 구분하기는 여전히 어렵다. 현미경으로 흔히 보는 세포의 모습에서 너무 벗어났기 때문이다(아래 그림).

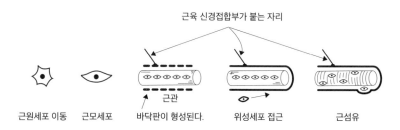

근모세포(myoblast)로 분화하고 이들이 융합하여 근관(myotube)이 형성될 때 신경계 말단이 도달하고 나중 근섬유가 세포외 기질과 부착하는 바닥판(basal lamina)도 만들어진다. 근섬유 재생을 담당할 위성세포가 와서 자리를 잡으면 한 다발의 근섬유가 완성된다.

예를 들면, 기린의 다리 근육을 이루는 근섬유의 길이를 세포와 비교하면 무척 길다. 일본 도호쿠 대학 아츠시 스즈키Atsushi Suzuki 박사는 양의 근섬유 길이를 측정했는데, 앞다리 근육은 7.3~39.6밀리미터, 뒷다리 근육은 10.0~119.2밀리미터로 근육에 따라 다양하다고 말했다. 이런 섬유가 여러 겹으로 뭉쳐 근육을 이룰 테니 사실 근섬유의 길이를 정확히 재는 일도 쉽지 않다. 근육의 지름도 근육마다 달라서 13밀리미터가 안 되는 것도 있지만 70밀리미터가 넘는 것도 많다. 닭 다리 먹을 때 입에 들어오는 고기의 양이 닭 날개를 먹을 때의 그 것과 차이가 난다면 이런 수리학을 상상하면 될까?

정리하면, 골격근 세포 또는 섬유는 근섬유막이라 불리는 탄력 있고 저항성이 강한 원형질막을 가진 기다란 세포다. 세포 주변을 따라 핵이 여러 개 존재하고 간혹 줄기세포에 해당하는 위성세포를 발견할 수도 있다. 최대 수 센티미터 길이에 이르는 근섬유는 41쪽 그림에서 보듯 근모세포에서 시작된다. 개별 근모세포가 서로 융합하여 수십 개의 핵을 가진 근관으로 분화한다. 부지런히 근육 운동 단백질을 만들고자 핵과 소포체가 일한 덕에 근절이 형성되는 것이다. 슬프게도 근육세포 융합체는 분열하지 않는다. 한번 태어나면 새롭게 형성되는 근섬유가 많지 않다는 뜻이다. 하지만 줄기세포는 분화하여 이미 형성된 기존의 근섬유에 새롭게 핵과 단백질을 제공할 수 있다. 우리가 무산소 운동이라고 하는 근력 운동을 할 때 벌어지는 일이 대개 이런 것들이다. 골격근을 가진 척추동물에서 흔히 일어나지만 무척추동물인 초파리에서도 근육이 만들어진다. 초파리가 자신의 체중에 걸맞은 아령을 들며 무산소 운동을 열심히 하는지는 모르지만.

골격근의 수축

근육을 키우겠다고 아령을 들며 무산소 운동을 하는 것은 근육을 수축시킨다는 의미이다. 근수축은 근육의 기본 단위인 근원섬유(myofibril)의 마디가 짧아짐을 의미하는데, 근원섬유 마디는 주요 근육 단백질인 액틴(actin)과 마이오신(myosin)의 능동적인 결합으로 발생한다. 즉, 근수축은 액틴과 마이오신의 상호작용으로 일어난다.

아령을 드는 순간, 액틴과 마이오신의 두 필라멘트가 서로 미끄러져 들어가 겹치게 되면서 근육이 수축된다. 이때 반드시 필요한 물질이 있는데, 칼슘 이온(Ca^{2+})이다. 액틴과 섞여 있는 트로포닌(troponin)과 트로포마이오신(tropomyosin)이라는 두 단백질은 서로 결합하여 트로포닌-트로포마이오신 복합체를 형성하여 액틴 필라멘트의 사슬 주위를 감싸 액

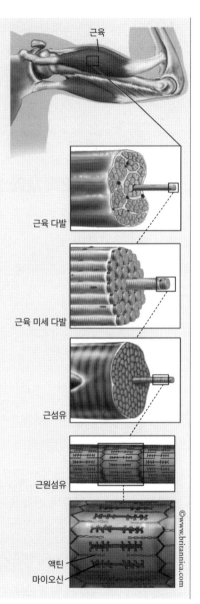

근육

근육 다발

근육 미세 다발

근섬유

근원섬유

액틴
마이오신

©www.britannica.com

틴과 마이오신의 상호작용을 억제하는데, 칼슘 이온이 끼어들어 이 문제를 해결해 준다. 운동 뉴런에 의해 전기 신호를 받으면 해당 근육 내로 칼슘 이온이 방출되어 트로포닌과 결합함으로써 트로포닌-트로포마이오신 복합체가 액틴을 풀어주게 되어 액틴과 마이오신의 두 필라멘트는 매끄럽게 결합된다.

마이오믹서와 마이오메이커

앞에서 말했듯 우리가 살아가는 동안 근육은 여러 단계에서 발생한다. 먼저 배아가 발달하는 동안에 그렇고 성인으로 클 때까지 그리고 다쳤을 때도 근육이 새로이 만들어져야 한다. 근육이 만들어지려면 근모세포가 융합하여 근섬유를 만들거나 기존의 근섬유를 키우는 두 가지 방식이 있을 것이다. 하지만 이 단계를 엄밀하게 나누면 우선 분화가 진행되고 그 뒤에 융합이 일어난다. 이 두 과정에 전사인자 마이오D(myoD)와 마이오게닌(myogenin)이 관여한다고 알려져 있다. 세포생물학자들은 융합에만 영향을 미치는 요소가 있을까 꾸준히 연구해 왔다. 실험실에서 위성세포 수를 늘리고 분화시켜 이미 만들어진 근섬유와 융합하는 일종의 근육세포 이식을 촉진하려는 의도가 분명 어느 정도 깔려 있을 것이다.

　세포끼리의 융합이 벌어지려면 우선 세포가 인식하고 달라붙어 세포골격과 세포막을 재배열해야 한다. 이런 복잡한 과정을 매개하는 단백질이 있으리라 예측했지만 최근에서야 그 존재가 드러났다. 아주 그럴싸한 이름을 가진 마이오메이커(myomaker)다. 그와 비슷한 맥락에서 명명된 마이오믹서(myomixer)가 두 번째로 발견된 전사인자 단백질이다. 이들 단백질을 암호화하는 유전자가 없는 마우스에서 근육의 형태를 연구함으로써 과학자들은 마이오믹서와 마이오메이커의 기능을 확연히 드러냈다. 한편 진화생물학자들은 이들 유전자를 계통적으로 분석하고 마이오메이커가 먼저 척추동물계에 등장했다고 결론지었다.

다음 쪽의 진화 연대기 그림을 보면, 발생 단계에서 척삭을 갖는 척삭문(phylum chordata) 집단에는 우리 인간과 더 가깝다는 미삭류(urochordates, 피낭류(tunicates)라고도 한다)와 두삭류(cephalochordates) 동물이 존재한다. 멍게와 같은 미삭류와 척추동물 마지막 공통 조상에서 유전자 복제를 거쳐 마이오메이커가 만들어졌다. 유전자가 새로운 기능을 획득하는 가장 보편적인 방식이다. 같은 기능을 하는 두 벌의 유전자가 있다면 빈둥빈둥하던 한 벌의 창의적 유전자가 뭔가 흥미로운 사건을 저지를 수 있다! 두삭류 동물의 근육은 서로 융합하지 않는다. 그와 달리 미삭류는 부분적으로나마 융합하고 그 결과 여러 개의 핵을 갖는 근섬유가 형성된다. 마이오메이커의 있고 없음에 따라 이런 계통적 차이가 나타난다.

반면 마이오믹서는 척추동물이 등장한 이후에 새롭게 진화한 것으로 밝혀졌다. 척추동물 근육에서 광범위하게 일어나는 근섬유 융합 현상은 마이오믹서가 등장한 뒤에야 활발하게 진행되었다. 상황이 이

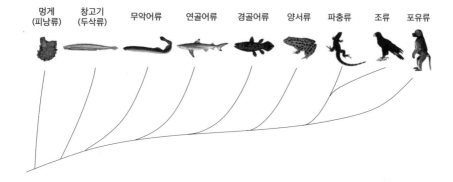

멍게 (피낭류)	창고기 (두삭류)	무악어류	연골어류	경골어류	양서류	파충류	조류	포유류

왼쪽부터 진화 연대기를 살펴보면, 약 6억~5억 5천만 년 사이 공통 조상에서 피낭류(미삭류)와 두삭류가 앞서거니 뒤서거니 하며 분기해 나갔다. 칠성장어, 먹장어가 대표 선수인 무악류는 약 5억 5천만 년경, 상어와 홍어 등 연골어류는 4억 5천만 년, 멸치와 고등어 등 경골어류는 4억 년, 양서류는 3억 6천5백 년, 파충류/조류 공통 조상은 3억 년(파충류와 조류는 1억 5천만 년) 전에 분기했다. 《뇌를 비롯한 신체기관에 숨겨진 진화의 비밀The Incredible Unlikeliness of Being》이란 긴 제목의 책을 쓴 앨리스 로버츠Alice Roberts의 기준을 참고한 것이다. 그러나 모든 사람이 이에 동의하지는 않는다. 매튜 보넌Matthew Bonnan은 《뼈The Bare Bones》 63쪽에서 창고기가 멍게보다 먼저 분기한 것으로 보았다. 분자 표지를 기준으로 판단하면 두삭류보다 미삭류가 인간과 더 가깝다고 본 것이다. 아마도 신경계 혹은 근육계 형질을 보고 이런 판단을 하는 듯싶다. 마이오메이커도 그런 사례에 속한다. 그러므로 우리가 남도에 가서 '멍게 비빔밥'을 곱빼기로 먹으면 우리는 먼 사촌을 초장에 비벼 먹는 꼴이 된다. 나중에 간의 발생을 살펴볼 때도 두삭류, 미삭류가 또 나온다.

렇다면 이제 근육 생리학자들은 운동이 이들 전사인자의 활성에 어떤 영향을 끼치는지 살펴보려 들 것이다. 물론 구조가 단순한 화합물 중에서 단백질 활성을 높이는 뭔가를 찾게 된다면 슈퍼 근육을 만드는 '마이오스타틴 돌연변이' 형질을 기대할 수 있을지도 모를 일이다.

쉬지 않는 심근세포

고대 그리스 신화에 등장하는 시시포스는 쉬지 않는다. 살아 있는 동안 심장도 쉬지 않고 어림잡아 하루 약 1만 리터의 혈액을 펌프질한다. 심장근육은 하루 약 10만 번 넘게 수축하며 그때마다 매번 약 70밀리리터의 혈액을 방출한다. 혈관이 터지지 않는 한 모든 혈액은 언제든 심장으로 모여들 뿐이다. 그 사이에 혈액은 장장 10만 킬로미터가 넘는 혈관을 거친다. 적혈구의 움직임만 생각해 봐도 인생은 참으로 힘겹고 먼 여행길이다. 이 과정에서 가장 중요한 역할을 하는 심장 부위는 단연 왼쪽 심실이다. 지금은 기억조차 희미하지만 옛날 국기에 경례할 때 오른손이 자리한 바로 그곳에 심장이 있고 좌심실의 박동이 느껴지던 게 혹시나 의도된 게 아닐까 하는 생각이 들기도 했다. 그건 그렇고. 그렇다면 좌심실 심근세포의 수는 얼마나 될까? 결론을 먼저 말하면 태어난 지 한 달 된 아이의 좌심실에는 심근세포가 32억 개 (±0.75) 정도 들어 있다. 수술하느라 떼 낸 좌심실 일부를 염색하고 핵의 수를 세는 복잡한 단계를 거쳐서 계산한 값이다. 한번 만들어진 심장의 세포 수는 크게 늘지 않는 것으로 알려졌다. 특히 심근세포는 더욱 그렇다. 게다가 분열하다 만 것처럼 핵이 2개 혹은 염색체 수가 2배인 4배체 심근세포들도 흔하게 관찰된다.

　　스웨덴 카롤린스카 연구소의 올라프 베르그만Olaf Bergmann은 인간 세포에서 탄소-14 동위원소의 반감기를 고려하여 성인의 심장에서 발견되는 세포의 약 39퍼센트는 태어날 때 없었던 것이라고 추정했다. 이런 추정이 가능했던 것은 공교롭게도 냉전 시대 핵 실험 덕분이다. 지금까지 지구 대기에서 발견되던 탄소-14 동위원소는 우주선이 질소 기체와 반응할 때 자연적으로 생겨난 것이 전부였고 그것으로 인간 조직의 반감기를 추정하기는 어려웠다. 탄소-14 동위원소 측정은 생명체나 세포가 죽은 뒤부터 비로소 시작된다. 살아 있는 동안은 끊임없이 주변 환경으로부터 일정한 양의 동위원소를 받고 내보내기 때문이다. 사람이 죽고 난 뒤 짧은 시간에 붕괴하는 동위원소의 양으로 개별 세포의 역사적 정보를 얻기는 역부족이다. 하지만 핵 실험으로 대기 중에 탄소-14 동위원소의 양이 급격히 늘어났고 이미 높은 비율의 동위원소를 갖고 태어난 베이비붐 세대 인간들은 동시에 좋은 실험 수단이기도 했다. 특히 심장처럼 분열하지 않는 세포의 비중이 높다면, 다시 말해 새롭게 편입되는 탄소-14의 비율이 계속 줄어드는 상태라면 어떤 정보를 얻기는 비교적 쉬워질 수밖에 없다.

인간의 심근세포는 분열하지만 대부분 20세가 되기 전에 종료된다. 그 뒤로 심근세포는 좀체 분열하지 않는다. 따라서 나이가 들어 심장 조직에 상처가 나면 재생하는 일도 녹록지 않다. 최근에는 환자의 몸에서 분리한 세포를 역분화시켜˙ 재생 능력이 좋은 줄기세포를

● 생물학자들은 수정란과 비슷한 재생 능력이 있는 세포를 확보할 수 있다면 이론적으로 우리 조직의 모든 세포를 만들 수 있으리라 장담한다. 일본 교토대 야마나카 신야Yamanaka Shinya 교수 연구진은 단 네 종류의 유전자를 어른의 세포에 집어넣어 거의 만능 줄기세포를 만들 수 있음을 보였다. 성체 세포에서 줄기세포를 만들었다는 의미를 담아 우리는 이들 세포를 '역분화' 줄기세포라고 부른다. 이론적으로 인류는 심장이나 간을 만들 단계에 근접했다. 물론 쉽지는 않다.

얻고 이를 세포 이식에 쓰려는 시도가 빈번해졌지만 여전히 심장 분야에서는 별다른 희소식이 들리지 않는다. 하지만 주목해야 할 사실은 마치 융합하는 것처럼 2개의 핵을 가진 심근세포가 가끔 발견된다는 점이다. 골격근 세포만큼 핵의 수가 많지는 않지만 무척 흥미로운 현상이다. 근육세포 융합이 동조된 지구력 운동 혹은 최대한 힘을 끌어올리는 능력과 어떤 식이든 관련이 있어 보이기 때문이다. 하긴 여러 개의 막대가 모이면 꺾기 힘든 것처럼 근육세포도 유기체의 수명만큼이나 긴 시간을 움직이려면 신발 끈을 단단히 동여매야 하는지도 모르겠다.

심장근은 말할 것도 없이 심장에만 있다. 심장은 세 층으로 이루어졌고 맨 안쪽 혈액이 닿는 심장 내막층, 가운데가 심장근육, 맨 바깥은 보호 기능이 있는 심장 주머니막이다. 생김으로만 보면 심장근은 골격근과 비슷하다. 심장근 세포는 아주 가깝게 서로 연결되어 있어서 조화로운 움직임이 가능해진다.

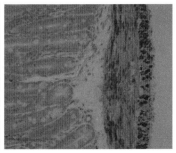

심장근(왼쪽)은 골격근처럼 가로무늬가 보이는 가로무늬근이고, 소장 벽(오른쪽) 등 속이 빈 내장이나 혈관 벽을 이루는 평활근에서는 가로무늬가 보이지 않는 민무늬근이다.

또한 심장근은 평활근(smooth muscle)처럼 우리 의지로 조절할 수 없다. 전기적 요동에 맞춰 심장은 평생 특유의 움직임을 멈추지 않는다. 하지만 나이가 들면 이런 동조적 움직임도 둔해진다. 심장 박동 수 최댓값이 줄어드는 것이다.

평활근은 민무늬근

평활근은 신체 곳곳에 분포한다. 주로 속이 빈 기관[*] 벽에 위치하며 넓고 얇은 판 또는 다발 모양 배열을 취한다. 대장(큰창자) 가운데를 따라 종단하는 근육 띠인 결장끈(taeniae coli)에서 평활근은 긴 코드 모양이다. 끈 모양의 평활근은 난소, 십이지장 그리고 직장(곧은창자, 곧창자)을 후복벽에 연결하여 설령 우리가 뛰더라도 기관이 멀리 도망가지 못하게 붙든다. 모낭을 주변 결합조직에 연결하는 것도 평활근이다. 추울 때 닭살 돋게 하는 기모근(털세움근)에도 평활근이 있다. 홍채의 동공 가장자리에도 평활근이 자리한다. 각각의 평활근 세포는 결합조직 내에 흩어져 있거나 기관 안쪽 표면의 상피세포 바로 뒤쪽에 자리한다. 우리 몸에서 속이 빈 기관은 주로 혈관과 소화기관이다. 여러 종류의 세포가 운집해 있는 까닭에 평활근만 떼서 따로 근육의

● 자궁이나 고환에서 정자가 방출되는 관도 속이 비었다. 눈동자가 팽창하거나 수축할 때도 평활근 이 작동한다.

양을 계산하기는 쉽지 않다. 하지만 추정이야 못하겠는가? 근육 생리학자들은 평활근이 체중의 2퍼센트쯤 될 것이라고 예상한다. 그 정도면 뇌나 간 무게와 맞먹는다. 체중 50킬로그램인 성인의 평활근 무게가 1킬로그램 정도라는 말이다. 글쎄, 그렇게 적을까?

가로무늬가 선명한 골격근 섬유와는 생김새부터 다른 평활근은 작고 길쭉하며 핵이 하나인 세포로 이루어진 민무늬근이다. 섬유 성분이 풍부한 세포외 기질에 푹 박혀 있는 때가 흔하다. 주요한 운동 단백질인 액틴과 마이오신이 있는데도 그렇다. 근육 단백질이 맞물려 들어갔다 나오면서 수축과 이완을 하는 골격근과 달리, 이들 평활근 세포막 근처에는 아래 그림에서 보듯 동굴(cave) 모양의 소기관인 캐비올래(caveolae)가 풍부하다. 많은 이들에게 생소한 구조물이다. 수축

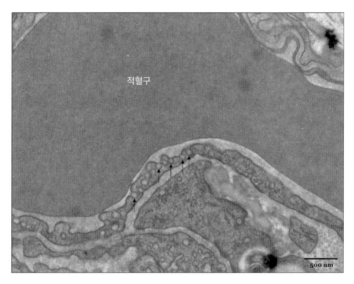

적혈구

500 nm

캐비올래

과 팽창이 전문인 조직을 구성하는 분화 세포 안에 존재하는 이들 소기관은 일종의 스프링 역할을 한다. 굳이 비유하자면 오이나 참외를 매달고 중력을 견디는 덩굴손의 모양을 떠올리면 크게 틀리지 않는다. 길게 늘이면 동굴 모양의 구조가 펴지면서 세포막의 길이가 한참이나 늘어나는 물리적 특성도 비슷하다. 저장액에 담겨 세포 안으로 물이 쏟아져 들어올 때 세포막이 터지지 않게 막는 역할도 바로 저 캐비올래라는 구조물이 담당한다. 그러니 일평생 늘었다 줄었다를 반복하는 우리의 폐 평활근 또는 혈관 내피세포(혈관의 안벽을 덮는 편평한 상피세포)에도 캐비올래가 많으리라 예상할 수 있고 실제로도 그렇다.

혈관도 수축과 이완을 반복한다. 대동맥을 따라 피가 몰려오면 수동적으로 혈관이 수축할 것으로 생각하기 쉽지만 사실 혈관의 이완을 조절하는 조그만 화합물이 하나 있다. 혈관 벽을 둘러싼 혈관 내피세포에서 만들어지는 일산화질소(NO)가 바로 그 기체다. 질소 한 원자에 산소 한 원자가 결합한, 혈관 확장 인자가 바로 저 기체 화합물이라는 사실을 밝힌 연구자들이 1998년에 노벨 생리학·의학상을 받기도 했다. 어쨌든 여기서 내가 말하고 싶은 점은 저 기체를 만드는 효소가 캐비올래에 들어 있다는 사실이다. 혈관 내피세포에서 만들어진 일산화질소는 바로 뒤에 있는 평활근을 이완시켜, 길을 비켜라는 벽제소리 앞세운 원님처럼, 거침없이 혈액이 흐르도록 추동한다.

일산화질소 이면의 얘기를 하노라면 어느 순간 우리에게 익숙한 약물이 등장한다. 비아그라다. 비아그라는 혈관 내에서 일산화질소의 생성을 늘려주는 약으로, 일산화질소는 핵산의 한 성분인 구아노신삼인산(guanosine triphosphate, GTP)을 고리(cyclic) 모양으로 만드는 효소에 힘을 실어 준다. 실제 혈관 근육이 이완하도록 하는 물질은 바로 저 핵산 고리 물질이다. 시간이 지나면 고리 구조가 열리는데 이때도 효소가 관여한다. 고리를 여는 효소의 활성을 억제하면 근육은 좀 더 오래 이완된 채로 유지된다. 비아그라가 하는 일이 바로 이것이다. 만약 이런 현상이 남성 생식기에서 벌어지면 우리는 발기가 지속된다는 표현을 쓴다. 천식과 고혈압 증상을 완화하는 테오필린도 목적지가 다를 뿐 작용 원리는 똑같다. 2002년 오스트리아 인스부르크 틸락 병원의 악셀 클라인사세르Axel Kleinsasser와 알렉스 뢰킹거Alex Loeckinger는 비아그라 주성분인 실데나필(sildenafil)과 천식 치료제 테오필린(theophylline)을 고산지에서 생길 수도 있는 폐부종을 예방하는 데 쓸 수 있다고 제안했다. 두 사람 다 이들 화합물이 평활근에 작용할 것을 염두에 두었던 셈이다. 뒤에서 다시 나오겠지만 일산화질소는 적혈구가 혈관을 타고 앞길을 헤치고 나갈 때도 마찬가지로 중요한 역할을 한다.

장강(長江)의 흐름

쉬고 있는 어느 순간 순환하는 혈액의 약 5퍼센트는 모세혈관에 들어 있다. 무척 적은 양이다. 하지만 이는 전체 심혈관계가 궁극적으로 지향하는 이들의 본질적이고 일차적 기능을 담당한다. 전신에 영양소를 공급하고 대사 최종 산물을 제거하는 최전선이 바로 여기인 까닭이다.

심장에서 시작했다 돌아오는 체계가 둘 있다. 하나는 심장-폐, 다른 하나는 심장-전신 체계이다. 폐순환계는 심장 오른쪽 펌프와 폐를 포함한다. 폐를 제외한 모든 기관이 전신 순환계에 포함된다. 오른편과 왼편 심장이 동시에 박동하면 두 계의 순환이 시작되고 한 번 순환하는 데 걸리는 시간과 혈액의 부피가 양쪽 모두 같아야 사는 데 불편함이 없다.

전신을 목적지로 좌심실에서 나간 혈액이 처음 지나는 대동맥은 굵기가 2~3센티미터다. 1990년대 후반 세포를 분리하고자 독산동 도축장에서 얻었던 돼지 대동맥의 굵기가 딱 그 정도였다. 굳이 비유하자면 가래떡 큰 것 정도라고나 할까? 여기서 앞으로 나갈수록 혈관의 지름은 줄어든다. 실제 그렇지는 않겠지만 두 갈래로 스무 번 갈라진다고 하면 심장에서 가장 먼 곳에 있는 모세혈관의 숫자는 1백만 개가 넘는다. 실제 우리 몸 안의 모세혈관의 수는 1백억 개라고 한다. 가고 오는 혈관의 수를 참작한다 해도 각 조직을 향한 모세혈관은 여러 갈래로 찢기는 게 틀림없다. 이렇게 많은 수의 모세혈관은 지름이 5~10마이크로미터, 평균 길이는 1밀리미터이고 길이는 약 4만 킬로미터라고 한다.

이렇게 두께가 얇아서 조직을 구성하는 세포와 물질을 교환하는 혈관 내피세포의 일차적 기능이 수월하게 진행된다. 산소와 이산화탄소는 물론 아미노산과 탄수화물도 이들 막 사이를 오락가락한다. 그렇다고는 하지만 이들 혈관 내피세포의 투과성은 부위에 따라 제각각이다. 모세혈관의 투과성에 대한 자세한 내용은 뒤에서 언급하겠다.

세동맥(소동맥)에서 가지를 친 모세혈관은 물질 교환을 효율적으로 수행하기 위한 최대 면적을 지향한다. 세동맥에서 나와 모세혈관에 혈액을 공급하는 가지를 후세동맥(metarteriole, 후소동맥)이라고 하는데 일반적으로 이는 약 10~100개의 모세혈관을 먹여 살린다. 평활근 섬유가 후세동맥을 둘러싸고 수축과 확장을 반복하면서 모세혈관계 혈액 흐름을 관장한다. 모세혈관계에서 혈액은 1분에 약 5~10차례 주기적으로 흐른다.

어떤 물질은 혈관 내피세포의 막을 쉽게 통과하지 못해서 에너지를 써야 하는 때가 있다. 세포 통과(transcytosis)라 불리는 이 방식은 혈관 내피세포가 막으로 둘러싸 물질을 잡아 안으로 끌어들인 다음 소체에 싸인 채 세포질을 가로질러 혈관 반대편 사이질로 배출된다. 혈관 내피세포를 그냥 스쳐 지나 필요한 곳으로 바로 가는 것이다. 탄력성이 좋은 폐 평활근과 상피세포가 표면의 길이를 늘이거나 줄일 때 일종의 막 '예비군' 역할을 하는 캐비올래가 세포 통과 과정에서도 핵심적인 역할을 맡는다.

줄 것은 주고, 받을 것은 받은 혈액은 이제 다시 심장으로 돌아간다. 올 때와 순서는 반대지만 혈관의 종류는 다르다. 심장으로 돌아가는 혈관에 대해 '몰밀어 정맥'(모두 한곳으로 미는 정맥)이라는 표현을 쓴다. 심장으로 들어가기 전 커다란 두 개의 정맥을 지나는데 상대(심장 위), 하대(몸 아래쪽) 정맥이다. 새롭게 산소를 받아야 하므로 이들

두 정맥혈은 오른편 우심방으로 모인다. 좌에서 우로 방실방실 춤을 추는 것이다.

가는 세정맥(소정맥)도 구멍이 나 있어서 포식작용이 있는 백혈구가 염증이 있거나 감염된 장소로 출동한다. 세정맥, 정맥에는 교감신경계가 뻗어 있고 신경이 활성화되면 평활근을 수축시킨다. 교감신경이 흥분되면 정맥의 부피가 줄어들고 혈액이 심장을 향해 서둘러 길을 나선다. 특히 손발에 있는 정맥에는 많은 수의 밸브가 중력에 취약한 혈액이 거꾸로 흐르는 일을 막는다. 심장을 향한 한 방향 흐름에 밸브가 힘을 쏟는 것이다. 이런 일은 장딴지 골격근에서도 일어나 정맥에 피가 남지 않고 바로 심장으로 가도록 애를 쓴다.

또 다른 계인 심장-폐 순환계도 작동 원리는 비슷하다. 우심실을 떠난 혈액은 길이가 5센티미터인 폐동맥을 지나 둘로 갈라져 하나는 오른쪽 폐, 다른 하나는 왼쪽 폐에 혈액을 공수한다. 폐 안으로 들어가서도 동맥은 계속 갈라지며 세동맥, 모세혈관으로 분기한다. 산소를 머금은 혈액은 다시 세정맥, 네 개의 큰 정맥을 지나 좌심방으로 모인다. 이런 일은 1분에 70차례 정도로 매우 빠르게, 더욱 놀랄 일은 죽을 때까지 한 번도 쉬지 않고 진행된다는 사실이다. 심장에게 미안한 일을 적게 하면 그에 대한 보답이 있으리라는 점도 익히 짐작할 수 있다.

멍게 우습게 보지 말자

멍게는 경상도 사투리였지만 사용 빈도에서 표준말인 우렁쉥이를 압도한 덕에 표준말 반열에 오른 단어다. 최근에는 중국과 미국 공동 연구 팀은 멍게에 플라스마로겐(plasmalogen)이라는 지방산 계열의 물질이 풍부하게 들어 있어 뇌의 인지 장애를 개선할 수 있다고 발표했다. 늙은 쥐를 대상으로 한 실험이지만 노화를 늦춘다는 결론으로 이어졌기 때문에 아마도 이 기사를 본 사람들은 멍게 비빔밥을 점심으로 먹으면서 화젯거리로 삼을지도 모르겠다. 쌉싸름한 맛을 두고 호불호가 갈리는 점은 어쩔 수 없지만 멍게는 사실 척추가 없는 새우보다는 멸치에 훨씬 더 가깝다. 부모가 얻은 형질이 자손에게 바로 이어진다는 용불용설로 잘 알려진 프랑스 생물학자 장 바티스트 라마르크Jean-Baptiste Lamarck, 1744~1829가 기괴하게 생긴 이들 생명체를 발견하고 피낭류란 이름을 붙였다. 1816년의 일이다. 영국 런던 동물학 박물관의 전시품을 대거 모았던 에드윈 레이 랭케스터Edwin Ray Lankester, 1847~1929는 1877년 척삭동물과의 연관성을 강조하면서 미삭류라는 용어를 쓰기 시작했다. 멍게가 우렁쉥이를 대체했듯, 지금 생물학자들은 피낭류가 아닌 미삭류라는 용어를 즐겨 쓴다.

길거리 포장마차에서 멍게를 안줏거리로 팔던 시절에는 멍게를 잡도리하는 모습을 쉽게 볼 수 있었다. 멍게에는 뿌리가 있어서 언뜻 식물처럼 보이지만 엄연한 동물이다. 성체가 되면 바닷속 바위의 단단한 표면에 붙어 엄청난 양의 물을 빨아들여 소화기관으로 통과시

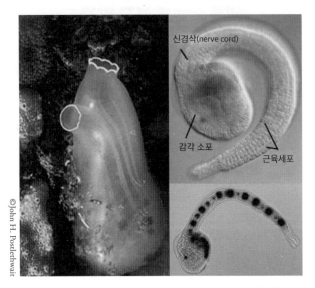

신경삭(nerve cord)

감각 소포

근육세포

©John H. Postlethwait

유령멍게는 올챙이 유생에서 극적인 변태를 거쳐 성체로 발달한다.

키면서 미생물 입자를 걸러 먹고 산다. 하지만 멍게의 놀라운 점은 이들이 올챙이와 비슷한 모습의 유생(larvae) 시기를 거친다는 사실이다. 유생 멍게는 뇌도 있고 심장도 있고 콩팥 비슷한 배설기관도 갖는다. 등 쪽 정중선을 따라 뚜렷하게 관찰되는 축삭은 몸통 근육을 붙잡는 역할을 하며 척추동물 척추의 전신이다. 이렇게 멍게는 살아 있는 원시 척추동물로 살아 있는 화석의 지위를 차지한다. 최근 유전체 연구가 활발히 진행되면서 미삭류는 창고기(amphioxus)를 포함하는 두삭류를 제치고 단연 인간과 가장 가까운 친척 집단으로 자리 잡았다. 가까운 거리에 사는 멸치라도 만나면 호형호제를 청할지도 모를 일이다. 바로 이런 까닭에 멍게나 유령멍게의 뇌와 심장 또는 근육을 연

58

구하는 일은 결국 척추동물 진화 계보를 찾는 생물학적 족보 그리기 작업으로 연결된다.

미국 뉴욕 대학 뇌과학자 로돌포 R. 이나스Rodolfo R. Llinas 는 신경계가 '활발히 움직이는 생물의 전유물'이라고 보았다. 멍게의 올챙이 유생은 날이 저물 때가 되면 깊은 곳으로 바위를 찾아 나선다. 유생의 뇌 혹은 감각 소포(sensory vesicle)에 자리한 215개의 신경세포가 이런 행동을 추진하리라고 과학자들은 생각한다. 이 사실을 확인하고자 미국 프린스턴 대학 마이클 레빈Michael Levine과 카이 첸Kai Chen 연구 팀은 세포 하나에서 전사체를 분석하는 기술을 확보하고 발달 중인 이들 신경세포의 계보와 역할을 추적했다. '시상하부는 척추동물이 등장하기 전에 나타났다.' 2021년 《Science Advances》에 발표한 논문 제목이다.

동물의 시상하부(hypothalamus)로 알려진 뇌 영역은 체온 조절과 생식 그리고 수면과 같은 선천적 행동을 조절한다. 생물학자들은 멍게의 신경세포에서 척추동물의 시상하부와 유사한 모습을 찾아냈다. 신경 전달 물질로 도파민을 쓰는 코로넷(coronet) 세포를 발견한 것이다. 멍게의 이 신경세포를 연구하면 뭔가 시상하부의 진화를 둘러싼 얘깃거리 하나쯤 건질 수 있으리라 생각하는 것은 당연했다. 물론 코로넷 세포 모두가 도파민을 분비하는 것은 아니다. 생김생김은 비슷하지만 다양한 하위 계열의 세포로 분화가 일어났다는 추정이 가

• 그가 쓴 《꿈꾸는 기계의 진화 I of the Vortex》를 보면 바위에 붙은 멍게에게는 뇌가 필요하지 않다.

능하다. 아니면 원래 멍게의 코로넷 세포가 본디부터 다양한 세포로 구성된 복잡한 구조를 가졌을 것이라 가정하는 것이다. 발달 중인 멍게의 개별 세포에서 발현되는 유전자에 형광 물질을 붙여 현미경으로 추적하는 방식으로 레빈 연구 팀은 코로넷 세포를 포함하여 모두 15가지의 세포를 지도화했다. 기계적 감각을 감지하는 스위치 뉴런은 코로넷 세포와 연결된 회로를 구성했다. 그러니까 코로넷 세포가 원시 시상하부의 기본적인 역할을 도모하고자 여러 종류의 세포와 연결망을 구축했다는 결과가 나온 것이다. 이제 무엇이 더 필요할까? 멍게 감각 소포를 구성하는 15종류의 세포에 특징적인 유전자를 쥐 시상하부 세포들의 그것과 비교하는 작업이 뒤를 이었다. 놀랍게도 여러 유형의 세포는 쥐의 시상하부 세포들과 상동성을 보였다. 세포 계통을 특징짓는 핵심 유전자의 염기 서열이 상당히 중첩된다는 의미였다. 이 결과는 최소 두 가지 의미를 갖는다. 하나는 멍게가 시상하부라 할 만한 구조물을 가진다는 점이고 다른 하나는 본격적인 척추동물이 등장하기 전에 벌써 호르몬을 분비하고 다양한 신체 반응을 총괄하는 시상하부가 출현했다는 점이다.

앞에서 넌지시 언질이 있었지만 과연 멍게는 낮의 길이를 감지할 수 있을까? 그리고 코로넷 세포 연결망이 그런 일을 담당하는 것일까? 그리고 바위에 달라붙으면 시상하부 조직의 쓰임새가 사라지는 것일까? 2013년 일본 나고야 대학 다카시 요시무라Takashi Yoshimura 박사는 물고기 시상하부에 해당하는 사커스 바스큘로서스(saccus vasculosus)가 낮의 길이 변화를 측정하는 감각 기관이라는 논문을

《*Nature Communications*》에 발표했다. 옵신이라는 단백질의 일종인 멜라놉신(melanopsin)을 발현함으로써 이런 일이 가능했다. 레빈 연구진들은 멍게 코로넷 세포가 멜라놉신뿐만 아니라 또 다른 빛 감지 단백질인 피놉신(pinopsin)도 발현함을 확인했다.

이젠 무슨 일이 벌어질까? 연구진들의 상상력은 이렇다. 황혼이 다가오면 피놉신과 멜라놉신이 활성화된다. 낮의 길이 변화는 전기 신호로 바뀌어 스위치 뉴런을 포함한 코로넷 세포 연결망은 멍게 유생 꼬리의 움직임을 제어하는 운동 신경절에 자극을 전달한다. 유생이 바위를 향해 간다. 바위 위 적당한 곳에 도착한 유생은 미다스의 손에 닿은 것처럼 갑자기 동작을 멈춘다. 멍게의 뇌가 사라졌다고 하도 호들갑을 떠는 바람에 사람들은 멍게의 뇌가 어떤 모습인지, 시상하부와 같은 복합체처럼 생긴 뇌 전부가 고착 생활과 함께 덧없이 사라지는지, 뇌의 지시를 받는 근육들도 모두 쇠락의 길을 걷는지와 같은 질문을 던지지 못한다.

멍게 우습게 보지 말자. 조금만 검색해 보아도 멍게 유전체를 조사하여 심장이나 평활근이 어떻게 만들어지는지 연구한 논문을 수없이 찾아볼 수 있다. 원시 척삭동물로서 무척추동물과 척추동물의 경계에 선 덕분에 가능한 일이다. 시상하부가 감지한 빛 신호가 신경절을 거쳐 멍게 유충을 바다 깊은 곳으로 움직이게 했다면 그때 썼던 근육은 분명 골격근의 특성을 보여야 할 것이다. 지금부터는 멍게의 근육이 어떤지 살펴보자.

사람들은 흔히 동물의 특성을 움직임에서 찾다 보니 근육을 골격근 위주로 생각한다. 하지만 겉 말고 속에서 부지런히 움직이는 일이 내가 보기엔 더 중요하다. 가령 심장이나 소화기관의 움직임 말이다. 정말 이들은 음지에서 일하는 기관들이다. 자율 신경계나 소화기 신경계의 도움을 받아 움직이기 때문이다. 사람 소화기에서 골격근이 기여하는 부위는 식도 위쪽 3분의 1과 항문 일부에 불과하다. 말을 물가로 끌고 갈 수는 있어도 물을 먹이지는 못한다는 속담이 있는 걸 보면 말도 자신의 의지에 따라 식도의 근육을 조절하는 것처럼 보이기도 한다. 하긴 말이나 인간이나 진화적으로 보면 별 차이도 나지 않는다. 2018년 영국 왕립학회 저널 중 하나에 발표된 논문에 따르면 말과 인간은 5개의 발가락을 가진 공통 조상을 가졌다. 그동안 과학자들은 평원의 열린 초지를 부지런히 뛰어다니느라 말의 발가락이 4개, 3개 그리고 가운데 1개로 줄었다고 믿고 있었다. 하지만 뉴욕공대 정형외과 출신 과학자들은 5개의 발가락이 하나로 합쳐진 것이라고 말했다. 말과 인간의 공통 조상이 어떤 모습인지, 언제 갈라졌는지 아무도 알지 못한다. 다만 고생물학자들은 그 시기가 중생대 중간쯤인 약 1억 년 전쯤일 것으로 추정한다. 말과 사람 모두 자신의 의지에 따라 소화기관의 맨 앞과 뒤의 열림과 닫힘을 조절하는 골격근을 가지고 있다면 두 생명체 중간께 위치하는 분류학적 사촌들 모두 그러리라는 추정이 가능하다. 하지만 내가 알고 싶은 것은 우리의 소화기와 혈관계, 림프계를 움직이는 평활근과 개체의 움직임을 전담하는 골격근의 공통 조상이 언제쯤 등장했는지 하는 점이다. 사실 평활근과 골격근의 차이점은 더 있다. 평활근은 기관을 움직이지만 개체의 위상

차 움직임을 이끌지는 못한다. 골격근이 더 주목받는 이유 중 하나는 바로 이런 두 근육의 특성에서 비롯했을 수도 있다. 오스트리아 빈 대학 패트릭 스타인메츠Patrick Steinmetz는 말미잘과 해파리 그리고 해면의 근육 단백질을 연구해서 조상급 동물들의 근육이 어떤 식으로 진화했는지 조사했다. 이 연구 결과는 2012년《Nature》에 실렸다. 47종의 인간 근육 유전자 서열을 22종의 생명체 유전체에서 조사한 이 논문에서 주목해 보아야 할 사실은 세 가지다.

1. 골격근 근육의 중요한 마이오신 단백질은 최초의 동물이 등장했던 시절보다 앞선 단세포 유기체에서 비롯했다.
2. 근육이 없는 해면에서 마이오신은 물의 흐름을 조절했다.
3. 해부학적으로 척추동물의 골격근과 거의 유사한 해파리의 가로무늬근은 척추동물과 무관하게 진화했다. 다시 말하면 수렴진화 과정을 거쳐 형성되었다.

결론은 단순하다. 골격근 단백질은 단세포 생물인 효모에서도 발견된다. 거기서 이 세포골격 단백질은 분열하는 두 세포 가운데를 자르거나 세포의 형태를 변형시켜 세균을 잡아먹는 일을 도왔다. 골격 가로무늬근의 근절은 마이오신에다 나중에 등장한 100개 이상의 단백질이 합쳐지면서 새로운 기능을 얻게 되었다는 설명이다. 현미경에서 바라본 형태도 비슷하고 바닷속을 유영하는 능력도 뛰어난 해파리의 근육이 독립적으로 진화했으며 척추동물의 골격근과 아무런 관련이 없다는 결과는 더욱 흥미롭다.

그렇다면 평활근은 어떨까?

평활근(민무늬근)과 골격근(가로무늬근)은 좌우대칭 동물 근육의
기본이지만 평활근의 진화적 기원이 여전히 분명치 않다. 게다가 초
파리와 예쁜꼬마선충에는 평활근이 없다고 한다. 세포 계보가 알려
진 예쁜꼬마선충에는 성체의 움직임을 담당하는 골격근 세포가 95개
있고 근절을 갖지 않는 세포가 모두 50개다. 이들은 주로 소화기관과
성 기관에 분포하고 있다. 생물학자들은 초파리 소화기관의 근육세포
를 포함하여 '실질적'으로 모든 세포가 가로무늬근 세포, 즉 골격근 세
포라고 판정한다. 예쁜꼬마선충도 마찬가지다. 짧은 소화기관과 직장
근육세포는 근절 1개 길이에 불과한 왜소한 근육 조직을 가졌기 때
문에 뭐라 판단하기 참 힘들다. 독일과 미국 공동 연구 팀은 2016년
《eLife》 저널에 갯지렁이 중장(가운데창자)과 후장(뒤창자)에서 평활근
세포를 발견했다는 연구 결과를 발표했다. 우리로 치면 소장, 대장,
직장에 해당하는 부위이다. 갯지렁이는 초파리나 예쁜꼬마선충보다
더 원시적이라고 평가되는 생명체다. 연구진은 세포 계통을 결정하는
전사체와 근육의 움직임을 관장하는 신경계와의 연결을 토대로 평활
근이 오래전부터 존재했지만 초파리나 예쁜꼬마선충 같은 일부 무척
추동물에서 사라졌거나 척추동물의 심장에서 새로운 기능을 획득했
다는 조심스러운 결론에 도달했다.

갯지렁이는 매스컴에 자주 등장하는 실험동물이다. 한때 인간의 뇌와 기원이 비슷한 신경계를 갯지렁이가 가졌다는 떠들썩한 결과도 발표되었고 빛을 감지하는 멜라놉신 분자도 가지고 있는 데다 성체와 유생의 생활사도 달라 다양한 연구자들이 여러 목적을 달성하고자 갯지렁이를 실험동물로 찾는다. 낚시 미끼로 찾는 사람도 없지는 않겠지만.

영국 런던 칼리지 대학 닉 레인Nick Lane은 근육 모터 단백질의 기원을 살피면서 평활근과 골격근이 독립적으로 진화한 것이 '확실'하다는 결론을 내렸다. 앞에서 살펴본 스타인메츠의 연구 결과에서 짐작하듯 근육의 모터 단백질인 마이오신은 단세포 시절에 이미 유전자 복제를 끝냈고 최초의 동물이 등장하기만을 기다렸다. 그 뒤 마이오신은 동물의 평활근과 골격근으로 복잡하게 얽힌 진화 계보를 밟아 갔다. 일본 국립 유전학 연구소 사토시 오타Satoshi OOta [*]와 나루야 사이토Naruya Saitou가 분석한 논문의 결론을 슬쩍 살펴보자. 반복하는 셈 치고 천천히 살펴보자. 근육은 6가지로 나뉜다. 척추동물에서 4가지, 무척추동물에서 2가지다. 척추동물의 평활근, 심장근 그리고 흔히 속근(fast skeletal), 지근(slow skeletal)으로 불리는 골격근 2가지다. 앞에서도 설명했지만 속근은 단거리 선수들이 갖는 근육이다. 9초대에 100미터를 주파하는 선수들은 숨조차 쉬지 않는다. 산소가 필요 없

---

[*] 처음에는 오타라고 생각했지만 그는 여러 논문에서 자신의 성을 OOta로 썼다. 이름이 흔해서 자신을 식별하기 힘들 때 가끔 성을 남들과 다르게 쓰기도 한다. 그래서 똑같은 백씨인데 Baek이 아니라 Back을 쓰는 사람도 보았다. 이 씨도 최소한 셋이다(Lee, Rhee, Yi).

이 근육에 저장된 에너지를 쥐어짜 낸다. 세포에 미토콘드리아가 적어서 백색근이라고도 불리는 바로 그 근육이다. 지근은 미토콘드리아가 잔뜩 들어 산소를 소모하는 장거리 움직임을 주도한다. 무척추동물의 근육은 평활근과 골격근이다. 1999년 오타와 사이토는 6개의 근육 단백질 유전자를 면밀히 조사하고 근육의 계보를 분석했다.

1. 골격근과 심장근육은 척추동물/절지동물이 분기하기 전인 약 7억 년 전에 등장했다.
2. 척추동물의 평활근은 다른 근육과 독립적으로 진화한 것 같다.
3. 심장근육과 지근은 한 계통이다.
4. 절지동물 골격근, 멍게 평활근, 척추동물의 근육(평활근은 제외)은 공통 조상을 갖는다.
5. 절지동물의 비근육, 척추동물 평활근 유전자는 공통 조상을 갖는다.

머리가 지끈거릴 정도로 복잡하다. 하지만 지금까지 나온 연구 결과를 종합하면 인간의 소화기관을 둘러싼 평활근은 골격근처럼 액틴, 마이오신 단백질을 사용할망정 그 기원이 같지는 않다. 그리고 평활근의 기원은 동정편모충류(choanoflagellate)나 초기 후생동물군 단세포 생명체까지 소급된다. 예쁜꼬마선충의 먹이인 세균이 이들 소화기관에 머무는 시간은 2초 정도라고 한다. 예쁜꼬마선충 소화기관의 (진핵)세포에 비해 터무니없이 작은 세균을 먹기 위해 평활근을 동원해야 하는지 아직은 확실하지 않지만 근육세포는 진화적 환경에 맞춰 탄력적으로 자기 모습을 바꿔 온 것처럼 보인다. 이는 특히 골격근세포에서 더욱 두드러진다. 그러나 내가 알고자 했던 척추동물 평활근의 기원은 여전히 속 시원히 밝혀진 게 없다. 이상의 결과에서 확실한 것은 공통 조상 세포에서 평활근과 골격근이 유래하지는 않았다. 다시 말하면 근연 관계가 적거나 거의 없다는 뜻이다. 다세포 생명체가 진화하면서 세균을 먹을 때 소화기관의 역동적인 움직임이 필요했을 것 같지는 않지만 먹잇감을 쫓아 바지런히 움직였을 개연성은 크다. 소화기관 평활근의 움직임은 먹잇감의 크기와 직결될 가능성이 있지만 이를 확인할 실험적 자료는 없다. 소화기관을 좋아하는 내 개인적인 편견 때문에 평활근이 먼저 진화했다고 주장할 수는 없는 노릇 아니겠는가.

게다가 근육은 생각보다 훨씬 가변성이 있는 듯 보이기도 한다. 어떤 물고기는 심장근육을 평활근으로 전환하기도 한다. 멸치나 조기 같은 경골어류는 심장근육을 바꿔 동맥구(bulbus arteriosus)라는 기관을 만들고 수중 환경에 적응했다. 일본 도쿄대학 과학자들은 탄성 있는 단백질인 엘라스틴b가 이 과정에서 핵심적인 역할을 했다고 밝혔다. 이렇게 되면 평활근의 계보가 얼마간 흐트러질 것이다. 하지만 한 가지는 확실하다. 세포의 계보는 언제든 변할 수 있고 그런 전환은 핵심적인 조절 유전자 하나면 충분하다. 또 하나, 물고기는 복잡하다. 물고기는 대개 알을 낳지만 새끼를 낳는 물고기도 있다. 정온동물처럼 체온을 일정하게 유지하는 참치도 있다. 물고기가 단일 계통의

분류 체계가 아니라는 줄거리의 《물고기는 존재하지 않는다*Why Fish*

Don't Exist: A Story of Loss, Love, and the Hidden Order of Life》를 참고하자.

2장

근육 톺아보기
− 근육의 피로와 노화

*

34·60·78세… 인간은 세 번 늙는다.

_한겨레, 2019. 12. 10

최근 신문을 보다 '피로 회복'이 틀린 말이라는 기사를 보았다. 과로로 정신이나 몸이 지쳐 힘든(피로) 상태로 되돌아간다(회복)는 말이니, 과연 그렇군, 고개가 끄덕여진다. 대신 피로 해소 혹은 원기 회복이란 말이 맞노라고 훈수를 둔다. 아마도 비타민 음료 광고에서 피곤할 정도로 들었던 저 피로 회복이란 말이 무의식적으로 우리 뇌리에 들어와 박힌 탓에 이런 혼란스러운 상황이 벌어진 것이리라.

근육이 피로해?

근육 피로라는 말을 들으면 우리는 과거의 경험을 떠올린다. 등산 막바지에 찾아오는 근육의 무력감이나 쥐는 데 힘이 전혀 들어가지 않는 무기력한 상태는 누구나 한 번쯤 겪는 일이다. 운동하다 쥐가 나는 일도 흔하다. 통증이 있고 숨을 헐떡거리며 근육의 성능이 현저히 떨어지는 근육 피로는 반복적이고 강력하게 근육을 사용할 때 발생한다. 원인이 무엇이든 대개 골격근 피로는 시간이 지나면 회복된다. 근섬유를 수축하고 이완하는 일에 커다란 무리가 가게 되는 일을 막고자 자연이 설계했다는 소문도 들리지만 어쨌든 근육 피로가 근육의 대사와 관계되는 것은 확실하다.

여기서 자세한 근육 수축 기전의 내막을 속속들이 모른다 해도, 운동 단백질, 신경, ATP 공급과 대사, 근섬유 주변의 이온 농도의 변화 등이 근육 피로의 원인이라는 것은 짐작할 수 있다. 뒤에 살펴보겠지만 과학계에서는 한동안 근육과 혈관에 축적된 젖산(lactic acid, $C_3H_6O_3$)$^{•}$이 근육 피로 물질의 주된 원인이라고 생각했다. 하지만 젖산과 같은 약산(weak acids)은 생리적으로 중성인 환경에서는 해리되지 않아 양성자를 내놓지 않는다. 따라서 젖산 자체는 근육 환경을 산성으로 변화시킬 수 없다고 한다. 대신 최근에는 ATP가 분해되는 동안 양성자가 축적된다는 실험 결과도 나왔다. 마이오신 근섬유가 한 차례 움직일 때 한 분자의 ATP가 쓰이는 점을 참작하면 근육이 활발하게 움직이는 동안 상당한 양의 양성자가 축적되고 산성으로 변하

• 젖산이 환골탈태하여 지금은 신호 전달 물질과 스트레스 회복력(resilience)을 높이는 물질로 거듭났다. 중국 상하이 스포츠 대학의 장리 박사는 운동이 피질 연접부 단백질에 젖산을 붙여 스트레스 회복력을 높인다는 논문을 발표했다(Physical exercise mediates cortical synaptic protein lactylation to improve stress resilience. 《Cell Metabolism》, 제9호, 2104, 2024). 단백질에 젖산이 붙어 새로운 기능을 펼친다는 이야기가 나온 지는 고작 5년도 되지 않았다. 중국 과학자들이 실험적으로 밝힌 내용이다.

리라는 것은 분명해 보인다.

생리학자들은 근육 피로 현상의 원인을 두고 여러 실험을 반복하면서 그 범위를 좁혀 갔다. 운동 능력이 떨어져 피로한 근육에 ATP의 농도가 높다는 결과가 나왔기 때문에 ATP는 피로 후보 물질에서 일단 제외되었다. 하지만 피로를 해소하다 보니 그 양이 늘어났을 수도 있다. 하지만 앞에서 얘기했듯 인산이 해리되고 근육의 산성도가 올라갔다면 ATP의 대사율이 문제가 될 가능성이 훨씬 크다. 그와 함께 짧은 시간에 에너지를 제공하는 근육 대사체인 인산크레아틴(phosphocreatine, $C_4H_{10}N_3O_5P$, 인산화된 크레아틴 분자를 말한다. 대량의 ATP를 필요로 하는 골격근, 심근, 뇌 등에서 ADP를 빠르게 다시 ATP로 전환시키는 역할을 한다.)도 이 순환에 관여하리라 생각해 볼 수 있다. 수소 이온이나 마그네슘 이온의 농도가 올라가면 칼슘 이온의 방출이 억제되기 때문에 근섬유가 움직이는 데 문제가 생길 수 있다.

또 어떤 생리학자들은 운동하는 동안 생기는 열이 피로의 원인이라고 지목했다. 체온을 일정한 범위에서 유지하려면 신체는 땀구멍을 활짝 열고 혈액을 피부 근처로 보내야 한다. 근육으로 가야 할 혈액의 양이 줄어드는 것도 근육의 성능을 떨어뜨리는 한 요인이 될 것이다. 땀을 흘리면서 물과 전해질의 농도가 변하는 일도 길게 보아서는 근육에 좋을 것이 없다. 운동선수들이 차가운 음료수를 들이켜는 것도 다 이런 배경이 뒷배에 깔린 것이다.

각본이 복잡해졌지만 간단히 정리하면 근육 피로의 원인 물질은 젖산이 아니다. 아마도 앞에서 열거한 여러 요소가 복합적으로 작용했을 것이다. 물론 어떤 종류의 근육을 피로할 때까지 사용했느냐 하는 점도 중요한 요소가 된다. 철봉에 매달려 손을 놓을까 말까 하는 상황과 두 시간 격렬하게 공을 찬 뒤의 상황은 분명 다를 테니 말이다. 전자는 근육의 최대 능력 한계를 고려해야 하지만 후자는 산소호흡과 물질대사를 따져야 할 것은 자명한 일이다.

피로에서 회복되는 속도는 이전에 얼마나 오래, 어떤 강도로 근육을 사용했느냐에 따라 결정된다. 무거운 역기를 드는 순간처럼 짧은 시간에 고강도의 운동을 할 때는 근육 특정 부위의 활동전위 전도가 무위로 돌아간 일이 그 원인이라고 한다. 쉽게 말하면 이온의 흐름이 원활히 이루어지지 않아 아예 신호가 먹통이 되는 것이다. 이런 종류의 근육 피로는 금방 회복된다. 하지만 우울증이나 질병과 같은 다른 이유로 근육의 기능이 떨어졌다면 전적으로 다른 접근 방식이 필요하다. 약물이나 근육 재생과 같은 일이 함께 진행되어야만 원래의 상태로 회복될 수 있다.

순간적 파괴력을 자랑하는 골격근은 그렇다고 치고 평활근은 어떨까? 혈관이나 소화기관을 둘러싼 근육이 피곤함에 절어 파업에 접어들면 어쩔 텐가? 한순간도 쉬지 않고 뛰는 심장(평활근은 아니라도)이나 위가 태업에 들어가는 일은 없을까?

앞으로 자세히 살펴보겠지만 주변에서 볼 수 있는 포유동물이 오줌 누는 시간은 21초 남짓이다(5장). 휴대전화기를 들여다보는 대신 속으로 숫자를 세 가며 자신의 배뇨 시간을 측정해 보자. 나이 들어 전립샘(전립선)이 커지면 그 시간도 늘어나고 계속해서 힘을 주다 맥

풀리는 일도 자주 생긴다. 전립샘은 정액을 보충하는 생식기관이지만 배설과 생식을 구분하지 않았던 조상을 둔 탓에 간혹 문제를 일으키기도 한다. 여러 가지 이유로 중년 남성의 전립샘이 비대해지는 일이 빈번하게 벌어지기 때문이다. 2006년 미국 비뇨기과 의사인 길버트 와이즈Gilbert Wise는 쥐 방광 평활근이 생리적으로 피곤해진다는 사실을 실험으로 증명했다. 33초 동안 일정한 강도로 수축하자 방광 평활근의 수축 강도는 처음의 50퍼센트까지 줄었다. 60초 후에는 30퍼센트까지 떨어졌다. 피로감을 거의 느끼지 못하는 대동맥이나 위장관을 둘러싼 평활근과 달리, 방광암이 있거나 전립샘이 비대해진 환자의 배뇨근(detrusor) 평활근은 오줌 밀어내는 작업을 버거워 한다. 아마 그런 탓에 연구가 수행되었을 것이다. 대개 사람들은 300~400밀리리터의 오줌을 비우고자 30초 정도 용을 쓴다. 포유류의 오줌 누는 시간은 평균 21초, 표준편차는 13초다. 건강한 사람이 제법 긴 시간인 30초 동안 방광 평활근을 쉬지 않고 수축하는 정도는 감당할 수 있다는 뜻이다. 하지만 김훈의 〈화장〉이란 소설 주인공처럼 급한 일이 있으면 방광에 힘을 주어도 오줌을 누기 힘들 때가 있다. 중년의 주인공은 비뇨기과를 방문해 요도에 관을 꽂고 강제로 오줌을 뺐다. 그러나 더러 약물을 쓰기도 한다. 와이즈는 방광 근육의 피로가 평활근 세포막의 줄어든 탈분극 또는 근세포에 연결되는 신경 말단 연접부에서 아세틸콜린의 분비가 줄어든 까닭이라고 판단했다. 물론 전립샘이 커졌다는 단서는 달지 않았다. 임상의사로서 와이즈는 부교감 신경을 촉진하는 약물을 염두에 두고 있었는지도 모르겠다.

발생 과정에서 평활근은 중배엽과 제4 배엽[*]이라는 신경 능선에서 비롯한다. 신경 능선 세포들은 역마살을 안고 태어난 듯 신체 곳곳을 누빈다. 평활근도 신체 곳곳에 분포한다. 그렇지만 특히 혈관 형성에서 중요한 역할을 담당한다. 평활근은 비교적 큰 혈관 안쪽의 세포를 둘러싸지만 모세혈관을 넘보지는 않았다. 대신 모세혈관에는 주위 세포(pericyte)라는 특수한 세포가 혈관 확장이나 혈관 형성에 도움을 준다. 따라서 평활근은 동맥이나 지름이 제법 큰 혈관에 두루 분포하리라 생각할 수 있다. 동맥경화(atherosclerosis)나 혈관 일부가 늘어나 풍선처럼 보이는 대동맥류(aortic aneurysm)는 혈관 특정한 곳에 집중되는 경향이 있다. 이를테면 대동맥류 75퍼센트는 복부 대동맥에 나머지는 흉부 대동맥에 생긴다. 한때 과학자들은 혈류 역동학이나 혈관의 구조 때문에 그러리라 생각했다. 평활근 세포의 발생이 혈관 내피세포 네트워크의 발생에 결정적인 역할을 한다는 것이다. 가끔 혈관 벽세포(mural)라 불리는 혈관 평활근 세포는 혈관 발생과 안정성에 기여한다. 벽세포는 혈관 벽을 둘러싸고 혈류의 흐름과 혈관 내피세포 네트워크의 성장과 안정성을 조절한다. 하지만 이들의 발생학적 기원이나 신호 전달 과정에 대해서는 잘 알려진 사실이 없다. 치료 측면에서 혈관의 조직 공학을 연구할 때도 이런 정보는 꼭 필요하다. 발

● 인간은 3배엽성 동물이다. 내·외배엽에 중배엽, 이렇게 셋이다. 46쪽 그림에서 무악어류에서부터 신경 능선이라는 제4 배엽이 관찰된다. 생물학자들은 척추동물 설계의 기본 특성 중 하나로 신경 능선을 꼽는다. 신경 능선 세포의 독자적인 특기는 배아 발생 시기 그들의 '방랑벽'이다. 그런 까닭에 신경 능선 세포는 온몸 곳곳에 다양한 얼굴로 자리한다. 혈관, 대장뿐만 아니라 귓속에 든 멜라닌 세포도 신경 능선 세포에서 비롯했다. 사실은 멜라닌 세포 전부가 신경 능선 출신이다.

생 과정에서 신경 능선 세포의 거동을 살펴야 한다는 뜻이다.[•] 물론 자세한 내막은 아직 잘 모른다.

기원도 다르지만 평활근의 움직임은 골격근에 비해 전반적으로 느리다. 활동전위 주기도 골격근보다 50배는 더 길다. 그러니 이온 채널이 열리고 닫히는 데도 시간이 더 걸린다. 심지어 홍채 평활근은 활동전위 없이 신경 전달 물질만으로도 평활근이 수축한다. 전체적으로 평활근의 수축은 길게 지속된다. 평생 반복적으로 움직이려면 에너지를 적게 쓰면서도 높은 긴장도를 유지하는 강력한 기제가 평활근 체계에서 진화되어야 했을 것이다. 불행히도 그 효율성을 설명하는 정보는 무척 제한적이다. 결과론적인 얘기가 되겠지만 평활근이 피로해졌다는 얘기는 좀체 들어 본 적이 없다. 아니면 목숨을 부지하기 힘들었을 테니까.

2017년 《첨단 생리학》에 평활근도 피로해질 수 있다는 논문이 발표되었다. 앞서 살펴본 것처럼 평활근은 적은 양의 에너지로도 오래 가동된다. 하지만 에너지 수급이 원활하지 않으면 길게 보아 문제가 생길 수 있다는 게 이 논문의 줄거리다. 우선 연구자들은 골격근에는 ATP를 보충할 인산크레아틴의 양이 풍부하다고 운을 뗐다. 평활근과

• 마이클 D.거숀Michael D.Gershon은 《제2의 뇌The Second Brain》에서 신경 능선 세포가 대장 끝까지 가는 여정에 참여하는 유전자를 소개했다. 이 유전자에 하나라도 문제가 생기면 소화를 마친 음식물 찌꺼기가 대장을 통과하지 못하고 머물러 대장이 한정 없이 커진다. 세계적인 가수 엘비스 프레슬리Elvis Presley가 이러한 허쉬스프렁(Hirschsprung)씨 병을 앓았다고 한다. 우리말로는 선천성 거대결장증이다. 순회공연이 길어지면 똥을 싸기 어려워 식사량도 줄였다고 한다. 미국 앨라배마 주에 있는 엘비스 저택에서 가장 넓고 화려한 곳은 화장실이었다는 소문도 들린다.

다른 점이다. 이 사실을 거꾸로 생각해 보면, 필요할 때마다 ATP가 공급되지 않을 때 오히려 평활근이 더 곤란해질 수 있다는 생각이 든다. 예컨대 출혈이나 심부전 혹은 패혈증이 심해서 대사 스트레스가 커지면 혈관 평활근이 수축하는 데 어려움을 겪을 수 있다. 하지만 이때 골격근은 아예 움직일 수조차 없을 테니 상황이 좀 나아지면 평활근은 이내 회복될 것이다. 배를 열어 수술해 본 사람들은 경험적으로 잘 안다. 열었던 자리를 꿰매고 진통제를 먹으며 하루나 이틀 지나면 의사들은 걸어 다니라고 재촉한다. 방귀가 나오고 소화기관 평활근이 자위를 틀어야 밥을 먹을 수 있다면서 말이다. 소화기관이 정상을 되찾아야 포도당 액상 주사를 끊고 집으로 돌아가 골격근이 몸 주인 의지대로 움직일 수 있다.

평활근이나 골격근, 누가 더 중요한지를 떠나서 이들 둘을 합치면 체질량 절반 정도를 차지한다. 하지만 어쩌랴, 골격근은 체중의 2퍼센트에 불과한 평활근을 깔볼지도 모르겠다. 혈관의 총길이는 12만 킬로미터다. 대동맥과 대정맥 등 굵은 혈관의 움직임이 전신의 산소 공급을 책임진다. 산소와 함께 세포를 먹여 살릴 영양소는 소화관 평활근의 움직임이 제대로 이루어질 때만 제대로 공급된다. 평활근이 일하지 않으면 '십 리도 못 가서 발병 나는' 것은 고사하고 아예 땅 뗌도 못한다.

젖산 셔틀: 근육 독에서 해독제로

근육에서 해당 과정(glycolysis)을 연구하고 노벨상을 받은 독일의 의사 오토 마이어호프Otto Meyerhof, 1884~1951는 개구리 다리를 실험 재료로 근육 글리코겐에서 젖산이 만들어지는 생리 현상을 관찰했다. 알다시피 글리코겐은 간이나 근육에 단기간 보관되는 포도당 중합체 화합물이다. 간에 저장된 글리코겐은 굶었을 때 필요한 기관에 포도당을 공급한다. 주로 뇌다. 애초 근육에 저장된 글리코겐은 호랑이를 만나 줄행랑칠 때 쓰도록 진화했지만 지금은 어디에 써야 할지 갈팡질팡하는 상황이다.

20세기 초반 과학자들은 사냥꾼에 쫓기다 죽은 사슴의 근육에 많은 양의 젖산이 들어 있는 현상을 관찰했다. 이와 함께 사람의 사체를 자극해도 근육이 산성화된다는 사실도 알아냈다. 사람들은 그것이 젖산 때문이라고 판단했고 결국 사후경직이나 근육 피로 현상의 배후를 두고 젖산에 누명을 씌웠다. 젖산이 근육에서 유용한 생체물질이라 생각했던 사람이 없지는 않았지만 역사에서 늘 관찰되듯, 잘못된 믿음은 본디 힘도 세고 수명도 긴 데다 자주 환생한다.

하긴 우리도 축구 경기를 하다 쥐가 나거나 다음날 걸음을 뗄 수도 없게 고통을 겪을 때 젖산을 소환하곤 했었다. 산소가 부족한 상태에서 근육에 저장된 글리코겐을 연료로 쓰다 보면 젖산이 생기고 근육이 산성화되면서 피로해진다는 믿음이 팽배했다. 하지만 캘리포니아 대학 버클리의 조지 브룩스George Brooks는 그렇지 않다고 강변한다. 지난 수십 년 동안 그는 젖산의 누명을 벗기기 위해 노력을 해 왔고 그 내용을《Cell Metabolism》저널에 실었다. 제목은 '젖산 셔틀 이론의 과학과 임상 적용'이었다.

브룩스는 산소의 양이 충분할 때라도 다양한 세포에서 젖산이 생성된다고 운을 뗐다. 그렇다면 그렇게 만들어진 젖산은 무슨 일을 할까? 물론 생각할 것도 없이 젖산은 에너지원이다. 하지만 그것에 그치지 않고 젖산은 혈액을 따라 돌면서 다른 조직, 특히 간에서 포도당을 만드는 재료로 사용된다. 또한 생체 신호 전달 물질로서 젖산은 항상성과 지방 대사에 관여한다.

감을 얻기 위해 브룩스가 제시한 몇 가지 숫자를 살펴보자. 가만히 있을 때 우리 혈액 속에 든 젖산과 피루브산(pyruvic acid, $C_3H_4O_3$)의 비율은 10이다. 놀랍게도 젖산의 양이 훨씬 많다. 기억을 환기하기 위해 말하자면 피루브산은 해당 과정을 거쳐 포도당이 정확히 절반으로 잘린 탄소 3개짜리 화합물이며 미토콘드리아의 주된 음식물이다. 하지만 격하게 운동할 때 젖산과 피루브산의 비율은 500까지 늘어난다. 엄청난 양의 젖산이 만들어지는 것이다. 이 젖산은 미토콘드리아가 풍부한 근육세포의 주된 에너지원으로 쓰인다. 골격근은 크게 두 가지로 나뉜다는 것은 앞에서 이미 설명했다. 미토콘드리아 양이 적어서 백색에 가까운 근육은 속근으로 우사인 볼트 다리에 풍부하다. 세포 발전소가 적은 이유도 있겠지만 무엇보다 글리코겐을 깨서 포도당을, 그것에서 피루브산을 거쳐 젖산을 빠른 속도로 만들 수 있다면 속근은 많은 양의 에너지를 미토콘드리아가 풍부한 지근에 공급하여 지구력 운동에 매진할 수 있을 것이다. 그렇다면 근육은 왜 피루브산에서 멈추지 않고 한 단계 더 진행하여 젖산을 만들까? 그 이유는 해당 과정을 빠르게 돌리기 위해서다. 포도당을 깨서 얻는 전자와 양성자를 운반할 전달체를 원활하게 공급해야만 해당 과정이 무탈하게 돌아간다. 그 전달체는 피루브산을 젖산으로 전환하는 과정에서만 만들어진다.

브룩스는 버클리에 합류한 1970년대 초반부터 젖산이 신체가 늘 쓰는 에너지원이라는 사실을 증명하고자 노력했다. 그 덕에 근육에서 생성된 젖산 일부가 운동 능력을 보강하는 데 사용될 뿐만 아니라 뇌와 콩팥 같은 기관도 선호하는 에너지원임을 밝혔다. 물론 간으로 들어간 젖산은 포도당으로 멋지게 변신을 치르고 다시 혈액을 따라 조직에 분배된다. 오랜 기간에 걸쳐 연구를 거듭한 결과 브룩스 팀은 통념과 달리, 세포가 스트레스를 받고 있을 때 오히려 젖산이 많이 만들어진다는 결론에 이르렀다. 마침내 브룩스는 젖산이 피로 물질이라거나 대사 폐기물이라고 하는 것은 '역사적인 실수'였다고 논평하면서 젖산의 누명을 벗기는 데 성공했다.

상처를 입으면 우리 신체의 자율 신경계는 아드레날린을 분비하여 젖산 생산을 유발한다는 브룩스의 결론은 꽤나 합리적이다. 격하게 운동하는 상황을 상상해 보라. 브룩스는 이 현상을 '먼 길을 떠나기 전 차에 기름을 충분히 넣는 일'에 비유했다. 동물계에서 이런 식의 스트레스 반응이 진화적으로 프로그램화되었다는 뜻이다. 그리고 그 결과는 충분한 에너지를 보강하는 일로 이어진다. 이런 연구 결과를 얻은 뒤 브룩스는 1989년 사이토맥스(cytomax)라는 스포츠음료를 출시하기도 했다. 젖산 중합체가 보강된 음료였다. 마셨을 때 젖산은 포도당보다 빠르게 흡수된다. 혈액에 도달하는 데 젖산은 15분이면 충분하다. 포도당은 그 2배가 걸린다.

　　젖산 셔틀이 무엇을 의미하는지 잠시 살펴보자. 셔틀은 기본적으로 '순환' 개념을 담고 있다. 만들어진 젖산은 그것을 필요로 하는 소비자에게 전달되어야 한다. 그리고 그 순환은 일상적으로 반복되어야 한다. 이런 점에서 비로소 젖산이 글리코겐과 포도당 대사를 잇는 중요한 한 축이라는 생리학적 의미가 완성된다. 여기서 더 나아가 브룩스는 근육세포의 미토콘드리아가 서로 연결된 네트워크를 이루고 있다는 사실을 관찰했다. 젖산 셔틀은 심장의 근육세포, 뇌 안의 신경세포의 미토콘드리아 네트워크로 탄수화물을 전하고 이를 ATP라는 화학에너지로 전환한다. 그뿐만이 아니다. 신호 물질로서 젖산은 미토콘드리아 네트워크의 크기를 늘린다. 운동을 열심히 하면 양성 되먹임 현상이 벌어지면서 젖산이 더 만들어지고 세포 내 발전소 용량도 커진다. 사람들이 혹할 만한 사실이다. 우리는 미토콘드리아 네트워크의 연결망이 커지는 과정을 융합(fusion)이라는 용어를 빌어 설명한다. 앞에서 등장한 파골세포나 골격근 섬유처럼 세포 안에서 미토콘드리아도 기꺼이 융합한다. 재미있는 사실은 운동할 때 근육에서 만들어진 젖산이 포도당이나 지방산 연료의 사용을 유예한다는 점이다. 조직 간에 통신망이 긴밀하게 작동한 결과이다.

　　최신 연구에 따르면 젖산은 뇌유래신경영양인자(brain derived

neurotrophic factor, BDNF)의 생성을 늘려 신경세포가 생겨나도록 돕는다. 아마도 기억을 매개하는 해마(hippocampus) 신경세포일 가능성이 크다. 그렇다면 활발히 운동하고 몸을 재게 놀리면 혹시 기억력이 개선된다거나 인지능력이 떨어지는 일이 줄어들지 않을까?

운동할 때뿐만 아니라 질병과 싸우는 동안 젖산이라는 에너지를 보충하는 일이 신체의 방식이라는 것을 감지한 임상의들은 지금 외상성 뇌 손상이나 심장마비, 만성 염증을 치료할 때 젖산을 사용할 기회를 찾고 있다. 특히 부상에서 벗어나 재활하는 동안 혈당 조절을 돕는 중요한 연료로 젖산이 쓰이고 있다. 흥미로운 일이다. 그러나 모든 일이 장밋빛 일색은 아니다. 젖산이 다목적 연료라는 사실을 눈치챈 암세포가 이를 적극적으로 활용할 낌새가 보이기 때문이다. 따라서 대사에 초점을 맞춰 암세포의 준동을 억누르고자 하는 사람들은 젖산이 에너지원으로 사용되는 과정을 막고자 애쓴다(《Cell Metabolism》, 제27권, 757, 2018). 몇 년 전에 암세포를 다루기 위해 포도당 대사 과정에 참여하는 화합물을 눈여겨봐야 한다는 내용의 세미나를 들은 적이 있었다. 일산 백병원 한 연구원이 그때 젖산을 강조했던 기억이 지금도 생생하다.

서른 살은 슬픈 소식이다

근육의 소실이 시작되었기 때문이다. 한번 시작된 발걸음은 되돌릴 수 없어서 상황은 계속 나빠질 것이다. 60세가 넘은 사람들 25퍼센트, 80세가 넘은 사람들 절반 정도는 젊었을 때보다 가느다란 팔과 다리를 가진다.

1988년 미국 터프츠 대학 어윈 로젠버그Irwin Rosenberg는 근감소

● 우리는 "쓰지 않는 근육은 약해진다."는 말을 흔히 듣고 경험적으로도 잘 안다. 우주 비행사들이 우주선에서 죽기 살기로 근력 운동을 하고 오래 입원한 환자들은 예외 없이 링거액 끌대를 잡고 병원 복도를 걷는다. 근육이 약해지는 증상에는 이름도 많다. 근무력증(myasthenia), 근감소증, 근육피로 등이 그런 것들이다. 근육에 도달하는 신경 전달 물질의 흐름이 원활하지 않다면 약물을 써서 치료할 수도 있을 것이다. 하지만 앉은 자세가 곧 노동 양식으로 굳어진 현대인들은 실내에서 걷는 일조차 드문 상황에 부닥쳤다. 하지만 놀랍게도 우리는 왜 근육이 약해지는지 그 이유조차 잘 모른다. 그렇기에 약물을 써서 근육 위축증을 치료한다는 말은 아예 들어 본 적도 없다. 다행스럽게도 2000년에 접어들면서 근육이 왜 약해지는지 분자 기전이 조금씩 밝혀지기 시작했다. 미국 아이오와 대학 크리스토퍼 애덤스Christopher Adams 연구 팀은 몇 가지 스트레스, 이를테면 굶거나 근육을 사용하지 않아서 또는 스트레스 호르몬인 글루코코르티코이드(glucocorticoid)가 과량인 상태 또는 노화 과정에서 근육이 약해지는 데 관여하는 단백질을 찾아냈다. 예컨대 근육 위축 F-box(muscle atropy F-box, MAFbox)가 그중 하나다. 다른 말로 아트로긴(atrogin)1이다. 물론 상황이 이리 단순하지는 않다. 풍요 호르몬인 인슐린 신호도 중요하고 곁사슬 아미노산인 류신(⇒ 류이발, 157쪽)이 전하는 신호도 나름대로 자신의 고유한 역할을 다한다. 여기서 단백질이나 신호 전달 체계를 미주알고주알 다루는 일은 별다른 의미가 없을 듯싶다. 그러나 우리는 포유류의 근골격근의 무게와 형태를 제어하는 크고 복잡한 신호 네트워크가 있음을 짐작한다. 다시 말하면 앞에서 언급한 아트로긴1은 그 네트워크의 작은 일부에 불과하다는 점이다. 하지만 잠깐 짬을 내 애덤스 연구 팀이 근육 위축증을 치료할 후보 물질로 찾아낸 분자량이 작은 화합물 두 가지를 살펴보자. 2011년 《Cell Metabolism》에 발표된 논문에서 애덤스는 인간과 마우스 근육세포를 굶겼을 때 변화하는 mRNA를 조사했다. 전부 69가지였다. 이들 중 29가지는 척수 손상 환자에게서 얻은 근육에서도 발견된 것이었다. 따라서 애덤스는 굶긴 세포에 화합물을 처리한 뒤, 이들 29가지 mRNA의 발현량 변화를 조사한 다음 두 후보를 선별한 것이다. 우리에게도 제법 익숙한 물질이다. 하나는 사과에 풍부하게 든 우르솔릭산(ursolic acid)이다. 짐작할 수 있듯, 이 물질은 근육 위축을 줄이고 근육세포가 잘 성장하도록 도왔다. 공교롭게도 또 다른 물질은 토마토에서 발견되는 물질이고 이름은 더 쉽다. 바로 토마티딘(tomatidine)이다. 감자 싹이 자라날 푸른 부위에 든 솔라니딘(solanidine)처럼 토마토에서 발견되는 토마티딘은 질소를 포함하지만 생합성적으로 우르솔릭산과 같은 경로를 거쳐 만들어진다. 이제 운동을 마치고 사과와 토마토를 듬뿍 먹어야 하는 것은 아닐까? 문제는 토마티딘을 많이 먹으면 배가 아프다. 독성이 있기 때문이다. 2023년 덜 익은 방울토마토를 먹고 복통을 호소하는 사람이 있었다. 농림축산부는 토마틴(tomatine)이란 성분을 지목했다. 토마티딘과 비슷한 스테로이드계 알칼로이드 화합물이다.

증(sarcopenia)이라는 용어를 만들었다. 나이가 듦에 따라 근육(sarx)이 줄어든다(penia)는 뜻의 그리스어에 바탕을 둔 말이다. 당연한 말이지만, 근육의 노화에는 여러 가지 요소가 가미된다. 근육 줄기세포 수의 감소, 미토콘드리아 기능 저하, 단백질 품질 저하 및 회전율 감소 그리고 호르몬의 조절 기능 약화 등이다. 근육의 양이 줄어드는 현상은 근육의 약화를 동반하거나 아니면 근육의 힘이 줄어든 결과일 가능성이 크지만, 일부 노인들은 바로 그 이유로 일상적인 활동조차 어렵다. 계단을 오른다거나 심지어 의자에서 일어나는 일도 버거울 때가 있다. 나이 든 사람들은 악순환의 고리에 접어들고 궁극적으로 낙상의 위험이 커진다. 독립성을 잃으면 일찍 죽을 수도 있다. 운동을 꾸준히 하면 노화를 막거나 역전시킬 수도 있다는 사실은 그나마 다행이다. 육체적 활동이 미토콘드리아를 건강하게 만들고 단백질 회전율을 높여 근육의 기능에 참여하는 신호 전달 물질의 수준을 회복할 수 있다는 최신 연구 결과가 나왔다. 과학자들은 나이가 들면서 어떤 문제가 생기는지 알고 운동이 불가피한 그 과정을 늦출 수 있음을 알지만 상세한 관계는 이제야 알아채기 시작했다. 그게 뭘까?

골격근은 배아 및 태아 발생기에 그리고 근육이 성체의 크기에 도달할 때까지 진행되는 근육의 전구세포인 근모세포가 융합 단계를 거쳐 형성된 다핵 섬유로 구성된다(41쪽 그림). 그 결과 어른이 되면 근육의 성장과 수선은 근육 줄기세포가 있을 때만 가능해진다. 1961년 알렉산더 마우로가 전자 현미경으로 근육 줄기세포를 찾았고 이들이 근섬유 주변부에 머물러 있는 까닭에 근육 위성세포라고 불렀다는 내용을 한 번 더 환기하자. 그 뒤로 사람들은 위성세포만이 손상된 근육을 고칠 수 있음을 증명했다. 이는 노인들의 상처를 치유하는 일이 왜 더디고 불완전할 수밖에 없는지 그 이유를 말해 준다. 젊은이의 위성세포는 전체 근육 핵 수의 8퍼센트를 차지하지만 70~75세가 되면 0.8퍼센트까지 떨어진다.●

분열하고 수선하는 위성세포의 능력이 나이 든 사람에게서 떨어지는 것은 분명하지만 과학자들은 이 가설을 좋아하지 않는다. 1989년 미국 미시간 대학 생물학자 부르스 칼슨Bruce Carlson과 존 포크너John Faulkner는 두 살 된 쥐에서 분리한 근육을 두세 달 된 쥐에 이식했더니 상처 치유가 빠르고 제대로 일어난다는 사실을 발견했다. 두 살이면 쥐로서는 꽤 늙은 편이다. 그런데도 이식 받은 젊은 쥐 근육에서 별 무리 없이 상처가 치료될 수 있었다. 이런 상황에서 과학자들은 보통 젊은 쥐 내부의 환경 요소가 결정적인 작용을 했으리라 추측한다. 칼슨이나 포크너도 마찬가지였다. 하지만 쥐의 결과를 인간에 적용하기는 여전히 거리가 있다.

2021년 칼슨은 《근육 생물학: 근육의 생활사*Muscle biology: the life history of a muscle*》라는 대중 과학서를 썼다. 발생하고 성장하고 적응하는 근육의 능력, 나이 들어 근육의 구조와 기능이 변하는 과정, 외상

● 골격근은 여러 단일핵 세포가 융합한 융합체인 탓에 세포 숫자를 정확히 세기 어려워 저런 표현이 논문에 나왔을 것이다. 줄기세포의 수가 줄었다는 말로 이해하면 될 듯하다. 2022년에 '인간 연령대에 따른 조혈모세포 클론 역동성'이란 논문이 발표되었다(⇒94쪽과 참고문헌의 4번째 논문 참조, 《Nature》, 제606권, 343). 늙으면 세포의 수뿐만 아니라 다양성도 현저하게 줄어든다.

을 입었거나 질병 상태에서 어떻게 근육이 손상되는가 등의 주제를 깊이 다룬 모양이다. 그러나 역시 이 책도 골격근의 범위를 크게 넘어서지는 않는다. 어쨌든 노인의 근육 또는 근육을 둘러싼 주변 환경은 크게 달라진다.

나이 든 사람의 위성세포는 여러 유전자의 DNA에 메틸기(methyl group)가 결합하면서 후성유전학적 표지가 극적으로 달라진다. 인간 유전체 서열이 밝혀지면서 후성유전학(epigenetics)이라는 용어도 대중화된 면이 없지는 않지만 간단히 설명하고 넘어가자. 후성유전학은 유전체 서열이 변하지 않은 채 벌어지는 과정이다. 그렇기에 유전자 염기 서열이 바뀌는 돌연변이와는 근본적으로 다르다. 염기의 서열은 변치 않지만 대신 화학적으로 염기의 머리에 예쁜 핀을 꽂는 일과 같다. 머리핀은 탄소 1개인 메틸(methyl, -CH₃) 또는 탄소 2개인 아세틸(acetyl, CH₃CO-) 모양이다. 줄기세포 유전자 여기저기에 메틸 머리핀을 꽂으면 간세포를 만들 수 있다. 다른 자리에 머리핀을 꽂으면 신경세포 혹은 근육세포로 변하기도 한다. 이때 머리핀은 세포가 분화하는 동안 정상적으로 진행되는 일이다. 따라서 한번 간세포가 되면 그 운명은 좀체 바뀌지 않는다. 간세포가 신경세포나 근육세포로 변하는 일은 우리 몸에서는 절대 벌어지지 않는다.

그러나 노화나 질병이 진행되는 동안 예기치 않은 머리핀이 꽂히기도 한다. 나이 든 위성세포 유전자에 메틸 머리핀이 꽂히는 사례가 발견되었다. 세포의 휴면 상태를 조절하는 스프라우티(sprouty)1 유전자가 그 한 예다. 이 유전자의 발현이 줄면[•] 위성세포가 자기 재생(self renewal)하는 능력이 떨어진다. 이는 나이 든 인간 근육에서 위성세포의 숫자가 줄어드는 이유를 부분적으로 설명한다. 거꾸로 쥐의 스프라우티1의 발현을 자극하면 나이와 관련된 위성세포의 소실 현상을 억제할 수 있다. 게다가 근신경 접합부의 퇴화도 누그러뜨린다. 이런 정보를 바탕으로 1989년 칼슨의 실험을 다시 보면, 젊은 쥐에게는 분명 이런 후성유전학 지표를 되돌릴 어떤 장치가 작동했으리라 추측할 수 있다. 그게 스프라우티1 유전자이고 같은 체계가 인간에게도 적용할 수 있는지 확인하는 작업을 거치고 나면 과학자들은 저 유전자의 기능을 조율할 방법을 찾으려고 애쓸 것이다.

또 다른 근육 노화의 주범은 미토콘드리아다. 효율적으로 일하기 위해선 충분한 수의 미토콘드리아가 기능적으로 문제가 없어야 한다. 근육의 활동성과 종류에 따라(속근이냐 지근이냐) 근섬유 부피의 약 5~12퍼센트를 미토콘드리아가 차지한다. 근육 비율이 성인 체중의 40퍼센트이므로 어림짐작으로 계산해도 성인 골격근에 포함된 미토콘드리아 무게는 체중의 4퍼센트 정도가 된다. 50킬로그램 성인의 근육에 든 미토콘드리아는 얼추 2킬로그램이 된다. 간이나 뇌의 무게는 '저리 가라'인 셈이다. 나이 들면 세포 안의 미토콘드리아 수도 줄고 형태와 기능도 비정상적으로 변하는데 설상가상으로 근육의 질량도 떨어진다. 2013년 노바티스의 데이비드 글래스David Glass와 그의

• 특정 유전자가 메틸 머리핀을 꽂고 있으면 단백질을 만들지 말라는 신호로 번역된다.

동료들은 늙은 쥐 미토콘드리아 대사 경로에서 미토콘드리아의 기능이 현저히 줄어드는 근감소증의 지표를 찾아냈다. 물론 이 발견은 상관성을 보일 뿐이지만 공교롭게도 시간적으로 거의 완벽한 상관관계를 나타냈다. 미토콘드리아 유전자 발현의 감소가 근감소증의 개시와 딱 맞아떨어진 것이다. 과학자들은 미토콘드리아의 기능이 떨어지면서 근육세포의 숫자가 줄어드는 게 아닌가 의심하고 있다. 미토콘드리아의 분열과 융합을 조절하는 유전자˙및 단백질의 생산이 줄면서 덩달아 미토콘드리아의 부피와 기능이 저하되기 시작했다. 근육 줄기세포의 수가 줄어드는 것처럼 미토콘드리아 건강 상태가 안 좋은 것도 유전자 조절과 관련이 있다. 쥐와 인간의 RNA 발현을 조사한 전사체 연구를 참고하면 근감소증에 민감한 생명체는 미토콘드리아 과정, 세포외 기질 조절 및 섬유화 진행 과정의 유전자 네트워크가 망가지는 경향을 보였다. 결합조직이 과도하게 정상적인 근섬유를 대체하는 것이다.

흥미롭게도 근육 단백질 분해는 메틸히스티딘(methylhistidine, $C_7H_{11}N_3O_2$)의 양을 측정하여 계산한다. 단백질 번역이 끝난 뒤 메틸히스티딘의 양은 변하지도 재활용되지도 않기 때문이다. 따라서 소변에 포함된 메틸히스티딘의 양이 곧 분해된 근섬유 단백질 전체가 된다. 이 물질을 이용해서 측정한 성인 단백질 분해 속도는 하루에 약

• 2013년 《*Molecular and Cellular Biology*》 제33권 194쪽에 실린 논문의 결과 5를 보면 *MFN1, MFN2, OPA1, FIS1* 그리고 *DRP1/DNM1* 유전자 목록을 찾을 수 있다. 미토콘드리아 기능 위축과 근감소증의 관련성에 대한 더 자세한 내용은 참고문헌의 6번째 논문을 보면 된다.

50그램이었다(체중이 70킬로그램인 성인 기준으로 소변 1회당 방출되는 메틸히스티딘의 양은 약 0.7그램 정도). 분해되는 만큼 다시 만들지 않으면 근육의 무게는 줄어드는 게 자명한 이치다.

단백질을 많이 먹어도 나이가 들면 근육의 질량을 유지하기 쉽지 않다. 조직 단백질이 분해되는 자연적인 속도를 따라잡을 만큼 근육 단백질로 빠르게 전환되지 않기 때문일 것이다. 늙은 근육세포들의 자기소화 능력도 떨어진다. 자기소화(autophagy)란 손상된 단백질이나 세포질 소기관 또는 세포 구조물을 재활용하는 과정이다. 그러므로 자기소화 기능이 떨어지면 재활용 단백질을 처리하는 일이 전반적으로 느려지게 된다. 여기에 덧붙여 자기소화는 폐기물 처리의 기능도 떠맡는다.

따라서 늙어 자기소화 기능이 떨어지는 일은 근육의 소실과 무기력증 모두에 영향을 줄 수 있다. 근육의 강도를 유지하려면 반드시 시간이 지남에 따라 축적되는 근육세포 내부의 폐기물을 처리해야 하기 때문이다. 근육세포의 폐기물은 주로 망가진 미토콘드리아와 소포체 및 손상된 단백질 덩어리와 활성산소들이다. 손상된 미토콘드리아를 재활용하는 일은 무척 중요하다. ATP를 잃지 않고 고스란히 챙길 뿐 아니라 부속품을 모아 새로운 미토콘드리아를 만들 재료로 쓸 수 있기 때문이다. 근육세포 에너지가 부족하면 세포 분열이나 융합, 단백질 합성 등 세포 과정(cellular process) 전부가 엉망이 될 수 있다. 자기소화 유전자7(ATG7)이 없는 마우스가 심각한 근육 위축증을 겪고 근육이 약해지는 현상도 목격되었다. 2킬로그램이 넘는 미토콘드리아에서 폐기물 처리와 재활용이 *중요한 것은 더 말할 나위도 없다.

혈관도 늙는다

나이가 들어 근육이 줄어든다고 말하면 열에 열 사람은 모두 골격근을 생각한다. 사우나탕에서 나이 든 사람의 안타까운 허벅지나 종아리를 보면 근육이 줄어들었음을 쉽게 느낄 수 있다. 영양학자들은 65세가 넘으면 특별히 신경 써서 단백질을 보충해야 한다고 조언을 아끼지 않는다. 하지만 평활근의 노화를 언급하는 사람은 드물다. 설사 있다고 해도 대부분 혈관 평활근이 탄력성을 잃고 경직(stiffness)되었다고 걱정한다. 우리 소화기관을 둘러싼 평활근에 관해 얘기하는 사람은 거의 없다. 그렇기에 나이가 들어 평활근의 기능이 떨어졌다고 해도 그 이유가 뭔지 평활근의 본디 기능을 회복할 수 있는지 살펴볼 정보는 무척 제한적이다. 뭐 그렇다는 말이다.

유전자를 보관하는 일을 주업으로 하는 세포핵은 이중막으로 둘러싸여 있다. 게다가 세포핵의 중요 물질이 핵 밖으로 빠져나가지 않게 막단백질 사슬들이 길고 단단하게 꼬여서 세포핵의 형태를 안정적으로 유지해 준다. 또한 이 단백질 사슬은 염색체 특정 부위와 상

● 내가 잠시 살았던 피츠버그 청소차에는 W와 M 두 글자가 맞붙어 있는 로고를 썼다. Waste Management를 뜻한다. 청소의 또 다른 중요한 기능은 재활용(recycle)이다.

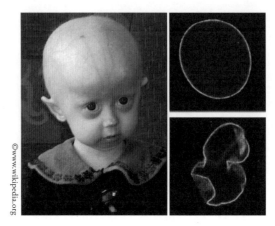

(왼쪽) 조로증을 앓고 있는 아이. (오른쪽 위) 건강한 세포핵. (오른쪽 아래) 라민 A 단백질에 돌연변이가 일어난 조로증 환자의 세포핵.

호작용하기도 하는데, 이 같은 단백질 사슬을 형성하는 것이 라민 단백질들(lamin A, B_1, B_2, C)이다. 그중 라민 A 단백질을 만드는 라민 A 유전자(*LMNA*)에 돌연변이가 일어나면 라민 A 단백질에도 돌연변이가 일어나게 되어 프로게린(progerin)이라는 비정상적인 라민 A 단백질이 만들어진다. 이 탓에 어려서 늙는 허치슨-길포드 조로 증후군(Hutchinson–Gilford progeroid syndrome, HGPS, 흔히 말하는 조로증(progeria)) 환자들의 얼굴에는 노인과 아이가 슬프게 공존한다. 이들은 겉만 늙는 게 아니라 일찍부터 동맥경화 증세가 나타난다. 평균 수명 13년인 7세 조로증 환자의 동맥이 65세의 동맥과 비슷하다는 임상 결과도 나왔다. 특히 이런 증상이 심장에 혈액을 공급하는 관상동맥에 집중되면 더욱 위험하다. 인간 수명 스펙트럼에서 조로증 정반대 편에 선 장수촌 사람은 혈관마저도 건강하다. 미국 로마린다, 코스타리카의 니코야 반도, 이탈리아 사르데냐, 그리스 이카리아, 일본 오키나와가 대표적인 장수촌인데, 이곳에서 100세에 도달한 사람들은 미국 전역 평균보다 10배 많다. 이들이 오래 사는 이유를 분석하고 나열한 책들은 많지만 나는 그들이 건강하기 때문에 오래 산다고 본다. 가공하지 아니한 건강한 음식을 먹고 바지런히 움직이며 스트레스가 적고 친구나 친척과 웃으며 지내는 생활. 사는 곳마다 세세한 항목은 다르겠지만 일반적인 결론은 과학자나 인류학자 모두 별반 다르지 않다.

그리스 이카리아 주민을 대상으로 진행된 임상 연구 결과에 따르면 이곳 장수 노인들은 인간의 몸에서 가장 세포 수가 많은 적혈구가 행복한 것처럼 보였다. 전체 세포의 80퍼센트가 넘는 적혈구는 동맥과 정맥 및 모세혈관을 우당탕 혹은 차분히 흐르면서 전혀 막힘이 없고 구김살도 지지 않는다. 동맥벽이 탄력을 잃지 않고 활성산소의 침탈에도 잘 견디기 때문이다. 혈압도 오랫동안 일정하게 유지된다. 적게 먹고 활발히 움직이면 혈관에서 일산화질소라는 혈관 확장 물질도 적재적소에서 자신의 소임을 다한다.

야생에서 수명이 긴 동물, 예컨대 북극고래나 그린란드상어 등 장수 동물의 데이터는 많지 않지만 그런데도 이들의 혈관은 건강하다는 정보는 빠지지 않는다. 아마 소화기관도 틀림없이 건강할 것이다. 오래 산다고 유명해진 벌거벗은 두더지쥐 혈관도 무척 건강해 보인다. 두더지쥐는 체중이 비슷한 집쥐보다 10배쯤 오래 살아 평균 수명이 30년에 이른다. 24세인 두더지쥐는 인간으로 치면 90세 정도라고 한다. 이렇게 늙은 쥐도 심장과 혈관의 구조와 기능은 멀쩡하다. 연구자들은 일산화질소가 활발히 만들어지고 산화 스트레스에 저항성이 한결같이 유지되는 것이 이런 현상의 전변에 깔려 있다고 추측한다.

오믹스 데이터가 쏟아져 나오는 최근 합성 생물학 시대에도 노화는 수명을 억제하는 가장 강력한 요인으로 꼽힌다. 혈액 단백질을 연구한 결과(103쪽)는 우리 생활사에서 특정 연령대를 콕 짚어 건강 상태가 변곡점에 이른다는 사실을 지적한다. 2022년 6월 일군의 과학자들은 혈액을 구성하는 세포의 원천인 골수 조혈모세포가 다양성을 크게 상실한다는 연구 결과도 발표했다. 조혈모세포는 적혈구와 혈소판, 백혈구 등 각종 면역계 세포를 생성하는 줄기세포다. 70세가 넘으면 수만~수십만이던 줄기세포의 가짓수가 수십 개로 떨어진다. 당연히 혈구와 면역계의 다양성도 현저히 줄어든다. 대신 특정한 가계의 세포들이 득세하면서 암이나 각종 질환으로 연결되는 일이 벌어지는 것이다.

하지만 미국 에모리 대학 스탠리 이튼Stanley Eaton의 얘기를 들으면 상황이 그렇게 간단하지는 않다. 그는 질병의 근본 원인이 유전자 말고 급격한 환경 변화에 있다는 사실을 꾸준히 강조해 왔다. 수렵과 채집으로 살아가는 보기 드문 인류학적 집단을 연구하면서 이튼은 이들 원주민 구성원 사이에는 혈압의 문제가 거의 없고 동맥경화증이나 당뇨병이 거의 발견되지 않는다는 관찰 결과를 얻었다. 그러다 세계적으로 초가공 서구식 식단이 범람하면서 현대적 질병이 크게 늘었다는 점을 강조한다. 앞서 언급한 실험 대상자들은 대개 미국이나 유럽 도시에서 서구식 식단을 섭취하는 사람들일 테지만 혈액 단백체를 조사하면서 그들이 무엇을 먹는지는 추적하지 않았다. 편리함을 추구하는 현대인들이 마주하는 급격한 환경 변화는 줄기세포 연구에도 전혀 반영되지 않았다. 아직 가설에 불과하지만 이튼은 칼륨의 섭취가 줄고 나트륨이 혈액 안으로 급격히 몰려들면서(표2) 혈관의 문제가 불거졌다고 토로한다. 아마 유전적으로 취약하면 심혈관 질병에 걸릴 가능성이 훨씬 커질 것은 분명해 보인다.

비타민과 미네랄 같은 미량 영양소뿐만 아니라 사실 우리가 소비하는 대량 영양소(탄수화물, 지방, 단백질)의 종류와 가공 방식도 크

(표2) 구석기 식단과 현재 식단의 영양소 비교

비타민/미네랄	구석기 식단*	현재 식단	비율#
리보플래빈(B₂)	2.16	0.6	3.60
비타민 C	201	24	8.38
비타민 E	10.9	3.5	3.11
철	28.5	4.9	5.82
칼슘	653	392	1.67
나트륨	256	1,882	0.14
칼륨	3,500	1,177	2.97

*1,000킬로칼로리당 밀리그램 #구석기 식단/현재 식단

유럽 임상 영양학 저널에 실린 스탠리 이튼의 논문에서 발췌한 표이다(Paleolithic nutrition revisited: A twelve-year retrospective on its nature and implication. 《*European Journal of Clinical Nutrition*》, 제51권, 207, 1997).

게 달라졌다. 그러한 변화가 현대인들에게 포괄적으로 끼친 역사적 임상 시험 결과는 아직 나오지 않았다. 당분간 쉽게 나오지는 않을 것 같다. 게다가 아직은 턱없이 정보가 부족하고 설상가상으로 수렵과 채집으로 생활하는 사람도 점차 사라져 간다. 슬픈 일이다.

수렵 채집인으로 살았던 우리 조상들의 수명도 참작해야 한다. 사실 이튼의 논문은 흔히 구석기 식단의 유리함을 주장하는 영양학자들이 즐겨 인용하는 내용을 포함하고 있다. 유전자가 변하는 속도보다 훨씬 빠르게 생활양식이 변했다는 점은 누구나 동의할 것이다. 하지만 그것이 구석기인들처럼 먹어야 한다는 근거는 되지 않는다. 그리고 구석기인들처럼 먹을 수도 없고 그들이 무엇을 어떻게 먹었는지도 잘 모른다. 어쨌든 우리 먼 조상들의 평균 수명이 짧았다고 해서 장수한 사람이 없으리란 보장은 없겠지만 그 수가 많지 않았으리란 점도 짐작할 수 있다. 하지만 비슷한 연령대의 사람들을 대상으로 조사하면 확실히 당뇨병이나 동맥경화와 같은 질병에 걸리는 비율은 적은 것으로 보인다. 사냥하느라 뛰거나 걷고 구근을 캐느라 종일 노동하지만 입에 들어가는 음식물은 부족한 환경의 차이도 구석기와 현대를 가르는 중요한 기준이 될 것이기에 섣부른 예단은 언제나 금물. 지금 우리에게 필요한 것은 혈관 혹은 소화기관으로 들어간 것들의 진화적, 생리학적 측면을 곰곰이 살피는 일이다. 그것은 공기, 물, 음식물이 전부다. 한 가지 더 있다. 바로 운동이다.

운동할 때 근육이 만드는 물질-마이오카인

미국 스탠퍼드 대학 줄기세포 생물학자 토마스 란도Thomas Rando는 아주 유명한 실험을 했다. 젊은 쥐와 늙은 쥐의 각각 한쪽 껍질을 벗기고 서로를 붙여 버렸다. 상처가 아물면서 두 쥐의 혈관계는 하나로 합쳐지게 되었다. 란도는 젊은 혈액에서 나온 뭔가가 늙은 쥐 근육을 회춘시킨다는 결과를 얻었다. 사람들은 경악했다. 순환하는 호르몬과 성장인자가 그런 역할을 했다는 사실이 알려졌다. 호르몬 대체요법으로 근육의 노화를 역전시킬 수 있다. 앞에서 살펴본 근육 노화의 몇 가지 요소를 하나하나 검토했을 테지만 그중 한 가지는 단백질 합성 효율이 개선된다는 점이었다. 무슨 뜻일까?

근육은 그 자체로 내분비기관이다. 근육이 수축할 때 만들어지는 단백질은 혈액으로 직접 들어가거나 아니면 효소에 분해되지 않도록 막으로 둘러싸인 채 전신을 순환한다. 《운동 면역학Exercise Immunology》을 쓴 덴마크 운동 연구소 벤테 페데르센Bente Pedersen● 은 2000년에 면역계에서 처음 사용했던 용어인 사이토카인(cytokine)을 변형하여 마이오카인(myokine)이라는 용어를 만들었다. 격한 운동을

● 그녀는 주로 운동이나 물리적 활동이 몸에 미치는 영향을 연구한다. 또한 염증과 대사센터를 운영하며 운동과 근육의 기능을 분자 수준에서 연구한다. 근육 호르몬인 마이오카인이 조직에 미치는 영향을 연구하고 있다. 코로나19 바이러스가 만연했을 때 사이토카인 폭풍이라는 말이 유행했다. 바이러스나 세균이 침입했을 때 염증세포에서 면역계 세포가 만드는 단백질 무기를 사이토카인이라고 한다. 이를 흉내 내 세포가 만드는 기체 분자, 이를테면 일산화질소나 일산화탄소를 에어로카인(aerokine)이라 부르는 과학자도 있다.

하는 동안 근육세포에서 합성된 마이오카인 단백질은 다시 근육세포에 또는 섬유아세포나 면역계 세포에 작용하여 근육의 생리 또는 수선 과정에 두루 참여한다. 멀리 뇌에도 영향을 미친다. 혹시 란도가 실험한 젊은 쥐 늙은 쥐 실험에서도 뭔가 이런 마이오카인과 비슷한 각본이 작동하는 것은 아닐까?

놀랍게도 인간의 근육세포는 약 965종의 단백질을 만들어 분비한다. 가장 처음으로 알려진 마이오카인은 인터류킨(interleukin)-6다. 인터류킨-6는 근육 내로 포도당이 유입되는 일을 돕고 지방산의 산화를 촉진한다. 대사 과정에서 이런 일은 인슐린 호르몬 소관이다. 다시 말해 이 결과는 운동 후 만들어지는 인터류킨-6가 인슐린의 민감도를 조절한다는 사실로 연결된다.

내분비 학자들은 당뇨병 환자들에게 운동이 필요한 이유가 적절한 근육량을 갖춰, 포도당과 지질의 항상성을 높이는 데 있다고 말한다. 사실 인슐린의 중요한 역할 중 한 가지는 근육과 지방 조직을 일정한 규모로 유지하는 일이다. 흔히 당뇨병은 혈액 안에 영양소가 충분한데도 뇌는 굶주린다고 여기는 질환이다. 그렇기에 서둘러 근육 단백질을 분해하고 그렇게 만들어진 아미노산으로 포도당을 합성하려는 일이 당뇨병 환자 몸 안에서 벌어진다. 운동은 이런 현상을 역전시킬 수 있다. 내분비 내과 의사들이 환자들에게 운동을 권하는 첫 번째 이유가 바로 이것이다. 규칙적으로 운동하면 대사 조절 유전자가 활성을 띠고 여러 조직에서 영양소 대사를 증가시켜 인슐린 감수성과 대사 유연성을 개선한다는 사실이 알려졌다.

(표3) 몸속 기관별 대사열 생산과 혈액의 분포

기관	대사열 생산 무게비율(%)	대사열 생산 열생산비율(%)	혈액의 분포 무게비율(%)	혈액의 분포 혈류량(%)
콩팥	0.45	7.7	0.45	21.4
심장	0.43	10.7	0.43	4.5
폐	0.9 (7.7)	4.4 (72.4)	(5.2)	(64.3)
뇌	2.1	16.0	2.1	13.4
내장기관	3.8	33.6	2.2*	25.0
피부	7.8	1.9	7.8	3.6
근육	41.5 (92.3)	15.7 (27.6)	41.5 (94.8)	16.1 (35.7)
뼈/결합조직	43.0	10.0	45.5#	16.1

*간 #폐와 내장기관을 포함한 무게

　　20세기가 끝날 무렵, 근육이 내분비 기능을 한다는 가설이 등장했다. 즉, 근육에서 직접 혈액으로 어떤 호르몬을 분비한다는 것이다. 골격근은 신체의 가장 큰 기관이기에(표3) 수축하는 근육에서 여러 가지 물질이 분비된다는 사실은 중요성을 더한다. 인터류킨-6외 마이오스타틴, 섬유아세포 성장인자 21(FGF21), 좀 더 최근에는 아이리신(irisin)이라는 단백질도 마이오카인 대열에 합류했다. 마우스 실험에서 이들 마이오카인은 근육이나 지방 조직에서 에너지 항성성을 개선하는 결과를 나타냈다. 그렇다면 인간에게서도 이런 일이 벌어질까? 그렇다. 8주간 유산소 운동을 한 피험자 혈액을 조사한 결과 새로운 인간 마이오카인도 밝혀졌다. 바로 아펠린(apelin)이라는 호르몬이다. 이 물질이 관심을 끌었던 이유는 나이 들어 기능이 떨어지는 다양한 세포 경로를 이 물질이 되살릴 수 있다는 동물 실험 결과가 나왔기 때문이었다. 아펠린을 마우스에 투여하자 새로운 미토콘드리아가 만들어졌고 단백질 합성량도 늘었다. 자기소화와 다른 대사 경로도 활성화되었다. 위성세포의 수와 기능이 개선되면서 전체적으로 늙은 마우스의 재생 능력이 눈에 띄게 좋아졌다. 마이오카인의 정체가 밝혀지고 기능이 알려지면 귀찮게 운동하지 않아도 근육의 기능이 개선되고 회춘에 도움이 되는 약물을 개발했다는 허무맹랑한 소식이 들려올 것이다. 하지만 좋은 소식도 곧 듣기를 바란다. 가령 이런 것이다. 마이오카인 재조합 단백질을 만들어 선천적으로 근육 기능이 망가졌거나 아니면 당뇨병이나 파킨슨 질환처럼 직접, 간접적으로 근육의 기능이 저하된 환자에게 투여할 기회가 곧 찾아오리라는 그런 종류의 소식 말이다.

혈액도 늙는다: 단백질 레퍼토리가 바뀌다

요즘은 아침마다 몸무게를 잰다. 벌써 몇 달째 이러고 있지만 앞으로 언제까지 그럴지 모르겠다. 그 덕에 화장실에 다녀온 뒤 아침 체중을 짐작할 수 있을 정도가 되었다. 아무 일도 하지 않고 잠만 자도 몸무게는 준다. 아니 숨을 쉬는 동안이라면 그 언제라도 체중은 조금씩 줄어든다. 대사율을 측정할 수 있는 방에 사람을 가두고 측정한 과학자

들의 실험 덕분이다. 아무 일도 하지 않고 숨 쉬는 1시간 동안 줄어드는 체중은 약 45그램 정도다.•

　　몸무게를 재 버릇하면서 자주 입으로 들어가고 나오는 일을 생각한다. 몇 년 전 우리 인간 소화기관의 진화 과정을 두루 살펴본《먹고 사는 것의 생물학》을 쓰면서 나는 소화기관을 '내 안의 밖(inner outside)'이라고 칭한 적이 있었다. 잘못 삼킨 포도씨가 고스란히 제 모양이 변치 않은 채 몸 밖으로 나오는 것을 보면 그 말은 틀리지 않는다. 하지만 최근 불규칙한 생활에, 술추렴에 몸이 부대끼면서 소화기관 앞뒤에서 한차례 곤욕을 치른 연후에는 차츰 생각이 달라지기 시작했다. 내 안의 밖이 '밖이 아니'라고 아우성을 치는 느낌이다.

　　산호와 곤충, 불가사리, 해삼 등 동물의 생김새를 연구한 일본 생물학자, 모토카와 다쓰오는 인간을 포함한 포유동물의 '소화기관에는 불룩한 부분이 앞뒤로 두 군데'가 있다고 말했다. 이런 명제는 언뜻 단순하고 사소하지만 놀라운 선언이라고 나는 생각한다. 소화기관이 그저 단순한 통관이 아니라는 점을 간파한 직관적 관찰이기 때문이다. 짐작하다시피 앞쪽 볼록한 부분은 소화는 천천히 하더라도 다음을 위해 일단 먹어 두자는 '보관' 의지를 구현한 위(stomach)이고 뒤쪽 볼록한 부분은 똥을 간직한 대장이다. 놀랍게도 볼록한 두 해부학적 장치를 통과하는 데는 상당한 시간이 걸린다. 음식이 어떤 것인지

• 1900년 미국 월간 잡지《Popular Science》에 실린 데이터에서 얻은 값이다. 실제는 이 값의 절반 정도 된다.

혹은 먹은 동물이 얼마나 굶주렸는지 등 소화 능력을 결정하는 여러 요소가 있긴 하겠지만 평균 40시간이 넘게 걸린다. 식물이든 동물이든 일단 입안으로 들어간 음식물은 그것을 구성하는 가장 작은 단위까지 분해된 후 몸 안으로 흡수된다. 우리 인간은 소화기관 안에 소화와 흡수 효율을 극대화하기 위한 장치를 애써 진화시킨 것이다.

혹시 인간 못지않은 소화기관을 갖춘 쥐들이 자기가 싼 똥을 먹는 이유를 생각해 본 적이 있는가? 그것은 완벽하게 소화가 끝나지 않아 반쯤 소화된 음식물인 똥을 재활용하려는 까닭이다. 동물 생리학자들은 분식(coprophagy)하는 동물을 야생에서 쉽게 관찰할 수 있다고 말한다. 동물의 대사 과정을 연구할 때 쥐들의 똥을 모으는 깔때기 비슷한 장치를 쓰는 것도 이들이 자신의 똥을 먹어 치우는 일을 사전에 방지하기 위함이다. 소화기관은 인간 유전체가 공들여 만든 기관이다. 지질학적 시간에 걸쳐 담금질해 온 소화기관의 지난한 역사를 염두에 두고 나는 이제 조심스럽게 소화기관이 내 안의 바깥이라는 말을 거둬들이려고 한다.

음식물이 들고 나는 데 관여하는 여러 기관, 가령 혀와 턱, 직장은 근육세포로 이루어져 있다. 근육세포 역시 다른 세포와 마찬가지로 시간의 법칙을 따른다. 유치를 갈아 치운 영구치는 말과 달리 영구(永久)하지 않아 흔들리기 시작하고 기체와 액체의 출입을 엄격히 통제하던 항문조임근이 '호시절이 그 언제였던가' 하는 순간이 다가온다는 것을 몸소 느끼게 된 것이다. 조금은 심드렁한 와중에 아주 흥미로운 기사가 눈에 띄었다. 2019년 겨울 즈음의 일이었다.

《*Nature Medicine*》이라는 굴지의 저널에 실린 이 논문에 대한 논평이 국내외를 막론하고 여러 매체에 실렸지만 대체로 내용은 이러했다. 스탠퍼드 대학 알츠하이머 연구소 토니 와이스-코레이Tony Wyss-Coray 박사 연구 팀은 19~95세 성인 4,263명의 혈액을 채취하고 원심분리시킨 결과를 나이에 따른 성분 변화량의 파고로 그려 봤더니 세 연령대에서 극대점에 이르렀다. 34세 혹은 60세, 더 늙어 78세에 이르면 혈액에 분포하는 특정한 종류의 단백질이 늘거나 줄고 그것이 조직이나 기관의 '나이 듦'을 반영할 지표가 될 수 있다는 뜻이다.

생김새가 다르듯 혈액형도* 다를 것이기에 주로 미국인과 유럽인을 대상으로 한 이런 연구 결과는 필연적으로 가질 민족적/인종적 특성이라는 한계를 가질 수도 있다. 그런 점을 염두에 두고 좀 더 논문을 살펴보자. 우리 인간의 혈액은 평균 5리터 정도다. 정맥에서 채취한 혈액을 원심분리하고 혈구세포를 제거한 혈장이 이 실험에 쓰인 시료였다. 정기 검진할 때 의료진들이 뽑아 간 우리의 혈액이 바로 이런 운명을** 겪는다. 평소 눈여겨보지는 않지만 사실 혈액에 든 단백질은 어딘가 조직이나 세포에서 만들어져 방출된 것들이다. 혈액이 곧 거주지인 적혈구나 백혈구, 혈소판도 유리하는 단백질이 있겠지만

● 브라질과 페루에는 주민 전부가 O형인 소수 민족도 산다.

●● "… 소변 검사는 정상입니다. 혈액 검사상 적혈구는 정상화되었습니다. 간 수치는 정상입니다. 총콜레스테롤 xxx, 저밀도 콜레스테롤 xxx, 중성지방 xxx로 고지혈 소견이 있습니다. 갑상샘 저하 소견이 있으나 아직 약물 치료 단계는 아닙니다." 이런 결과를 보면 세포의 숫자, 동맥경화나 고혈압 지표인 몇 가지 콜레스테롤 그리고 질병의 마커인 몇 종류의 대표 단백질의 양을 조사하는 모양이다.

아마 상당수의 단백질은 간이나 뇌, 콩팥 등 자신의 출신 지역을 드러 낸다. 다시 말해 60세 성인의 혈액 속에 분포하는 단백질은 60년 묵 어 기능이 시원찮은 특정 기관 혹은 특정 세포 과정의 변화를 반영한다 는 말이다.

그래서 연구진들은 약 3,000개의 혈장 단백질을 대상으로 그 양 을 조사했다. 이들이 발견한 첫 번째 사실은 나이가 듦에 따라 단백 질의 양이 일정하게 증가하거나 감소하지 않는다는 점이다. 나이에 따른 변동 폭이 뚜렷한 약 1,400개의 단백질을 살펴보니 이들 중 약 900개는 성별에 따라서도 달랐다. 단백질 군의 면면을 보면 여성의 혈액˙인지 남성의 혈액인지 알 수 있다는 뜻이다. 예를 들어, 인간 융 모성 생식샘자극호르몬(성선자극호르몬)은 태반에서 만들어지고 임 신 초기에 그 양이 많지만 3개월이 지나면 농도가 뚝 떨어진다. 검사 결과가 두 줄로 나오는 임신 테스트기가 감지하는 이 호르몬은 임신 기간에만 나오면 충분해 보인다. 하지만 임신하지 않은 여성을 대상 으로 혈장 검사를 하면 폐경기(완경기)가 지난 55세 이상의 피험자가 그보다 어린 피험자들보다 그 양이 증가했다. 왜 그럴까?

복잡한 되먹임 과정은 살펴보지 않겠지만 폐경기 이후 에스트로 겐(estrogen)의 생산량이 현저히 줄어든 탓에 뇌하수체가 거리낌 없이 생식샘자극호르몬(gonadotrophin)을 만들어 낸다. 여기서 알 수 있는

● 《자궁 이야기Womb》를 쓴 리어 해저드Leah Hazard는 월경혈 성분을 분석해서 성인 여성의 건강을 측정해야 한다고 주장했다. 평균 월경혈의 부피는 70밀리리터다. 한 달에 전체 혈액의 약 70분의 1을 그냥 버리기에는 너무 많은 양이다.

두 가지 사실은 여성에 국한해서 나이를 반영하는 단백질의 양이 증가한다는 점 그리고 혈액에 존재하는 생식샘자극호르몬의 출처는 뇌하수체라는 점이다. 생식샘자극호르몬은 여성 호르몬과 몇 가지 구조가 비슷하기 때문에 사용처가 불분명한 상황에서 단백질의 양이 늘면 여성 생식기에 부담을 줄 수 있다. 노년 남성들이 전립샘이 커져오줌 흐름이 방해를 받는 일도 전립샘 특이 항원의 양과 관련이 있다. 나이뿐만 아니라 성별에 따라서도 그 양이 오락가락하는 단백질을 다 빼고 나니 남은 것들의 수는 373개로 줄었다.

토니는 이 373개의 단백질 발현량의 변화를 나이별로 구분하고 3세 오차 범위 안에서 피험자의 나이를 정확하게 맞출 수 있다고 장담했다. 운동을 열심히 해서 혈액의 나이를 조금 늦출 수도 있다는 말이다. 한동안 인구에 회자(膾炙)되다 요즘은 좀 뜸해진 이 논문을 다시 정독했고 나는 한국인의 혈액을 가지고도 실험해 보아야 하는 것 아닌가 하는 생각을 해 보았다.

구체적인 단백질을 언급하지는 않겠지만 논문에서 강조한 몇 가지 세포 경로를 잠시 살펴보고 지나가자. 우선 34세가 되면 연구진들은 구조 단백질인, 세포외 기질의 합성과 대사에 참여하는 단백질의 양이 줄어든다고 밝혔다. 세포외 기질은 세포가 눕는 침대로 비유한다. 혈관을 구성하는 혈관 내피세포가 침대에 자리 잡아야 안정되게 그 기능을 발휘할 수 있다는 의미로 보면 된다. 상피세포 대부분이 접하는 부위인 결합조직에는 콜라겐(collagen)과 엘라스틴(elastin)이 대표적인 단백질이다. 콜라겐은 화장품 광고에도 자주 등장하는 것이니 피부를 윤택하게 가꾸는 데 도움이 되리라 추측할 수 있다. 엘라스틴은 말 그대로 피부나 조직에 탄력성을 부여하는 단백질이다. 폐 상피세포가 편히 자리 잡는 세포외 기질이라는 뜻이다. 30대 중반에 접어들어 이런 종류의 단백질량이 줄어든다면 어쨌든 피부나 혈관 벽 또는 소화기관 벽이 시나브로 늙어 간다고 보아야 할 것이다. 《에이지리스Ageless》의 작가 앤드류 스틸Andrew Steele은 책 249쪽에서 세포 밖 단백질의 노화를 설명하며 이렇게 말했다.

피부의 콜라겐을 개선하면 젊은 시절 같은 피부의 윤기를 회복할 수 있겠지만, 나는 탱탱한 피부와 딱딱한 동맥보다는 피부는 처지더라도 젊고 탄력 있는 동맥을 갖고 싶다.

나도 이 말에 동의한다. 재미있는 사실은 60세나 78세에는 이런 변화가 역전된다는 점이다. 이 말이 어떤 생리적 혹은 세포학적 의미가 있는지 아직은 모른다. 지금까지 이렇게 넓은 연령대에 걸쳐 실험해 본 일이 거의 없었기 때문이다. 늙어서 여러 조직에서 섬유화가 일어나 조직이 딱딱해지는 일이 세포 외 기질 단백질량의 변화와 관련 있을지도 모른다.

60세 전후가 되면 호르몬 활성, 결합 기능(binding function) 및 혈액 경로(blood pathway)가 타격을 입을 가능성이 크다. 아무래도 내가 곧 직면해야 할 상황인지라 무슨 말인지 좀 더 알아보고 넘어가겠다. 단백질이 관여하는 특별한 세포 혹은 대사 경로는 유전자 데이터 체계(gene ontology) 또는 교토대학 유전자/유전체 백과사전(KEGG)에서 사용하는 용어들을 참고했다. 60대에 증가한다는 결합 기능 중 하나는 헤파린 결합이 있다. 헤파린(heparin)은 황을 많이 함유한 다당류이며 임상적으로 혈액이 굳거나 혈전(핏덩이)이 생겨 혈관이 막히는 일을 방지하는 데 사용된다. 대표적인 사용처만 언급했지만 헤파린은 음의 하전을 띠고 있어서 양의 하전을 가진 다양한 물질과 무작위로 반응할 가능성이 크다. 이 생체 고분자가 관여하는 모든 상황을 알 수도 그 외연을 짐작하기도 어렵지만 60세가 되면 혈액의 흐름을 순탄하게 유지하는 일이 매사 관건이 될 가능성이 커진다.

그전까지는 별 탈 없이 일정한 양을 유지하던 에프린(ephrin, 세포 분열 등 배아 발달의 여러 과정을 조절할 뿐 아니라 성인이 되어서도 장기 강화나 줄기세포 분화 등 여러 생물학적 과정을 유지하는 데 중요한 역할을 하는 단백질)과 신경세포 축삭의 길잡이 단백질이 관여하는 신호가 급작스레 증폭되기 시작하면서 노년기의 변화를 추동한다. 간단히 요점만 추려 말하면 70대 후반에 접어들면 학습이나 기억 단계에 필요한 화학물질과 단백질을 조절하는 과정에 문제가 생길 수 있다는 의미이다. 에프린 단백질은 암이 진행하거나 혈관이 새롭게 만들어지는 데도 참여하기 때문에 80세가 넘어 암세포의 성장이 더뎌지는 대신 퇴행성 질환으로 넘어간다는 최근의 논문 결과와도 한 번쯤 비교하고 되뇌어 볼 필요가 있겠다.

시작부터 좀 세게 나간 듯싶다. 하여튼 지금까지 소개한 혈액 실험은 나이 차이가 나는 두 마리의 쥐 털을 깎고 피부를 벗긴 다음 서로 붙여서 마치 샴쌍둥이처럼 모세혈관을 통해 젊은 쥐의 혈액을 받은 늙은 쥐가 회춘했다는 토마스 란도의 전설 같은 실험에 바탕을 두고 있다. 그 후 많은 연구자가 나서서 늙은 쥐, 젊은 쥐 접합 실험을 반복하고 그 결과를 확인했다. 기자들이 어떤 젊은 단백질이 회춘에 필요한가라는 질문을 하자 토니는 젊은 나이의 혈액 단백질에서 추린 똘똘한 단백질 10종 정도면 앞으로 임상에 쓸 수도 있지 않겠느냐는 조심스러운 전망을 하기도 했다. 하지만 그는 백만장자들이 가난하지만 젊은 피를 돈으로 '갈취'하는 윤리적 문제를 피해 갈 수 있겠느냐는 질문에는 끝내 답하지 않았다.

이 실험이 암시하는 또 다른 결론은 자명하다. 남녀가 각기 다르게 늙어 간다는 사실이다. 앞에서도 말했지만 나이 들면서 변화하는 단백질 1,300여 개 중 895개는 성별에 따라 달랐다. 무려 3분의 2에 해당하는 양이다. 호르몬의 영향을 핑계로 여성을 실험 대상에서 일부러 제외하는 일이 없어야 한다고 과학자들이 주장하는 근거이다. 2016년 미국 국립보건원은 임상 시험에서 여성을 배제하지 말 것을 권장하며 성(sex)이 생물학적으로 중요한 매개변수라는 점을 강조했다. 그 말에 나도 동의한다.

이제 얘깃거리를 조금 바꿔 보자. 앞의 연구 결과를 가만 들여다보면 혈액 안에서 특정 단백질의 양이 파도처럼 오르락내리락하기 때문에 나이에 따라 그 양이 일정하게 증가하거나 감소하지 않는다는 결론에 도달했다. 충분히 이해가 가는 말이다. 하지만 그 단백질은 우리 조직 어디에서 비롯되었을까? 혈액 검사에서 어떤 단백질의 양이 갑자기 변했다는 결과를 통지 받았을 때 그 단백질이 가령 콩팥, 특히 깔때기 구실을 하는 혈관사이세포(mesangial cell)에서 비롯했다면 우리는 혈액 노폐물을 제거하는 콩팥의 여과 기능에 문제가 생겼으리라 짐작할 수 있다. 인간의 유전자는 2만 개가 넘고 항체를 포함하는 단백질의 숫자가 거의 10만 개에 육박한다면 과연 그 많은 단백질의 신체 내 주소를 결정할 수 있을까? 스탠퍼드와 워싱턴 대학 공동 연구진은 이런 궁금증을 해소할 논문을 2020년 10월에 발표했다. 군더더기 하나 없는 논문의 제목은 인체 단백질의 정량 지도(A quantitative proteome map of the human body)였다. 《Cell》지에 발표된 이 불세출의 논문도 어렵지만 어슬렁어슬렁 따라가 보자.

14명의 개인에게서 얻은 32개의 조직을 대상으로 스탠퍼드 대학 연구진들은 단백질의 프로파일을 조사했다. 이들이 사용한 조직은 이미 다른 프로젝트에서 mRNA의 발현 양상을 조사한 것이었다. 조직별 유전자 발현 패턴을 이미 알고 있는 상황에서 실제 세포 일꾼인 단백질이 그에 상응하게 만들어지는지 비교 분석할 수 있는 강력한 수단을 확보한 뒤 야심 차게 시작한 연구였다. 약 1퍼센트의 펩타이드 서열만 얻으면 그 정체를 알 수 있는 서열 정보 덕분에 이들은 12,627개의 단백질의 양을 분석할 수 있었다. 32개 조직은 평균 7,500개가 넘는 단백질을 발현했고 모든 조직에 공통적인 것들은 무려 6,367개에 이르렀다. 85퍼센트에 이르는 상당히 높은 수치다. 다만 이들의 양은 조직마다 들쭉날쭉한 양상을 보였다.

각 조직의 단백질 발현 유형을 전사체 양상과 비교해도 흥미로운 결과가 나왔다. mRNA나 단백질 모두 적게 발현되는 것들이 제법 많았다. mRNA는 충분히 발현되었지만 단백질은 거의 없는 경우(16 퍼센트)도 있었고 그 반대도 적지 않았다. 특히 뇌가 그랬다. 뇌에는 전사체가 아니라 단백질만 풍부한 것들의 수가 특히 많았다. 주로 이들은 신경 전달 물질의 수송, 세포-세포 의사소통, 신호 전달에 관여하는 단백질이었다. 산화 환원 반응에 참여하는 단백질들도 mRNA의 양이 적은 편에 속했다. 이와 반대로 RNA는 풍부하지만 단백질은 거의 보이지 않는 곳도 있었다. 고환이 그랬고 다음으로는 간이었다. 현 단계 기술적 수준에서 감지할 수 없을 만큼 단백질의 양이 적을지도 모른다. 하지만 간에서처럼 혈액으로 분비되는 단백질은 간 조직에서 발견되지 않을 가능성이 클 것이다.

모든 조직 중에서 분비 단백질을 가장 많이 만드는 곳은 간이다. 뇌, 동맥, 췌장 및 뇌하수체가 그 뒤를 따른다. 간에서 분비되는 단백질은 주로 보체(complement, 항원 세포를 용해시키거나 항원 항체 복합체에 결합하거나 하는 혈청 성분)의 활성, 혈액 응고 등 주로 위급한 반응에 관여한다. 또한 지질 단백질을 포함하는 다양한 단백질을 적재적소에 운반하는 일도 간이 맡는다. 간과 발생 기원을 공유하는 췌장도 다양한 단백질을 만들고 주로 인슐린과 글루카곤을 분비한다.

RNA가 있는데도 단백질이 만들어지지 않는 이유는 전사 단계 이후 조절 방식 때문일 수도 있고 일단 만들어진 단백질이 쉽게 분해되었을 수도 있다. 흔히 예로 드는 단백질은 저산소 유도 인자이며 이들은 몇 분 이내에 분해되어 흔적도 없이 사라진다. 하지만 전사체는 계속 만들어 가야 하기에 mRNA의 양은 풍부하다. 이런 사실은 실험적으로 증명할 수 있다. 단백질 분해를 억제하는 화합물을 쓰면 빠르게 분해되는 단백질의 목록을 줄줄이 알 수 있다는 것이다. 막단백질은 화학적으로 고약해서 RNA의 발현량과 관계없이 잘 검출되지 않는다. 추출하기 어렵다는 점이 가장 큰 장애물이다. 그 결과 약 5,500개로 추정되는 막단백질 중에서 검출된 것은 3,143개였다. 당연하다. 세포 밖으로 나가 혈액을 떠도는 단백질들도 조직 시료에서는 잘 발견되지 않는다. 3,000개 정도로 예상되는 분비 단백질 중 1,848개가 검출되었다.

수천 개에 이르는 개별 단백질을 일일이 특정 조직에 짝짓는 일은 부질없어 보인다. 하지만 그 유형은 살펴볼 수 있다. 생리적으로 유사한 조직의 단백질 발현 양상은 비슷할 것이다. 대표적인 것은 대동맥과 관상동맥 같은 것들이다. 움직임을 책임지는 심장과 골격근도 마찬가지다. 상피세포가 풍부한 식도 점막층은 피부와 비슷하지만 식도의 다른 부위와는 분명히 달랐다. 충분히 예상 가능한 추론이다. 흥미로운 사실은 폐와 비장(지라)의 단백질 발현 유형이 상대적으로 비슷하다는 점이다. 기능이 다른데도 이런 유사성을 보이는 이유는 두 조직 모두 78종의 면역 단백질을 풍부하게 발현한 덕분이다. 이와는 큰 관계가 없지만 혈소판의 절반 정도가 성숙해지는 장소가 폐라는 사실도[•] 뜻밖이다. 폐는 수동적으로 공기가 들어왔다 나가기만 하는

● 태반은 자궁내막을 '침범'하여 엄마의 혈관계와 하나가 된다. 이 순간에는 출혈이 불가피하다. 태

기관이 아니라는 것을 이런 식으로도 증명한다.

조직에 풍부하게 발현되는 단백질은 3,967개(31.4퍼센트), 조직 특이적인 단백질은[*] 1,595개(12.6퍼센트)였다. 특정 조직에서만 발견되는 단백질은 뇌에 가장 많았고 다음은 간, 심장, 근육 순이었다.[**] 전통적으로 대사 활성이 높다고 하는 조직들이다. 충분히 예상할 수 있지만 이들 조직에는 산화 환원 반응에 관여하는 단백질이 풍부했다. 산화 환원 반응이란 전자가 들락날락하는 과정이고 반응이 진행되는 동안 에너지가 이자(利子)처럼 붙었다 떨어졌다 하기 때문이다.

단백질 합성 공장인 리보솜 구성에 관여하는 단백질은 어디든 있겠지만 특히 췌장과 간, 위에 뚜렷하게 많았다. 끼니마다 먹는 것을 처리해야 하는 일이 어디 쉬운가? 리보솜 단백질 발현 양상을 보

반 포유류는 혈소판의 수를 늘리고 기능을 개선하여 출혈을 제어한다. 공기와 접촉면을 넓히고 산소를 흡수하고자 모세혈관과 최대한 가까이 붙는다. 폐포(허파꽈리)와 모세혈관 모두 상처 입기 쉬운 구조이다. 혈소판이 폐 안에서 성숙하는 이유가 바로 저 구조적 취약함에 있지 않을까 과학자들은 추론한다(《이백예순 날 살기 위하여》, 경향신문, 2021. 5).

● 우리 몸에서 풍부하게 만들어지는 대표적 단백질 11개를 살펴보자. ABAT는 아미노뷰티르산 아미노전이효소로 뇌에 풍부하고 GABA 신경 전달 물질의 대사 물질이다. ATP6V1E1은 양성자 운반 ATP 합성효소이다. 하는 일로 보아 이 단백질은 미토콘드리아 기능이 활발한 간이나 근육, 난소에 풍부할 것 같다. 간과 근육에 풍부한 BCAT2는 곁사슬 아미노산 아미노전이효소2이다. FHOD1은 비장에 많고 액틴 섬유 형성에 중요하다. MYL7은 마이오신 가벼운 사슬로 심장근 수축에 관여한다. RAB1B은 세포 내 막수송을 담당한다. VPS52는 세포 내 수송을 담당한다. BCKDHB는 곁사슬 케토산 탈수소효소로 곁사슬 아미노산 대사 물질이다. PURA는 혈액과 뇌에서 발생한다. BACAT1은 곁사슬 아미노산 아민전이효소이다. UNC13C는 세포 밖 수송을 담당하며 뇌에 풍부하다. 생소한 단백질들이 많지만 곁사슬 아미노산 대사에 관여하는 단백질이 3개나 들어 있다는 점은 상당히 놀랍다.

●● 다음은 췌장, 고환, 뇌하수체, 위, 비장, 부신, 폐, 가슴샘(흉선) 등의 순서였다. 의외로 여성 생식기관은 순위가 한참 뒤로 밀렸다. 가임기 여성의 조직을 조사했더라면 다른 결과가 나왔을 것이다.

면 위도 대단히 활력 있는 장소로 봐야 한다. 미토콘드리아 단백질 번역이 활발한 곳은 심장이고 단백질 분해가 빈번하게 일어나는 곳은 골격근이다. 근섬유 단백질인 마이오신, 트로포마이오신, 트로포닌은 심장과 근육에 많지만 다른 유전자 아형을 사용한다. 단백질을 분해하여 전신에 아미노산을 공급하는 대사기관으로서 근육의 역할이 여기서도 재조명된다.

좌심실이 가장 에너지 생산량이 많다. 여기에는 포함되지 않았지만 사실 가장 에너지를 많이 만들어 사용하는 세포는 망막(retina)에 포진한다. 그러기에 물질대사의 변화에 예민하게 반응하는 것도 충분히 이해할 만하다. 이를테면 당뇨 합병증으로 알려진 망막병증이 그런 것이다. 어쨌든 여기서도 전신으로 피를 펌프질하는 일의 곤고함을 엿볼 수 있다. 결론적으로 말하면 조직에 풍부하거나 조직 특이적 단백질 모두 평소 그들이 하는 생리 기능을 반영한다고 볼 수 있다.

이름 없는 단백질 노동자도 많다. '집 지킴이' 단백질은 모든 조직에서 발현되지만 그 어느 한 곳에도 치우치지 않는 것들이다. 32개 조직에 있는 6,357개 단백질 중에서 1,565개가 바로 집 지킴이 집단 소속이다. 이들이 하는 일은 모든 세포가 기본적으로 하는 일인 RNA 가공, 유전자 발현 및 단백질 제자리 잡기(localization) 등이다.

여러 조직에서 다양한 계통의 전사체와 단백질을 분석하는 방법의 하나는 대사 경로를 중심으로 이들을 분류하는 것이다. 교토대학(KEGG)에서 제공하는 자료가 가장 대표적이다. 자료 분석 결과, 동일한 대사 경로에 속하는 단백질이 여러 조직에 두루 분포한다는 사실을 알 수 있다. 케그 대사 데이터베이스에 기재된 1,434개 유전자 및 단백질을 조직별로 살펴보면 간이 으뜸 대사기관이다. 다음으로는 뇌, 근육, 심장이다. 대부분의 대사 경로(55~67개)가 간에 집중되었다. 다른 것들은 얼추 예측이 가능하지만 한 가지는 언급할 만하다. 그것은 다양한 대사 과정이 위에서도 활발하게 진행된다는 사실이다. 입과 식도를 넘어간 거친 음식물을 다지는 데 필요한 염산을 위벽 세포가 꾸준히 만들어 내고 있다는 점을 반영한 결과이다. 갈수록 위의 기능이 심오해 보인다.

단백질을 하나하나 열거하고 그 기능을 추적하는 일은 늘 어렵다. 이번 장에서 주로 다룬 근육에는 신경계가 도달하여 수축과 이완을 조절한다. 근육에 도달해 일하는 신경계 기능을 조절하는 물질이 우리 몸뿐만 아니라 자연계에서도 발견된다.

손가락을 구부려 봐!

큐라레(curare)는 남미 원주민들이 사냥할 때 화살촉에 묻히던 독극물이다. 대롱을 입으로 불어 사냥하는 모습은 매스컴을 통해 매우 익숙한 이미지로 자리 잡았다. 페루나 브라질, 콜롬비아 원주민들은 자생하는 덩굴 식물의 껍질 구멍에서 흘러나오는 수용성 액체를 끓여서 남은 검은 반죽을 화살촉에 발랐다고 한다. 독으로 사냥해서 먹을 것을 구하려면 몇 가지 조건이 충족되어야 한다. 첫째 효과가 빨라야 한다. 화살촉을 맞은 동물의 기선을 제압할 정도로 꼼짝달싹 못 하게 만들어야 하기 때문이다. 둘째 멀리 혹은 높이 있는 사냥감도 쉽게 잡을 수 있어야 한다. 마지막으로 잡은 동물을 안전하게 먹을 수 있어야 한다.

대항해시대 이런 현상을 목격한 유럽인들은 남미 원주민들의 독극물을 연구하기 시작했다. 첫 번째 관찰은 독에 쏘여 죽은 듯 보이는 고양이의 심장이 두 시간 넘게 뛰고 있다는 것이었다. 심장 마비 없이 호흡 마비만을 일으키는 이 약물의 성질에 주목한 유럽인들은 큐라레를 연구하기 위해 남미를 방문하기도 했다. 그중에서 생리학의 아버지 클로드 베르나르가 정리한 대목은 눈여겨볼 만하다. 그는 큐라레를 '먹어서는' 마비 증세가 나타나지 않는다고 말했다. 남미 원주민들이 사냥감을 먹어도 안전하다는 사실을 확인한 것이다. 큐라레는 감각은 건드리지 않고 오직 운동 마비만을 불러온다. 그 순서는 팔다리 근육, 가슴 근육, 호흡근육 순이다. 심장은 한동안 멀쩡하기 때문에 인공호흡으로 이 독에 노출된 환자를 구할 수 있다. 하지만 가장 중요한 발견은 큐라레가 중추 신경이 아니라 말초 신경계에 작용한다는 점이었다. 큐라레는 신경과 근육이 만나는 지점에 작용한다. 왜 그럴까? 그 이유를 이해하려면 근육을 움직이는 신경세포의 행동에 익숙해져야 한다.

1672년 영국의 의사 토마스 윌리스Thomas Willis는 입 위쪽과 사지 근육의 힘이 서서히 빠지는 증상을 목격했다. 동물성 정기가 약한 탓이라는 결론을 내렸지만 이제 사람들은 그 증세가 자가 면역 질환임을 알고 있다. 중증 근무력증(Myasthenia gravis)이라는 이름이 붙은 이 질환은 환자에게 생긴 항체가 신경 전달 물질인 아세틸콜린의 수용기 단백질을 공격함으로써 발생한다. 짐작하듯 아세틸콜린은 근육을 움직이라는 지시를 내리는 물질이다. 자가 항체가 아세틸콜린을 공격하여 구조를 바꾸거나 파괴하면 신경 전달이 제대로 일어나지 않는 것이다.

신경학자들은 중증 근무력증과 큐라레 중독에서 두 물질이 말초 신경에 작용한다는 공통점을 발견했다. 뇌에서 신경세포를 타고 온 전기 신호는 접합부(synapse)라는 구조를 거쳐 다음 신경세포나 근육 또는 분비샘으로 전달된다. 뇌에서의 지시 사항이 전기 신호와 화학적 신호 형태로 모습을 바꾸어 전달되면서 근육의 움직임이나 분비물의 생성으로 이어지는 것이다. 신경학자들의 연구가 누적되면서 큐라레는 아세틸콜린 수용기 단백질의 길항제(antagonist)로 최종 낙찰되었다. 단백질의 자리를 차지하기 위해 아세틸콜린과 경쟁하기 때문에 생긴 일이다.

현대 생물학자들은 중추 신경에서 가까운 근육에 전달되는 신경세포의 신호와 먼 근육에 전달되는 신경세포의 신호가 다르다는 사실을 연구하고자 세포의 유전자 활성을 비교했다. 그러다가 생쥐나 병아리의 손과 발처럼 말단의 근육에 공급되는 신경세포의 특성이 팔다리 근육에서의 신경세포의 특성과 다르다는 사실을 알게 되었다. 손가락 쥐기나 나뭇가지 부여잡기 같은 미세한 운동 조절에 신경계가 다른 전략을 사용한다는 의미처럼 생각된다. 골격근에 이어지는 신경계가 다시 세분화된다는 점은 무척 흥미롭다.

손가락이나 발가락이 동물 진화 과정에서 출현한 것은 약 4억 년 전이다. 그 세월이 지난 후 우리 인간은 주머니에 든 동전이 오백 원짜리인지 정도는 가볍게 알아차린다. 엄지손가락으로 휴대전화기 화면을 넘길 줄도 안다. 팔에 들어가는 신경 말단과 손가락에 오는 신경 말단에는 무슨 차이가 있을까? 얘기를 이어 가기 전에 조절 능력에 따라 운동 신경이 두 가지로 구분된다는 사실을 알아 두자. 손가락이나 이두박근의 움직임처럼 내 뜻대로 조절이 가능한 신경을 체성 운동 신경계라고 한다. 그렇지 않은 신경계통은 자율 신경계 소속이다. 짐작하겠지만 실제 수축하고 이완하는 말단 근세포에는 공통적으로 아세틸콜린이 쓰인다. 그렇지만 이 신경 전달 물질을 받아들이는 수용기 단백질은 각기 다르다. 소화기관에 이르는 자율 신경계 (부교감 신경) 연결부에는 무스카린성 수용체가 있다. 반면 큐라레가 간섭하는 단백질은 니코틴성 수용체다. 밟은 물건이 구슬인지 우리는 바로 알 수 있지만 그것을 꿀떡 삼킨 뒤에 식도를 통과한 구슬의 위치를 정확히 집어낼 수 있는 사람은 없다. 바로 앞에서 설명한 수용기 차이 때문이다.* 꿀떡하기 전 삼키기를 결정하는 근육과 항문에서 막중한 사회적 책임을 다하는 근육에 체성 신경계와 니코틴성 수용기가 연결되어 있음은 말할 것도 없다.

다시 손가락과 이두박근이 뭐가 다른지 문제로 돌아가자. 과학

---

* 불수의근인 내장이나 혈관에는 두 종류의 자율 신경계가 분포한다. 교감, 부교감 신경계이다. 교감 신경계는 호랑이를 만났을 때의 반응을 생각하면 대충 짐작될 것이다. 부교감 신경계는 아세틸콜린을, 교감 신경계는 아드레날린 계통의 물질을 신호 전달에 쓴다.

자들은 운동 신경계가 발생하려면 레티노산이 필요하다는 사실을 오래전부터 알고 있었다. 비타민 A 계열의 레티노산(retinoic acid)은 당근이나 토마토, 고추 같은 가짓과 식물에 흔히 분포하는 화합물과 한통속이다. 하지만 놀랍게도 손, 발가락까지 이어지는 운동 신경계가 발생하는 데 레티노산이 필요하지 않았다. 뭔가 달라진 것이다. 운동 신경계가 발생하는 동안 동물의 몸통 설계를 관장하는 혹스라는 유전자(HOX)의 작동 방식이 달라졌다면 너무 상세한 설명이 될까? 지금까지 우리가 알고 있는 사실은 여기까지다. 손, 발가락 말단 근신경의 발생을 조절하는 물질은 과연 무엇일까? 마지막 입가심으로 이제 인종에 따라 근육이나 골격의 구조가 다른 점이 있는지 알아보자. 바로 사람들의 앉은키 얘기다. 여러분은 앉은키가 얼마나 되는지 기억하는가?

백인보다 흑인의 무게 중심이 더 높다

몇 년 전에 은퇴를 선언한 100미터 달리기 세계 기록 보유자 우사인 볼트의 키는 195센티미터다. 남들은 45~48발짝을 뛰어야 결승선을 넘지만 볼트는 41발짝으로 충분했다. 여러 과학자가 나서서 번개보다 빠르다는 볼트의 달리기 속도를 분석했지만 다리가 길다는 둥 근육의 효율이 높다는 둥, 썩 눈에 들어오는 그럴싸한 해석은 보지 못했다. 반면 올림픽 수영 종목에서 28개의 메달을 땄다는 마이클 펠프스

Michael Phelps는 자신보다 18센티미터 작은 육상 선수와 다리 길이가 같다. 몸통이 길다는 말이다. 이런 체형의 차이로 운동 기록의 우열을 설명할 수 있을까? 미국 듀크대학 애드리안 베얀Adrian Bejan은 그렇다고 말한다.

올림픽 수영 우승자와 100미터 달리기 우승자 얼굴을 보고 있으면 흥미로운 현상을 발견할 수 있다. 1968년 이래 100미터 달리기 세계 기록 보유자는 전부 흑인이다. 1912년부터 1967년까지 국제 육상 협회가 모은 기록을 보아도 흑인이 압도적으로 많다. 38명 중 비흑인은 고작 10명에 그쳤다. 놀랍게도 그중 한 명은 일본인이었다. 160센티미터로 단신인 '새벽의 초특급' 요시오카 다카요시는 1935년 100미터를 10.3초에 주파하며 세계 신기록을 세웠다. 군국주의를 표방하던 일본의 기를 한껏 살려준 일이었다. 아시아를 벗어나 서구와 대등해지는 꿈이 실현된 느낌으로 일본 열도가 그야말로 열광의 도가니 자체였을 테니 말이다. 국가가 주도하여 스포츠 엘리트를 육성하던 시절의 특별한 예외를 제외하면 압도적으로 흑인이 잘 뛴다. 왜 그럴까?

베얀은 달리기를 물리학의 한 범주로 치환했다. 질량이 앞으로 떨어졌다 다시 일어나는 '주기'가 곧 달리기라는 것이다. 더 높은 곳에서 떨어지는 질량은 더 빨리 아래로, 다시 말해 앞으로 떨어진다. 베얀은 같은 질량이라면 무게 중심이 높을수록 주파수가 빨라지리라 예측했다. 2010년 《디자인과 자연 및 생태동역학 국제 저널 *International Journal of Design & Nature and Ecodynamics*》에 실린 베얀의 논문에서 베얀은 군인들의 앉은키와 키의 평균을 조사했다. 결론만 슬쩍 살펴보자.

1. 상대적으로 아시아인의 앉은키가 가장 크다.
2. 백인들의 키와 앉은키는 일정한 비율을 보이며 아시아인들보다 다리가 길다.
3. 흑인과 백인의 차이도 두드러진다.

제2차세계대전 후 미군을 대상으로 얻은 데이터임을 고려하자. 키가 172센티미터인 흑인의 평균 앉은키는 87.5센티미터다. 백인은 이보다 3센티미터가 더 크다. 키와 앉은키의 차이가 클수록 우리는 다리가 길다고 말한다. 다시 말하면 무게 중심이 높다. 흑인의 무게 중심은 백인보다 3.7퍼센트 더 높다. 베얀의 넘어졌다 일어서는 달리기에서는 흑인이 더 유리하다는 뜻이다. 베얀은 아시아인을 향해서도 물리적 조언을 던졌다. 신체 조건으로 볼 때 올림픽에서 아시아인이 그나마 좋은 성적을 거두려면 수영에 집중해야 한다고 말이다. 갑자기 박태환의 앉은키가 궁금해진다. 수영은 상체를 들었다 내리는 톱날 모양의 전진 운동이다. 따라서 앉은키인 상체의 길이가 더 중요하다. 이를 증명이라도 하듯 올림픽 수영 기록 보유자들은 백인이 압도적으로 많고 가뭄에 콩 나듯 아시아인들이 끼어 있다. 박태환이나 쑨양처럼.

다시 우사인 볼트를 보자. 키가 195센티미터인 우사인 볼트의 다리 길이는 105센티미터다. 앉은키 기록을 찾을 수 없었지만 걸음

폭이 더 넓은 것으로 보아 무게 중심이 높으리라 추측할 수 있다. 물론 울트라 슈퍼 휴먼으로서 폐활량이나 근력이 평균 인간을 훨씬 웃돈다는 분석은 언제든 있겠지만, 무게 중심 각본은 무척이나 맘에 끌리는 가설이다.

3장

밥 먹기

동물학이 거둔 크고 작은 지적 성취는 대부분 위장과 관련되어 있다.
식생에 관한 정보는 생물학 연구의 가장 핵심적인 자료다.

_장 앙리 파브르, 《곤충기》

인간의 신진대사에 쓰이는 에너지양은 하루 약 1천만(10메가 혹은
10^7) 줄(joule)이다. 먹고 자고 생각하고 싸는 데 쓰는 양이다. 이 값은
100와트 전구를 하루 내내 켜 놓은 양으로 바뀐다. 노래 가사 덕분에
우리는 '30촉 백열등'이란 단어에 익숙하다. 촉은 밝기 단위다. 영어
로 칸델라(candela)다. 양초(candle)와 비슷하다고 생각했다면 정확히
맞았다. 30촉은 대략 양초 30개를 켜 놓은 밝기를 뜻한다. 호롱불을
모르는 사람도 있겠지만, 호롱불 쓰다 촛불을 보면 그 밝음에 놀란다.
그런데 그것이 30개라면 얼마나 밝겠는가? 촉은 와트 단위와도 거의
같이 간다. 그러므로 30촉은 얼추 30와트에 해당한다. 길게 쓰긴 했어
도 요점은 단순하다. 옛날 목로주점은 어둠침침했다는 뜻이다. 아웅다
웅 여럿이 쓰던 방 하나를 100와트 전구로 밝히던 시절이 있었다.

줄을 와트로 바꾸려면 단 한 가지 변수만을 손보면 된다. 와트가
1초에 1줄에 해당하는 일률로 정의되기 때문이다. 이 계산에서 우리

는 쉽게 하루가 10만(10^5) 초쯤 되는구나 짐작할 수 있다. 이만큼의 일률을 칼로리로 환산할 수 있을까? 물론이다. 1칼로리는 4.2줄이다. 1천만 줄을 4.2로 나누면 된다. 결과는 대략 2,400,000이고 단위는 당연히 칼로리다. 일상에서 이 단위는 너무 작은 탓에 대개 우리는 킬로칼로리를 쓴다. 세 개의 0을 떼면, 2,400. 인간은 하루 약 2,400킬로칼로리•로 살아간다. 정확히 말하자면 킬로칼로리라고 해야겠지만 그냥 관습적으로 칼로리라고 쓴다.

1994년 중앙일보에 '한국인, 71세 일생 중 음식물 27톤 먹는다'는 기사가 실렸다. 얼추 30년 전에 한국인의 평균 수명은 71세였나 보다. 남성일까? 여성일까? 그런 정보는 없다. 하지만 당시 보건복지부 데이터 중에 한국인이 하루 1,048그램을 먹었다는 정보가 있었던 것 같다. 이제 27톤은 계산기만 두드리면 나오는 산수 문제가 된다. 윤년까지 챙기는 세심함을 보이면서 기사의 신뢰도를 올리려 한 흔적도 역력하고 균형 잡힌 영양소를 섭취해야 한다는 걱정도 털어놓았다.

> 탄수화물, 단백질, 지방의 바람직한 섭취 비율은 65:15:20이다.
> 복지부가 주관한 국민영양조사에 따르면 1971년에는 그 비율이
> 80.7:13:6.3으로 영양 섭취가 불균형적이었으나 1991년에는 68.3
> :15.1:16.6으로 점차 바람직한 비율로 개선됐다.

● 음식이나 주전부리에 든 에너지양은 칼로리로 쓰기에는 너무 커서 킬로칼로리 단위로 써야 옳다. 하지만 시중에서는 킬로를 뺀 칼로리를 '킬로칼로리' 대용으로 쓴다.

유년과 청년 시절을 지나 결혼 초기 얘기라 저런 수치가 새삼스럽지는 않지만 내셔널 지오그래픽에서 조사한 2011년 데이터는 자못 놀라웠다(표4). 지구인들은 매일 거의 3천 칼로리에 달하는 열량을 섭취하며 무게로 치면 섭취한 음식물의 양은 2킬로그램에 육박한다. 북한이나 소말리아처럼 그 양이 현저히 떨어지는 나라가 있는 반면 미국과 독일인은 무척 많이 먹는다.

한국인들도 상당히 많이 먹는다. 보건복지부에서 계산한 값이

(표4) 전 세계인의 하루 영양소 섭취량(내셔널 지오그래픽, 2011)

나라	하루 영양소 섭취량		나라	하루 영양소 섭취량	
	칼로리/사람	그램/사람		칼로리/사람	그램/사람
미국	3,641	2,729	스페인	3,187	2,399
독일	3,539	2,649	아르헨티나	3,155	2,109
쿠웨이트	3,470	2,066	사우디아라비아	3,121	1,622
영국	3,413	2,667	중국	3,073	2,368
러시아	3,358	2,444	멕시코	3,021	1,822
한국	3,329	2,167	우루과이	2,940	2,148
브라질	3,286	2,283	일본	2,717	1,622
쿠바	3,279	2,210	베트남	2,704	1,418
호주	3,267	2,551	인도	2,458	1,317
홍콩	3,260	2,143	북한(DPRK)	2,103	1,259
리비아	3,209	2,154	소말리아	1,695	1,012

*전 세계인의 평균은 하루 2,870칼로리/사람, 1,878그램/사람

맞으면 우리는 불과 20년 안에 거의 2배가 넘는 음식물을 소화기관에 밀어 넣고 있다. 내셔널 지오그래픽이 제공하는 자료에서 우리는 2011년과 그 이전 50년의 변화 양상을 연도별로 확인할 수 있다. 한국의 정황을 살펴보기 전에 전 세계 평균을 훑어보자. 어디까지나 평균이라는 점을 감안하면서.

　예상하듯 사람들은 곡물에서 가장 많은 양의 열량(칼로리)을 얻는다. 좀 더 구체적으로 알아보자(숫자의 단위는 퍼센트다). 순서대로 쌀(19), 밀(18), 옥수수(5) 그리고 기타(3) 합해서 약 45퍼센트다. 다음으로 설탕과 감미료 및 식물성 기름 등에서 20퍼센트, 감자와 채소 그리고 과일 등 농산물에서 11퍼센트, 육류에서 9퍼센트다. 육류는 돼지고기가 가장 많고 닭 그리고 소고기가 주를 이룬다. 해산물도 소고기 못지않은 영양원이다. 버터, 치즈 등 유제품과 달걀이 8퍼센트를 차지한다. 50년 전과 비교하면 사람들은 곡물의 소비를 줄이는 대신 고기 및 설탕과 지방의 소비량을 늘린 것이 특징적이다. 그 결과 총열량은 2,194~2,870칼로리로 약 30퍼센트 늘었다.[*] 1970년대만 해도 한국인들은 참 못살았구나, 생각이 절로 든다. 유년기를 넘어 내가 청소년기를 지나던 때였다.

● 이들 영양소의 무게를 보면 농산물이 40퍼센트로 가장 많은 양을 차지한다. 특히 채소(20)와 과일(11) 그리고 그 뒤를 감자와 같은 농산물(9)이 따른다. 곡물은 밀(10), 쌀(8) 그리고 옥수수(3) 순이다. 달걀과 유제품이 15퍼센트이며 그중에는 우유가 13퍼센트로 가장 많다. 육류는 9퍼센트, 설탕과 지방은 7퍼센트이다. 나머지는 8퍼센트인데 그중 알코올음료가 5퍼센트를 차지한다. 이와 더불어 견과류는 1퍼센트이다. 실제 무게를 보면 농산물이 749, 곡물이 403, 계란과 유제품이 280, 육류 173, 설탕과 지방이 130 그리고 기타 143그램이다.

턱이 있다

인간의 몸을 구성하는 세포는 까탈스러워서 밖에서 물리적으로 음식물을 잘게 자르고 화학적으로 분해하여 눈에 보이지 않는 상태가 되어야만 비로소 거들떠보기 시작한다. 공기나 물속에 설사 영양소가 있다고 하더라도 피부를 통해 그것을 흡수할 의지도 능력도 없다. 신생아로 태어나 살았던 기억을 천천히 떠올려 보자. 우리는 모두 커다란 덩어리의 음식물을 입에 넣는 일에 익숙해질 때까지도 오랜 시간을 기다려야만 했다. 턱*과 이빨이 있어야 한다는 말을 이렇게 장황하게 한다.

혹시 무악(無顎)이니 유악이니 하는 말을 들어 보았을 것이다. 거기에는 어류라는 접미사가 붙는다. 골격과 턱을 갖는 형질을 기준으로 척추 동물군을 파악하면 인간은 조기나 멸치가 포함되는 경골(硬骨)어류와 조상을 공유한다. 뭐 기분 나빠할 것 없다. 커다란 수족관이 있는 커피숍에 앉아 얼굴 근처로 다가서는 물고기를 볼 기회가 생기거들랑 그 경골어류의 얼굴을 자세히 쳐다보자. 그러면 절로 고개

● 매튜 보넌의 《뼈》에는 척삭동물의 다섯 가지 형질이 나와 있다. 세로로 틈이 있는 인두궁, 갑상샘(갑상선)의 전신인 내주, 척삭, 속이 빈 등쪽 신경관, 항문뒤꼬리. 턱은 인두(식도와 후두에 붙어 있는 깔때기 모양의 부분)에서 비롯했다. 《내 안의 물고기 Your Inner Fish》에서 닐 슈빈Neil Shubin도 인두궁을 자세히 설명하는데, 위아래 턱, 목 주위 후두와 갑상샘, 청각을 담당하는 등자골, 표정을 통제하는 근육, 혈관 등 얼굴 전면부 형성을 담당한다. 먹이는 두고 물만 빼는 상어 입 뒤 열린 틈은 바로 인두궁의 흔적이다. 먹고 숨 쉬고 듣고 표정을 짓는 일이 가능한 것은 대개 인두궁 덕분이다. 평활근에서 살펴보았듯 인두궁에는 신경 능선에서 출발한 세포들이 들어와 발생 과정에 적극적으로 참여한다.

를 끄덕이게 될 것이다. 얼굴 생김은 비슷하나 멸치는 목이 없어서 방향을 틀고자 하면 지느러미를 써야 한다.

어류 얘긴 제쳐 두고 턱으로 다시 돌아가자. 턱이 있으면 먹잇감을 붙잡을 수 있다. 이빨의 도움을 받으면 먹잇감을 조각낼 수도 있다. 이는 텔레비전 화면에서 가끔 보는 악어의 고갯짓을 떠올리는 것으로 충분하다. 아가미가 있든 후두가 있든 입과 코를 통해 물 또는 공기를 들여보낼 수 있는 덕분에 원활한 호흡이 가능하다. 확실히 턱은 음식물과 산소의 중요한 통로로서 생명체의 몸집을 키우는 데도 한몫한 것으로 보인다.

음식을 잘게 쪼개는 일이 주된 업무인 이빨은 상어 피부에 돌출한 비늘과 기원이 같은 것으로 보인다. 밖에서 안으로 들어온 이빨은 마침내 턱에 자리를 잡았다. 제4 배엽으로 일컫는 신경 능선에서 온 세포들은 이빨에서 가장 단단한 부분인 상아질을 탄생시켰다. 평생에 걸쳐 딱 한차례 교체되는 인간의 이빨은 혀와 함께 공동작업을 펼쳐 먹이를 내장으로 안전하게 보낸다. 산 채로 음식물을 입에 집어넣는 동물들은 물고기처럼 이빨이 안쪽으로 휘어져 있고 보조 연골을 갖추든 아니면 악어처럼 강한 턱으로 죽을 때까지 먹잇감을 물든, 해달처럼 먹기 전에 배 위에 놓고 돌로 깨서 먹든 뭔가 수를 써야 한다. 그런 일들을 생각해 보면 인간의 두 손이 얼마나 중요한 소화기관 역할을 하는지 새삼 고맙게 느껴진다.

생물학자들은 위가 턱과 함께 진화했다고 단정해서 말한다. 이렇게 깔끔하게 명제를 던지면 우리는 가끔 새롭게 펼쳐진 세계를 마주한 듯한 느낌을 받는다. 사실 몸 안쪽에 깊이 들어와 있지만 위는 주된 소화기관은 아니다. 소화와 흡수가 일어나는 본질적인 소화기관은 소장이다. 턱이 없는(무악어류) 칠성장어나 먹장어에는 위가 없다고 한다. 거머리처럼 먹잇감에 달라붙어 혈액을 빨아먹고 살기 때문에 위와 같은 정교한 장치가 필요 없을지도 모르겠다. 턱과 위가 동시에 진화해야 할 피치 못할 어떤 계기가 있었을까?

곰곰이 생각해 보자. 턱이 있으면 입을 크게 벌려 소화관으로 집어넣을 먹잇감의 크기를 키울 수 있다. 석 달에 한 번 정도 먹잇감을 포식하는 비단뱀은 먹이를 삼키면서 위장관 세포를 새롭게 만들고 물처럼 묽은 위액을 강산으로 바로 바꿀 수 있다. 먹잇감이 크면 소화하는 데 시간이 걸린다. 소화 효율을 높이려면 음식물을 잘게 잘라 소화효소가 접촉하는 면적을 넓혀야 한다. 하지만 야생에서 살아가는 사지동물이 그런 일을 하기는 쉽지 않다. 포식자가 주변에 널린 데다 자유롭게 쓸 수 있는 두 팔이 있는 동물은 많지 않다. 그렇기에 뭉툭한 소화관 위쪽 부위를 풍선처럼 부풀려 음식물 덩어리를 한동안 보관하는 동시에 그것을 충분히 작은 덩어리로 잘라 걸쭉한 수프처럼 만들 시간을 벌어야 한다. 불가피하게 음식물과 함께 소화기관으로 들어온 세균이나 곰팡이 같은 불청객들도 염산의 된맛을 맞아야 비로소 한 생명체 세포들의 안전한 한 끼가 마련되는 것이다. 정리하면 턱과 위는 음식물을 잘라 소화하기 쉬운 크기로 자르는 보관 장소이며 위생 검열이 이루어지는 장소다. 하지만 정작 본격적인 소화와 흡수가 이루어지는 특화된 부위는 소장이다. 소장에서 현미경적 크기로 잘린 영양소, 이를테면 포도당, 아미노산, 지방산 등은 다시 간이라는 관문을 지나는 동안 이차 검열을 받고 최종적으로 안전하다는 허가증을 받은 연후에야 비로소 심장 혈관에 도달한다.

창고기의 간

조개나 곤충에게도 간(liver, 肝)이 있을까? 1883년 영국 왕립학회지에 무척추동물의 색소 물질인 담즙산(bile acid, 쓸개즙산이라고도 함. 간에서 분비된 담즙의 주요 성분으로 지방의 소화와 흡수를 촉진한다.)을 관찰한 논문을 쓴 찰스 맥먼Charles MacMunn은 첫 문장을 이렇게 시작했다.

> 생물학자들은 대체로 무척추동물의 간이 기능적으로 췌장에 불과한 것이라고 여긴다.
>
> _《왕립학회지》, 제35권, 370, 1883 •

어떤 사람은 간이라고 쓰지만 어떤 사람은 중장샘(midintestinal gland) 또는 간췌장(hepatopancreas)이라는 표현을 써서 무척추동물의 '간'을 표시한다. 아마도 포유동물에서 관찰할 수 있는 본격적인 기관이 없어서일 것이다. 그렇다면 과학자들은 해부학적, 생리학적 측면에서

• 놀랍게도 당시 발표된 논문이 인터넷에 제공된다.

간 비슷한 기관이 있는지 살펴볼 것이고 다음에는 중요도에 따라 분자생물학적 접근을 하게 될 것이다. 독일 울름 대학 타마스 로저Tamas Roszer는 연체동물과 갑각류의 중장샘이 면역과 대사를 통합하는 기관이라고 정의했다. 샘을 이루는 상피세포가 특수한 당 분자를 인식하는 렉틴(lectin)이나 세균으로부터 철을 격리하여 항균 작용을 나타내는 페레틴(ferretin) 같은 면역 물질을 만들고 분비하기 때문이었다. 면역계는 그 자체로 에너지를 많이 소모하는 체계지만 항상성을 재조정하여 인슐린 저항성과 같은 대사 질환을 일으키기도 한다. 그런 의미에서 아마도 로저는 면역과 대사를 언급했을 것이다. 초파리에도 간세포와 비슷한 세포가 있다. 염색하면 이 세포에는 지방 소체가 있음을 쉽게 확인할 수 있다. 굶을 때는 미래를 위해 지방을 저장하고 먹이가 풍부할 때는 초파리의 성장과 발생을 돕는 지방체(fat body)는 기능적으로 지방 조직이며 생식기관이다. 따라서 이 조직에는 지방을 대사하는 사이토크롬(cytochrome)˙ 효소가 탑재되어 있다. 공교롭게도 이 단백질은 콜레스테롤을 대사하고 수용성을 증가시켜 배설을 촉진하는 기능도 할 수 있어 장차 해독 기관으로 거듭날 가능성도 이미 갖추고 있었다. 간의 전신인 이들 조직이나 기관은 장차 포유동물의 간이 어떤 모습을 띨지 암시하고 있는 듯 보인다.

한동안 쥐의 간세포를 밥 먹듯 분리하여 배양해 온 덕에 나는 간세포처럼 보이는 이미지를 보면 바로 눈이 간다. '초파리 지방 대

● 인간의 간 조직에서 대사를 담당하는 특등 효소이다. 약을 먹으면 이 효소가 바빠진다.

사를 조절하는 간세포 비슷한 특별한 세포'라는 제목으로 2007년 《Nature》에 발표된 논문 데이터를 볼 때도 딱 그런 느낌이 들었다. 모양은 간세포 같았지만 지질 소체(lipid droplet)가 있는 것으로 봐서 초파리가 스트레스를 받았거나 아니면 굶은 모양이었다. 상황이 좋지 않으면 세포는 미래를 준비하는 태세를 취한다. 동물계 여러 계통에서 발견되는 간 혹은 간 비슷한 조직의 기능을 살펴보다가 인간의 간이 하는 일을 살펴보면 요약 정리된 느낌이 든다. 생리학자들은 인간의 간이 대략 500가지 일을 한다고 설레발을 친다. 긴말할 필요 없이 간은 참 다재다능하다. 그렇다면 척추동물의 간은 어떻게 무슨 이유로 생겼을까?

간은 모세혈관망이다. 곰곰이 생각해 보면 인간의 몸 안 기관(organ)은 모두 모세혈관망이다. 심장에서 나온 동맥혈이 기관을 지나 다시 정맥으로 나올 때 혈액 안에 든 산소와 영양소를 기관 속 세포 하나하나에 전달하는 일을 모세혈관이 담당하기 때문이다. 《나노의학Nanomedicine》이란 책을 쓴 로버트 프레이타스Robert Freitas는 평균 잡아 세포 1~3개 간격으로 모세혈관이 스며든다고 말했다. 여러 조직에서 채취한 모세혈관 밀도(모세혈관이 지나는 기관의 단위 면적당 모세혈관의 수)의 평균값 600개/제곱밀리미터에서 역으로 계산한 결과 각 모세혈관끼리는 40마이크로미터 떨어져 있고 길이는 1밀리미터였다. 세포의 평균 크기가 15마이크로미터 정도 되니까 세포 약 2개 반 정도의 경계 안에 충분한 양의 산소가 투과될 수 있다. 기관의 색이 붉을수록 모세혈관 밀도가 더 크리라 짐작할 수 있다. 뇌(붉지는 않지만), 콩팥, 간 및 심근의 모세혈관 밀도는 2,500~3,000 정도다. 순식간에 힘을 내야 하는 속근의 모세혈관 밀도는 300~400이다. 하지만 뼈와 지방, 결합조직 그리고 미토콘드리아가 풍부해서 지구력 운동을 담당하는 골격근(지근) 주변의 모세혈관 밀도는 100보다 적다. 이런 식으로 우리 몸에 분포하는 모세혈관의 수는 190~400억 개에 이른다. 이보다 놀라운 사실은 모세혈관의 표면적*으로 313제곱미터다. 확실히 숫자만으로 따지면 소화기관과 폐 그리고 모세혈관의 표면적이 다른 어떤 곳보다 압도적으로 크다. 투과도에 따라 모세혈관은 연속적(continuous)이거나 불연속적(discontinuous)이다. 모세혈관의 가장 일반적인 형태는 투과도가 가장 작은 연속성으로 골격근, 심장근, 평활근 등 많은 조직에서 볼 수 있다. 산소, 이산화탄소, 포도당, 물, 이온 등 크기가 작은 물질이 이동한다. 이와 대비되는 불연속적 모세혈관은 고분자 화합물인 단백질까지 이동할 수 있을 정도로 투과도가 크다. 혈관을 통해 세포가 들락거리는 간이나 골수, 적혈구를 깨는 비장에서 볼 수 있는 모세혈관이 불연속적인 구조를 갖는다. 연속적 모세혈관과 불연속적 모세혈관 중간쯤에, 영양물질의 교환이 이루어지는 창 달린(fenestrated) 모세혈관이 있으며 이는 대개 콩팥이나 소장, 췌장에서 관찰할 수 있다.

---

* 모세혈관의 표면적과 동물의 체중을 그래프로 나타내면 기울기가 1에 가깝다. 사람의 체중이 100킬로그램이라고 하면 모세혈관의 표면적이 거의 100제곱미터쯤 된다는 뜻이다. 그러나 실제 인간의 모세혈관 표면적은 이보다 3배나 넓다. 지구력으로는 동물 가운데 인간이 1등이라는 사실이 이런 생리학과도 관련이 있을까?

간은 붉다. 앞에서 살펴본 것처럼 모세혈관이 촘촘하게 박혀 있고 세포 한 층마다 혈액이 공급된다. 그러나 간 혈관계의 가장 큰 특징은 아래 그림에서 보듯 투망처럼 소화기관에서 모여든 정맥혈이 곧장 심장으로 향하지 않고, 대신 문맥(portal vein)을 통해 간으로, 다시 말해, 모세혈관망을 두 번 지나간다는 데 있다. 포유동물은 왜 이

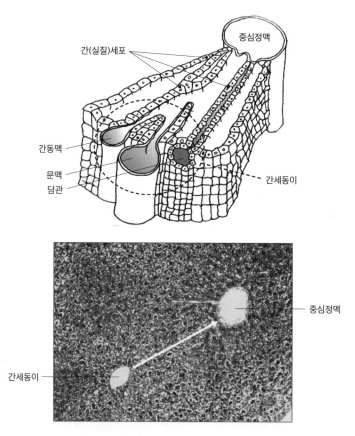

간을 관통하는 중심정맥과 간세동이. 간동맥, 문맥, 담관 이 세 구조를 한 그룹으로 묶어 간세동이라고 한다.

런 구조를 공통으로 가질까? 아마 간이 중요한 소화기관이기 때문일 것이다. 발생하는 동안 간은 내배엽인 소화기관에서 웃자라 나온다. 췌장도 마찬가지다. 중복된 소화기관의 기능을 분화시켜 간과 췌장에 각기 자신의 역할을 떼어 준 것이라고 보아야 할 것이다. 위에서 강산의 세례를 받은 세균이나 곰팡이는 초죽음을 당했겠지만 불가피하게 음식물 속에 든 세균의 분비물이나 독성 물질을 대사하는 '세관' 업무가 간에 우선으로 주어졌다.

하지만 이런 문맥 구조가 처음으로 등장한 때는 언제 어느 동물에서였을까? 이를 연구한 논문은 그리 많지 않지만 몇 결과는 창고기를 지목한다. 척삭동물의 한 분파인 두삭류에 속하는 창고기는 미삭류인 멍게와 함께 척추동물의 먼 친척이다. 앞에서 이미 살펴본 내용이다. 두삭류 창고기의 소화기관에는 간이라 부를 만한 뚜렷한 기관은 없지만 놀랍게도 소화기관과 연결된 모세혈관망 구조를 갖는다. 여러 가지로 불리는 그 이름은 중장 게실(midgut diverticulum)[•], 간 또는 소화기 맹장(caecum, 막창자), 간 게실이다. 해부학자들은 이 간 게실이 최초의 간이 아닐까 하고 추측하고 본격적인 분자생물학적 연구에 들어갔다. 조만간 흥미로운 결과가 나오리라 기대한다. 흥미로운 사실은 위보다 간이 먼저 진화했다고 여겨진다는 점이다. 창고기보다 포유동물에 가까운 무악어류인 칠성장어 성체에는 간이 있지만

• 식도, 소장, 대장 같은 소화기관 벽에 생긴 작은 주머니. 막힌 주머니란 뜻을 가진 맹장도 형태상으로는 게실과 다를 바 없다. 발생하는 동안 간은 장에서 웃자란 기관이다.

위가 없기 때문이다. 턱이 없지만 강한 이빨로 물고기의 피부에 달라붙어 혈액을 먹고 사는 생명체라 먹잇감 덩어리를 소화할 위가 따로 필요치 않을 수 있겠지만 대신 담즙산은 만들어 낸다. 잊지 말아야 할 것은 턱뼈가 없는 원구류(cyclostome)인 칠성장어에서 인슐린을 생산하는 기관이 간과 함께 진화했다는 사실이다.

간과 소화관은 한통속

소화기관과 간, 두 모세혈관망이 문맥으로 연결되는 혈액의 흐름으로 보거나 발생 과정으로 보거나 간은 소화기관이 맞다. 흔히 우리가 간과하는 사실 중 하나는 문맥으로 흘러드는 혈액이 식도 아래쪽과 항문 바로 위 직장뿐만 아니라 쓸개, 췌장 및 비장과도 연결되어 있다는 점이다. 간으로 들어가는 문맥 주변의 혈액 흐름에 문제가 생기면 소화기관 전체에 문제가 생기는 것은 해부·생리학적으로 자명한 일이다.

짐작하다시피 우리 몸에서는 두 경로를 거쳐 간으로 혈액이 들어간다. 산소와 영양분을 싣고 간동맥을 통과하는 혈액은 심장에서 바로 온 것이다. 다른 하나는 위나 장에서 소화, 흡수된 영양분을 실은 정맥혈이 문맥●을 거쳐 간으로 들어간다. 간동맥과 문맥을 지나는

● 문맥 혈관 벽에 가지를 친 신경세포가 간으로 들어가는 혈액 안의 포도당과 단백질의 양을 감지한다는 연구 결과가 최근에 발표되었다. 이는 지방세포와 소장에서 만드는 렙틴, 위에서 주로 합성되는 그렐린 호르몬과 함께 중추 신경계로 포만감 신호를 전달하는 한 방식이다.

혈액의 양은 20:80이다. 문맥으로 들어가는 혈액은 표면적이 넓은 소장에서 86퍼센트, 대장에서 약 14퍼센트 들어온다. 그러므로 거칠게 말하면 문맥으로 들어가는 물질 대부분은 소장 상피세포를 지난 것들이다. 그렇다면 건강한 사람의 장에서 문맥을 거쳐 간으로 들어가는 것들의 목록을 살펴보자.

식도를 지나 위를 거친 음식물을 최종적으로 소화, 흡수한 거의 모든 영양소들이 간으로 들어온다. 그중 일부는 쓰고 일부는 저장할 것이다. 그러므로 간문맥으로 들어오는 영양소는 그 사람이 먹은 것을 그대로 반영한다. 이를테면 고지방 저탄수화물 식단을 고수하는 사람들의 간에는 포도당은 적은 대신 각종 지방산은 풍부하리라 짐작할 수 있다. 한국이나 일본처럼 해산물을 많이 먹는 사람들은 소화기관에 요오드와 같은 원소가 서양인들보다 훨씬 많이 들어올 것이다. 정상에서 벗어나 질병이 있다면 상황은 급변한다. 간-장 사이의 관계는 늘 쌍방향을 오간다. 예를 들어 위염을 일으키는 헬리코박터 파일로리(Helicobacter pylori)에 감염되면 이들 세균이 만들고 분비하는 대사산물이 간을 지나 전신을 떠돌아다닐 것이다. 2021년에 일본 오사카 대학 쇼 야마사키Sho Yamasaki 연구 팀은 헬리코박터 세균이 콜레스테롤에 탄수화물을 붙여 숙주의 면역계를 귀찮게 한다는 논문을 발표했다. 이들은 위에서 세균을 분리하고 갈아서 그 안에 든 대사체를 분석했다. 분명 세균의 대사체들은 위나 소화기관 내강에서 또는 간 또는 조직의 면역세포들과 만나 이들을 활성화시킬 것이다. 반대로 간암에 걸린 환자라면 문맥을 타고 들어가 대사되어야 할 많은 물질이 헛되이 몸 밖으로 빠져나가거나 장내 세균의 도움을 받아 새로운 물질로 변한 뒤 다시 몸으로 들어올 수도 있다. 이를테면 간암 환자의 문맥으로 들어오는 대사체 중 트립토판(tryptophan, 필수 아미노산의 하나로 헤모글로빈, 혈장 단백질 합성에 중요하며, 체내에서 합성되지 않아 육류나 초콜릿 등의 음식물을 통해 섭취해야 한다.)은 많고 리놀레산(linoleic acid, 필수 불포화 지방산으로 우리 몸에 꼭 필요하지만 체내에서 합성되지 않아 반드시 참기름이나 콩기름 등 식물성 기름 같은 음식물을 통해 매일 보충해야 한다.)이나 페놀(phenol, 벤젠 고리에 하이드록시기가 결합한 방향족 화합물로 독성이 있다.) 성분은 적은 것으로 드러났다. 그렇다면 트립토판은 줄이고 리놀레산은 많이 섭취해야 간암 환자에 좋지 않겠는가? 그렇지만 이것도 단견이다. 연세대학교 핵의학과 윤미진 박사의 논문을 보면 간암이라 해도 포도당을 선호하는 부위와 초산을 선호하는 부위가 해부학적으로 분리되었다는 사실을 확인할 수 있다. 이 결과 또한 암세포가 대사적으로 무척 다양한 형질을 띤다는 사실을 보여 준다. 한두 가지 영양소를 무기로 삼아 암이라는 적과 맞서기는 쉽지 않다.

어떤 과학자들은 간에 들어가는 대량 영양소 대신 순전히 세균이 생성하는 대사체 양상을 파악함으로써 장-간의 환경 변화와 병리학을 판단하려고 한다. 간에서 만들고 십이지장으로 분비된 후 간으로 재흡수되거나 세균의 대사계 영향을 받아 2차 담즙산으로 변하는 화합물의 레퍼토리를 분석하는 일이 대표적인 예이다. 한때 우리는 담즙산이 지방을 흡수하는 데 도움을 주는 수동적 역할을 할 뿐이라고 믿었지만 지금은 상황이 팔팔결 다르다. 새롭게 밝혀진 담즙산의 역할은 크게 두 가지다.

1. 핵 수용체와 상호작용하여 대사 기능을 조절한다.
2. 장내 미생물 군집의 크기와 역할을 조율한다.

핵 수용체는 스테로이드 호르몬과 결합하여 다양한 일을 한다. 이를테면 성호르몬인 에스트로겐의 수용체, 스트레스 받을 때 분비되는 코르티솔(cortisol)의 수용체 단백질이 대표적인 핵 수용체이다. 이들 핵 수용체와 결합하는 리간드는 콜레스테롤에서 유래한 탓에 너나없이 세포막을 잘 통과한다. 세포질에 들어와 수용체와 결합한 리간드-수용체는 핵으로 들어가 유전자 발현을 촉진하고 새로운 단백질을 만들어 낸다. 그게 핵 수용체가 일하는 방식이다. 콜레스테롤 대사체인 담즙산이 핵 수용체와 결합하여 그전까지는 알려지지 않았던 역할을 담당한다는 사실이 알려진 것은 그리 오래되지 않았다.

담즙산은 담즙산의 합성을 조절한다. 무슨 소리일까? 핵 수용체와 결합한 담즙산은 간세포에서 콜레스테롤을 분해하여 담즙산으로 바꾸는 효소(CYP7A1)의 활성을 조절한다. 하지만 애초 이 핵 수용체˙는 간에서 지방 합성을 억제하는 단백질로 처음 알려졌다. 그뿐만이 아니다. 담즙산은 갈색 지방에서 열 생산을 도와 살 빼는 데 관여하는 것으

● 이름이 중요하진 않겠지만 FXR(Farnesoid X-receptor)이다.

로도 소문이 났다. 담즙산은 소화기 면역계를 매개로 장내 세균 집단의 수와 구성을 조절한다. 그렇게 쌍방향의 복잡한 관계가 형성된다. 이렇게 다양한 담즙산의 역할은 결국 면역계와 세균의 먹이를 매개로 장내 세균 군집의 크기와 구성을 조절하는 것으로 정리될 수 있다.

장 속 세균이 장 벽에 접근하여 상피세포와 상호작용하는 일은 거의 없다. 물론 정상적일 때 그렇다. 끈적한 점액을 뚫고 상피세포와 소통하는 세균이 전혀 없지는 않지만 그것은 무척 예외적이다. 세균과 숙주의 상호작용이 주로 세균의 대사체에 의존한다고 짐작해도 틀림이 없다. 말하자면 점액은 당단백질로 구성된 촘촘한 망이라 그 자체로 물리적 장벽이지만 항균성 펩타이드도 있고 세균을 감지하고 쫓아 버리는 단백질도 있어서 실상 거의 무균 상태라고 보아야 한다. 태어날 때부터 무균 상태에서 성장한 쥐에게 세균을 이식하면 점액 장벽의 면모를 잘 알 수 있다. 무균 쥐에 세균을 넣어 주면 무슨 일이 벌어질까? 놀랍게도 이식한 균이 채종된 쥐에서와 비슷한 유형의 점액을 만들어 낸다. 점액의 합성이 세균 집단에 대응하여 이루어진다는 뜻이다. 점액 생산은 장 상피세포 사이에 끼어 있는 술잔세포(goblet cell) 담당이다. 점액이 있는 곳에 늘 술잔세포가 있다. 세균의 존재를 파악한 술잔세포는 Muc-2라는 점액 단백질을 생산한다. 역설적인 것은 이 점액이 굶주린 세균의 식량이 되기도 한다는 점이다. 점액 장벽이 사라지면 세균과 상피세포 혹은 면역세포가 바로 만나게 된다. 면역 반응이 시작되면서 몸은 비상 상태로 접어든다. 사람이 살아 있는 동안 그 언제라도 세균을 굶기지 말아야 한다.

간이 딱딱하다

실험실에서 쥐의 간이 딱딱해지는, 섬유화(fibrosis)를 유도하려면 간 독성 물질을 투여하거나 아예 쓸개에서 십이지장으로 연결된 담관을 막아 버리면 된다. 비교적 큰 쥐인 랫(rat)은 담관이 직접 십이지장으로 연결되는 대신 쓸개가 없다. 크기가 작은 생쥐는 노란색 쓸개가 있지만 담관이 너무 가늘어서 실험하기가 어렵다. 랫의 담관을 잘라 묶어 두면 간세포가 만든 담즙산이 간에 머물게 된다. 담관이 있는 간세동이(portal triad, 136쪽 그림), 특히 문맥 근처 간세포가 먼저 타격을 받아 손상을 입게 되는데 이때 간에 상주하는 면역세포인 쿠퍼세포가 활성을 띠면서 섬유화가 시작된다. 말 그대로 죽은 간세포 자리를 콜라겐과 같은 섬유가 꽉 채우는 것이다. 이 섬유가 모세혈관망을 옥죄이면 문맥을 따라 간으로 들어오는 혈류의 흐름이 막혀 문맥압은 높아지고 결국 간으로 들어가는 혈액의 양이 줄어든다. 심장에서 출발한 혈액의 25퍼센트에 해당하는 양이 간으로 들어와 나간다. 쥐로 따지면 심장에서 출발한 혈액의 양은 1분에 약 400밀리리터 정도인데, 그중 간으로 들어오는 양은 100밀리리터가 되고 그중 문맥을 따라 들어오는 양은 80밀리리터나 된다(144쪽 그림). 다시 말해 간 섬유화가 진행되고 모세혈관망이 좁아져 문맥을 통하는 혈류의 흐름이 막히면, 문맥압이 항진되어 간으로 들어가지 못한 혈액은 혈관이 연결된 어딘가로 경로를 새롭게 모색해야 한다. 근처에 있는 위와 식도 정맥이 바로 그곳이다. 결국 위와 식도 정맥 쪽으로 흐르는 혈류가 많아지면서 그곳의 정맥이 확장되어 혹처럼 부풀어 오른 상태인 정맥류(varices)가 생기게 된다. 그러다 혈관이 터지면 상황은 별로 좋지 않다. 똥색이 검게 변하고 빈혈이 찾아온다. 소장 근처 모세혈관들도 긴장한다. 시간이 지나면 문맥으로 이어지는 소화기관 전체의 혈관이 다 영향을 받게 된다. 소화기 궤양이 생기는 일도 흔하다. 당연히 간으로 들어가는 영양소의 양도 크게 줄어든다.

간 섬유화가 간 전반에 걸쳐 진행된 간경화증(간경병증, liver cirrhosis) 환자의 약 8할 정도가 영양실조로 고통받는다. 근육의 단백질량도 줄어든다. 뇌로 들어가는 트립토판의 양이 줄면서 입맛도 줄

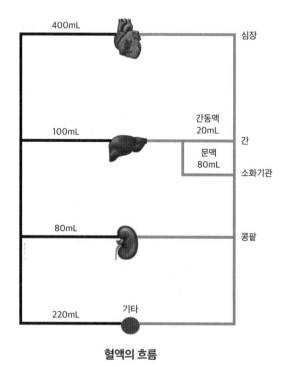

혈액의 흐름

144

고 복수(腹水)가 차면 물리적 포만감도 커져 금방 수저를 던지는 것이다. 하지만 간이 딱딱해지면 소화기관뿐만 아니라 심장 순환계, 이어 호흡기계, 면역계 등 전신이 영향을 받는다. 핵심 대사기관이 태업에 들어가면 몸이 기아 상태로 접어든다.

소화기 미생물들은 어떤 영향을 받을까? 간 기능이 떨어지면서 담즙산의 생산량도 덩달아 줄어든다. 그 결과는 썩 좋지 않아서 전반적으로 미생물 다양성이 감소한다. 면역세포들도 타격을 입겠지만 무엇보다 입을 통해 들어오는 세균이 소화기관으로 침입하는 일도 걱정해야 한다. 간 섬유화가 진행되는 동안 면역계가 이 장기에 집중되는 일도 문제지만 에너지 수급에 문제가 생기면 전체 면역계 활성을 유지하는 일도 쉽지 않다. 그야말로 몸 안의 모든 기관이 총체적 난국에 접어들기 때문이다. 소화기관 상부인 입안에 있는 세균들과 음식물을 통해 들어오는 세균들이 몸속 곳곳을 마구잡이로 침입하면서 병원성이 커진다.

간경화나 섬유화를 역전시키는 일은 난제로 소문났지만 불가능한 일은 아니다. 최근에는 담즙산의 한 종류인 오베티콜산(obeticholic acid)이 핵 수용체의 신호를 복원하고 점액 생산을 촉진하여 소화기 주변의 혈관 장벽을 개선한다는 연구 결과가 등장했다. 어떤 식이든 간 조직이나 주변에서 혈액의 흐름이 회복되는 일은 좋은 결과로 이어질 것이다. 간이 좋지 않은 환자에게 오베티콜산이나 그 유도체를 투여하면 장 본연의 방어 기제를 회복할 가능성이 커질 것이기에 그렇다. 식물성 식품이 풍부한 식단으로 바꿔 장내 세균의 다양성을 키우면 간 문맥압 항진의 부작용도 일부분 억제할 수 있다는 실험 결과도 나왔다. 그것도 좋은 소식이다. 그러나 이 두 전략 모두 주변부를 건드리는 방식이다. 핵심은 간 조직 안에 있다. 주된 간 섬유소인 콜라겐을 만들지 못하도록 하는 일이 가장 시급하다. 그와 동시에 섬유를 분해하면서 간 조직 내 혈액 흐름의 숨통을 열어 주는 일도 마찬가지로 중요한 일이다. 최근 유행처럼 등장했지만 막강한 파급력을 지닌 크리스퍼 유전자 가위를 이용하여 간 질환을 역전시키려는 실험이 진행되고 있다. 여기서도 좋은 소식이 들리기를 기대한다.

간을 향하여

햇반 한 그릇 무게는 210그램이다. 물을 뺀 쌀의 양으로 치면 90그램이다. 2002년 논문이긴 하지만 서구 식단은 하루 약 300그램의 탄수화물과 100그램의 지방으로 구성된다고 한다. 그러므로 매끼 약 100그램의 탄수화물과 33그램의 지방을 섭취하는 셈이다. 평소 혈액 안에는 얼마만큼의 탄수화물이 떠다닐까? 약 12그램이다. 100그램의 탄수화물을 먹으면 이론적으로 혈중 포도당의 양은 순식간에 8배 올라가야 할 것이다. 하지만 실제 그런 일은 벌어지지 않는다. 혈액 안의 포도당을 즉각 처분할 뿐만 아니라 저장된 포도당이 혈중으로 반출되는 일도 꼼꼼히 차단하기 때문이다. 이런 일이 벌어지는 주된 장소는 간이다. 포도당을 흡수하는 대신 포도당을 만드는 스위치는 꺼버린다. 골격근도 인슐린의 지시에 따라 포도당을 흡수한다. 지방도 같은 각본으로 설명할 수 있다. 혈중 중성지방의 양은 3그램 정도다(1밀리몰/리터). 먹는 즉시 지방이 혈중으로 몰려든다면 그 양은 10배 이상 늘어날 것이다. 33그램의 지방을 먹더라도 건강한 성인의 혈중 중성지방의 농도는 2배 넘게 늘지는 않는다. 중성지방이나 포도당이 혈중에서 과도하게 늘지 않도록 신체가 최선을 다하는 것이다.

이런 일은 어떻게 가능할까? 짐작하겠지만 인슐린이 제 역할을 다하면 된다. 인슐린 '약발'이 떨어지면 지방에 저장된 자유 지방산이 반출되는 일도 흔히 벌어진다. 잘 알려지지 않은 인슐린의 기능이 지방 조직을 안전하게 지키는 일이라는 사실이 새삼스러워지는 대목이다. 장기적으로 보았을 때 고지방 저탄수화물 식단의 가장 큰 문제는 췌장에서 분비되는 인슐린의 양이 줄어든다는 데 방점이 찍힌다. 주로 혈중 농도가 올라간 탄수화물에 대응해서 인슐린이 분비되기 때문이다. 혈중 지방산의 양이 늘어나는데 그것을 저장하라는 인슐린 신호가 도달하지 않으면 심장이나 혈관 벽에 기름때가 낄 수 있다. 생리학이 지정하는 범위를 넘어서는 것은 그것이 무엇이든 곧바로 위험 신호가 된다. 중성지방이나 콜레스테롤은 말할 것도 없다.

탄수화물과 지방산은 그렇다 치고 아미노산은 어떨까?

아미노산 20가지 중 신체에서 가장 중요한 역할을 하는 아미노산은 역시 글루탐산(glutamic acid), 아스파트산(aspartic acid), 알라닌 그리고 글루타민(glutamine)이다. 먼저 글루탐산은 생김새가 TCA 회로 중간 대사체인 2-옥소글루타르산(2-oxoglutarate, 알파케토글루타르산)과 비슷하다. 글루탐산에서 암모니아(NH_3) 형태로 질소 하나를 제거하면 2-옥소글루타르산이 된다. 이와 반대로 글루탐산에 질소 하나를 넣어 주면 혈액 안에 가장 풍부한 아미노산인 글루타민이 된다. 글루탐산은 질소 한 분자를 지니고 온몸을 돌아다니면서 세포에 질소를 공급하는 역할을 할 수 있다.

오직 글루탐산을 다룬* 책이 있을 정도로 이 아미노산의 생체 기능은 두드러진다. 특히 아미노산 대사를 포도당 대사와 연결하는 접점에서 글루탐산은 아미노산을 분해하는 결정적인 역할을 한다. 단백질을 소화하고 질소를 배설할 때 글루탐산이 일종의 정거장 역할을 하기 때문이다.

아민(NH_2) 교환 반응은 아미노산에서 질소를 떼 내는 반응이다. 아미노산에서 떼 낸 질소(아민)를 받는 화합물은 케토산(keto acid, 한 분자 내에 케톤의 >C=O기와 카복실산의 -COOH가 있어 케톤으로서도 카복실산으로서도 화학 반응을 하는 유기 화합물)이라는 화학적 특성을 갖는다. 모든 화학 반응은 기본적으로 짝 반응이기 때문에 주는 물질과 받는 물질이 공존하기 마련이다. 질소를 받은 케토산이 아미노산이 될 때 질소를 내준 아미노산은 케토산으로 변한다. 공평하다.

대부분 아미노산에서 질소를 떼어 내면 TCA 회로의 중간체가 된다. 거꾸로도 마찬가지다. 특정 아미노산이 부족하면 포도당 대사 회로의 한 물질을 가져와 질소를 붙이면 아미노산 부족분을 채울 수

● 첨가물과 가공식품을 둘러싼 불량 지식과 한판 싸움을 벌이는 최낙언 씨의 《내 몸의 만능일꾼, 글루탐산》이 그것이다. 그의 글은 쉽고 에둘러 말하는 법이 없다.

있는 것이다. 앞에서도 말했지만 사람이 굶어서 뇌가 필요로 하는 포
도당의 양이 부족한, 긴급 사태가 되면 아민 교환 반응이 활발하게 일
어나고 포도당 분해 회로를 거꾸로 작동시켜 포도당을 새롭게 만드
는 일이 진행된다. 우리 세포에서 일어나는 가장 중요한 반응 중 하나
가 포도당을 새롭게 만드는, 다른 말로 포도당 신생임은 두말할 나위
가 없다. 이렇게 새로 만들어진 포도당은 혈중 포도당의 양을 늘리고
뇌로 향하는 탄소 공급원을 충당하는 일을 수행한다.

　　우리 몸속에서 탄수화물, 지방, 단백질의 마지막 대사 생성물은
피루브산이 되는데, 피루브산이 미토콘드리아로 들어가 산소를 이용
한 호흡에 의해 몇 단계의 산화를 거쳐 물과 이산화탄소로 완전히 산
화되고 ATP를 생산한다. 이 과정을 TCA 회로(tricarboxylic acid cycle,
시트르산의 합성으로 회로가 시작되기 때문에 시트르산 회로라고도 하고,
영국의 생화학자 크레브스Sir H. A. Krebs, 1900~1981가 발견했기 때문에 크
레브스 회로라고도 한다.)라고 한다. 이 회로를 통해 아미노산을 분해
하는 과정에 등장하는 탄소 중간체는 다음 쪽의 그림에서 보듯 8가
지다. 시트르산(citrate), 이소시트르산(isocitrate), 알파케토글루타르산
(α-ketoglutarate), 활성숙신산, 숙신산(succinate), 푸마르산(fumarate),
말산(malate), 옥살로아세트산(oxaloacetate). 얼핏 많아 보이지만 아미
노산이 20개 남짓임을 생각하면 중복되는 일이 있다는 점도 짐작할
수 있다. 세포는 이들 중간체를 어떻게 처리할까? 가장 먼저 떠오르
는 것은 영양소로 재사용하는 일이다. 또 포도당으로 가는 길이 에너
지가 덜 들면, 다시 말해 화학적으로 쉽게 일어난다면 마땅히 그 중간

체는 포도당이 될 것이다. 지방산으로 가는 경로도 마찬가지다.

화학적으로 특별히 포도당 경로를 선호하는 아미노산을 포도당 생성(glucogenic) 아미노산이라는 이름을 붙인다. 반면 케톤을 만드는 (ketogenic) 아미노산은 최종적으로 케토산이나 활성아세트산으로 변한 다음 지방산이 된다. 이렇게 지방산으로 가는 아미노산은 공교롭게도 알파벳 L로 시작하는 것들이다. 류신(leucine)과 리신(lysine)이 그런 아미노산이다. 구조가 좀 복잡한 아미노산은 TCA 회로 중간체와 활성아세트산으로 분해되기도 한다. 포도당 신생 및 케토산 생성,

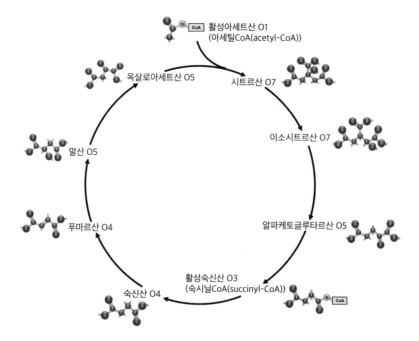

TCA 회로. 이 회로에 등장하는 중간 생성물 이름 옆에 표기한 것은 O는 산소를, 숫자는 산소 개수를 나타낸다.

'두 길 보기'를 하는 아미노산도 몇 가지 있다. 이소류신(isoleucine), 페닐알라닌(phenylalanine), 타이로신(tyrosine), 트립토판•이 그것이다. 탄수화물, 지방산, 아미노산 대사는 어떤 식이든 간을 매개로 이루어진다. 포도당을 저장하거나 근육에서 분해된 질소를 대사하는 일(요소회로), 뇌가 쓸 포도당을 만드는 작업(포도당 신생) 모두 간에서 벌어진다. 길이 로마로 통하듯, 물질대사는 간으로 통한다.

우리는 매일 단백질 300그램을 만든다

숫자로 생물학적 현상을 바라보길 좋아하는 이스라엘 바이츠만 연구소의 론 마일로는 아미노산을 이어 붙여 펩타이드를 만드는 과정이 무척 빨라서 1초에 약 10여 개의 아미노산을 조립할 수 있다고 분석했다. 1개의 단백질이 평균 300개의 아미노산을 가지고 있다고 가정하면 이 펩타이드를 만드는 데 채 1분이 걸리지 않는다. 과학자들은 펩타이드 합성의 속도가 무척 빠른 반면 그 유전 재료인 전령 RNA를 가공하는 데는 시간이 꽤 걸리는 탓에 세포는 일부러 이 두 과정을 격리했다고 추측한다. 그러다 보니 핵이라는 세포 소기관이 생겼

• 필수 아미노산은 신경 전달 물질 또는 호르몬 전구체인 방향족 아미노산, 페닐알라닌/타이로신(도파민, 티록신, 아드레날린), 트립토판(세로토닌). 곁사슬 아미노산인 류이발(류신, 이소류신, 발린) 그리고 리신이 포함된다. 정의상 비필수 아미노산은 우리 신체가 직접 합성을 해야 한다. 하지만 아르기닌이나 히스티딘은 양이 부족할 가능성이 있어 때로 음식물을 통해 공급해야 한다. 히스티딘은 알레르기 반응을 매개하는 히스타민 전구체다.

다는 것이다. 하지만 이렇게 서둘러서 만든 단백질이라도 곧장 분해되는 것들이 있다. 가장 대표적인 단백질은 바로 저산소 유도 인자(hypoxia-inducible factor, HIF)이다. 조직이나 세포 안에 산소 공급량이 적을 때만 쓰임새가 있는 단백질이라 정상적으로 산소가 공급되면 이 물질은 전혀 쓸모가 없다. 그렇다고 필요할 때만 만들자니 위급한 상황에 대처하기 난감하다. 통계학자들은 만들고 곧바로 깨는 일을 반복하는 것이 필요할 때 허둥지둥 만드는 것보다 세포 경제학적으로 더 낫다는 결론을 내렸다.

하지만 수정체 안에 든 크리스탈린(crystallin) 단백질은 수명이 10년이 넘는다. 대체로 세포외 기질을 구성하는 단백질은 오래 버티지만 늦든 빠르든 단백질은 새것으로 교체된다는 절대 명제를 위반하지는 않는다.

운동 생리학자들은 우리 몸에서 가장 풍부한 생체 고분자인 단백질이 체중의 20퍼센트에 이른다고 보고 있다. 평균 몸무게인 70킬로그램짜리 성인 남성은 약 14킬로그램의 단백질을 지닌 채 살아간다. 눈에 보이지 않으니 우리는 그 양이 변하지 않을 것이라 상상하거나 변한다고 해도 그 양이 대략 얼마인지 아는 사람은 많지 않다. 14킬로그램의 단백질 중 약 2~3퍼센트에 해당하는 300~500그램의 단백질이 매일 분해되고 매일 생합성된다(153쪽 그림). 이렇게 매일 조직을 만들고 부수고 하다 보면(표5) 우리 몸의 단백질 대부분은 얼추 석 달이면 새것으로 교체된다고 거칠게 말할 수 있다. 물론 케라틴으로 무장한 머리카락이 오래 버티는 점을 참작하면 이런 수학이 정서적으로 거부감이 들기도 한다.

정리하면 우리는 매일 반 근에서 한 근에 이르는 단백질을 분해하고 또 그만큼의 양을 합성한다. 군대 용어로 땅을 파고 묻는 작업이다. 그렇다면 단백질을 합성하는 재료인 아미노산은 어디서 오는 것

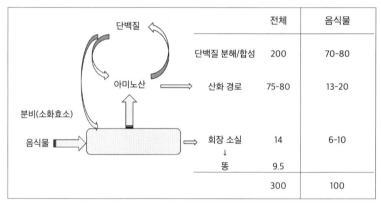

	전체	음식물
단백질 분해/합성	200	70-80
산화 경로	75-80	13-20
회장 소실	14	6-10
똥	9.5	
	300	100

단백질의 분해와 합성

(표5) 몸속 조직별 단백질의 평균 반감기

조직	평균 반감기(일)
간	0.9
콩팥	1.7
심장	4.1
뇌	4.6
근육	10.7
눈 렌즈(크리스탈린)	수년

일까? 두말할 것 없이 그 재료는 매일 먹는 음식물에서 비롯된다. 우리는 하루 약 70~100그램의 단백질을 음식물로 섭취한다. 하지만 그것만으로는 하루 필요량에 턱없이 부족하다. 이때 동원하는 아미노산 풀은 두 가지다. 하나는 필수적이 아닌 아미노산, 다시 말하면 밖에서 특별히 공급하지 않아도 세포가 수시로 합성하는 아미노산이 있는데 그것의 양이 하루 약 30~40그램이다. 그래도 아직 절반 이상이 모자란다. 짐작하다시피 모자라는 양은 분해하는 단백질로 충당한다.

그러므로 단백질 대사 과정이 전체적인 균형을 유지한다면 우리는 매일 흡수하는 양 이상을 배설한다고 볼 수 있겠다. 하지만 개별 아미노산이 겪는 운명은 단백질 대사를 고려하는 것만으로는 짐작조차 할 수 없다. 이들이 포도당을 만들 때 차출되는 일이 비일비재하기 때문이다. 앞에서 간단히 언급한 것이다.

이젠 좀 다른 측면에서 우리 입으로 들어온 단백질의 운명을 살펴보자. 꼭꼭 씹어 실컷 고기를 먹었다고 치자. 위에서 거칠게 간 음식물은 한 자밤씩 십이지장을 지나 곱게 갈리고 공장(빈창자)과 회장을 지나는 동안 대부분 흡수된다. 누구나 잘 아는 과정이다. 구절양장 소장은 우리가 그 무엇을 입으로 넣어 주든 대개 별 불평 없이 일한다. 음식이 지날 때마다 소화효소를 만들고 소장의 연동운동을 책임지는 근섬유들도[•] 구조가 흐트러지지 않도록 수리해야 한다.

• 장 벽에는 점막 아래 점막의 국지적 움직임을 관장하는 얇은 근육층(muscularis mucosa)과 신경계가 조종하는 대로 따라서 한 방향으로 움직이는 두꺼운 근육층(muscularis propria)이 있다. 대장에서 찾은 데이터를 보면 전자는 약 53마이크로미터이고 그보다 약 20배쯤 더 두꺼운 후자는 1,032

수리하거나 효소를 만들 때 소장은 재료와 에너지를 어디에서 얻을까? 물론 소장에 연결된 동맥을 통해 심장에서 얻으면 된다. 하지만 더 빠르고 쉬운 방법이 있다. 일반적으로 영양소는 소장 상피세포를 통과해서 모세혈관을 지나 간문맥-간을 거쳐 일차 심사를 통과한 다음 대정맥을 타고 심장으로 돌아가 전신 순환을 한다. 간을 먼저 거치는 까닭은 소화된 것 중에 존재할지 모르는 독성 물질을 순환하거나 제거하기 위해서다. 소장 상피세포가 굳이 심장까지 갔다 되돌아오는 영양소를 기다릴 필요가 있을까? 물론 답은 '없다'이다. 간도 마찬가지다. 간세포는 상당히 많은 양의 아미노산을 갹출한 뒤 이들을 혈액 단백질로 만들어 버린다. 알부민(albumin)이나 피브린(fibrin) 혹은 지질단백질 등이 그것이다.

소장과 간이 그런 일을 한다니 일견 놀랍지만 잠시 생각해 보니 너무 당연한 행동이라는 느낌이 든다. 어쨌든 소장과 간에 '우선으로 제공되는(first-pass clear)' 아미노산의 양이 생각보다 훨씬 많아서 소화기관을 통과한 아미노산 총량의 절반 정도가 이 두 곳에서 처분된다(156쪽 그림). 그 나머지가 심장에서 전신으로 순환하고 여러 말초 기관이 나눠 가지는 것이다. 하지만 여기서 눈여겨봐야 할 흥미로운 사실이 하나 있다. 간에 존재하는 입맛 까다로운 아민 교환 효소가 아미노산의 면면을 가린다는 것이다. 이들은 곁사슬(branched chain) 아

마이크로미터로 거의 1밀리미터에 이른다(샤가스병 환자의 커다란 대장을 병리학적으로 조사한 논문이다. 《Cell and Tissue Research》, 제358권, 75, 2014).

미노산은 거들떠보지도 않는다. 그렇다면 충분히 예상할 수 있듯이 간을 지나 말초로 들어가는 혈액에는 곁사슬 아미노산의 비율이 상대적으로 높을 수밖에 없다.

곁사슬 아미노산은 골격근의 단백질 합성에 필수적인 것들이다. 골격근의 비율이 압도적으로 높고 그 안에 든 단백질의 양도 많긴 하지만 실제 우리가 먹은 양의 약 11퍼센트에 해당하는 아미노산만 근육에 편입된다. 네덜란드 영양학자들은 우유에 든 약 20그램의 단백질에서 유래한 아미노산 약 2.2그램이 근육 단백질 생합성에 쓰인다

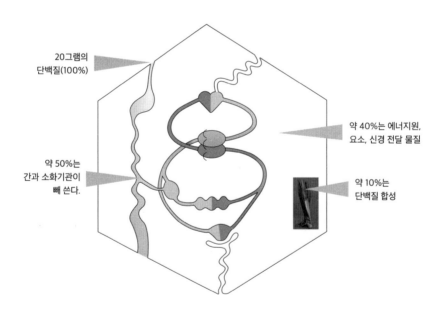

20그램의
단백질(100%)

약 40%는 에너지원,
요소, 신경 전달 물질

약 50%는
간과 소화기관이
빼 쓴다.

약 10%는
단백질 합성

몸속 아미노산의 흐름. 아미노산 총량의 약 10퍼센트는 단백질을 합성한다. 근육 단백질 합성의 촉진제는 류신이다(《Nutrients》, 제10권, 180, 2018).

는 연구 결과를 발표했다.[•] 물론 그 나머지는 산화되어 크레브스 회로로 들어가거나 몸 안에서 활동하는 질소 화합물로 변화한다. 예컨대 비타민(영어 비타민을 파자(破字)하면 중요한 아민이다(vital amine). 아미노산의 아민과 화학적으로 다를 바 없다), 신경 전달 물질, 호르몬 등이 그것이다. 헤모글로빈 단백질에 들어가는 헴과 핵산의 구성 요소인 푸린(purine)과 피리미딘(pyrimidine)을 만드는 데도 소용된다.

류이발

'류이발'은 곁사슬 아미노산의 머리글자를 딴 것이다. 류신, 이소류신, 발린(valine). 간에서 아미노기를 주고받는 효소가 이들을 홀대한 덕에 곁사슬 아미노산 대사의 핵심 장소가 골격근이 되었다. 류이발에서 떨어진 아민은 으레 그렇듯 케토산에 달라붙어 글루탐산으로 변

● 스코틀랜드 건강 및 운동 과학 연구소 케빈 팁튼Kevin Tipton은 젊은 남자가 전신 운동을 하고 단백질을 40그램 먹으면 근육에서 합성되는 단백질량이 19퍼센트 증가한다고 보고했다. 근육을 키우고자 운동을 열심히 하는 사람들은 약간 실망하겠지만 단백질을 많이 먹는다고 해서 그것이 근육 단백질로 치환되는 비율은 그리 높지 않다. 하지만 격한 운동을 하는 운동선수들이 단백질을 먹는 일은 도움이 된다. 먹는 양에 비례해서 근육 단백질의 양이 곧바로 늘지 않기 때문에 단백질을 무작정 많이 먹는 행위는 콩팥에 무리를 주고 또 질소의 균형이 깨질 수 있는 탓에 권장할 만한 일은 아니다. 일부 운동 과학자들은 매끼당 필요한 단백질 섭취 권장량을 계산하곤 한다. 이 책을 쓰는 동안 팁튼 교수는 죽었다. 운동 관련 소식을 전하는 버밍햄 대학의 동료들이 그의 대표 논문 다섯 편을 블로그에 올렸다. 1. 운동 후 단백질은 회전율(합성과 분해)이 늘어난다. 2. 하루에 진행되는 단백질 대사율. 3. 단백질 섭취량에 따른 단백질 합성. 4. 단백질 대사 논문 분석. 5. 탄수화물에 단백질을 보충해도 운동 능력은 변하지 않는다(https://www.mysportscience.com/post/top-5-protein-metabolism-publications-by-kevin-tipton).

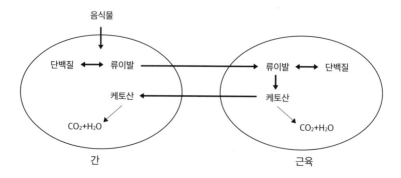

류이발의 대사(《*Nutrition & Metabolism*》, 제15권, 33, 2018)

한다. 이 글루탐산은 질소 한 개를 얻어 글루타민이 되거나 또 다른 케토산인 피루브산에 아미노기를 전달하여 알라닌으로 만들어 버린다. 위 그림과 같이 근육에서 류이발이 대사되면 글루타민, 알라닌 그리고 류이발에서 비롯된 각각의 케토산이 혈중으로 쏟아져 나온다.

간에서 먼저 대사되지 않기 때문에 단백질을 섭취한 후 류이발은 빠른 속도로 혈류에 들어온다. 간이 아닌 조직, 이를테면 근육과 뇌가 쉽게 사용할 생체 재료나 에너지원이 될 수 있다는 뜻이다. 류이발에서 유래한 케토산은 이제 더 분해되어 헴이나 콜레스테롤의 분자 빌딩 블록●이 되거나 크레브스 회로에 편입된다. 류이발의 케토산을 대사하는 효소는 간에 풍부하지만 콩팥이나 심장에도 있다. 반면 근육이나 뇌, 지방 조직에서 이 효소의 활성은 낮은 편이다. 그렇다 해도 골격근은 우리 체중의 40퍼센트를 차지하기에 이곳에서 대사되

● 헴의 재료는 크레브스 회로의 숙신산과 글리신 아미노산이다. 콜레스테롤의 기본 재료는 아세트산이다. 정확히 말하면 조효소가 붙어 활성을 띤 아세트산이다.

는 류이발의 양은 무척 많은 편이다. 그리고 이들 분해 산물은 간에서 요소회로를 거치거나 다른 대사 경로에 들어간다. 그렇기에 곁사슬 아미노산 대사의 핵심축은 골격근과 간이다.

개별 류이발의 케토산이 다시 질소를 받아 곁사슬 아미노산으로 회복되기도 한다. 주로 단백질 합성에 사용될 재료이므로 특히 단백질 합성이 활발한 조직들, 예컨대 간이나 콩팥, 장 상피세포, 췌장 등에서 요구량이 많다. 굶었을 때도 근육에서 단백질이 깨지면서 알라닌과 글루타민, 류이발의 케토산이 간으로 유입된다. 이 화합물은 뇌가 쓸 포도당을 만드는 재료이기도 하지만 일부 케토산에는 아미노산이 달라붙어 류이발로 변하고 다시 혈중으로 나온다. 흥미로운 점은 속근보다 미토콘드리아가 풍부한 지근에서 단백질 분해 속도가 빠르다는 사실이다. 나이가 들면 류이발의 양도 줄고 지구력이 필요한 근육이 쉽게 노화의 길로 접어든다.

혈액에 세균이 과증식하는 패혈증(sepsis)에 걸리거나 외상을 입거나 수술을 하면 근육에서 다량의 글루타민과 알라닌이 혈액으로 방출된다. 그러면 간에서는 이들을 재료로 다시 류이발을 만들어 근육과 전신으로 되돌려 준다. 영양소와 에너지원 말고도 류이발은 신호 전달 과정의 중요한 매개 분자이다. 류이발은 단백질 합성을 촉진하는 대신 분해는 억제한다. 그중에서도 단연 류신이 중요하다. 또한 류신은 인슐린의 분비를 자극하는 드문 아미노산에 속한다. 인슐린은 이를테면 '풍요의 호르몬'이고 혈중에 넘치는 영양소를 곳곳에 저장하라는 지시를 내린다. 단백질도 예외는 아니어서 저장된다. 중추 신경계에서도 류이발은 트립토판과 같은 방향성 아미노산과 경쟁하여 세로토닌, 도파민의 과도한 합성을 억제한다.

앞에서 간세포 기능이 떨어지는 간 섬유화 현상을 언급한 바 있다. 이때도 류이발이 중요하다. 간에서 요소회로가 원활히 작동하지 않으면 암모니아와 같은 질소 폐기물이 늘어날 것이고 이를 제거할 글루탐산을 만드느라 류이발이 쓰이는 데다 간문맥으로 들어가는 영양소의 양마저 현저히 떨어지면 간경화 환자의 혈액이나 조직에는 곁사슬 아미노산이 특히 부족하게 된다. 간 손상을 완화하겠다는 제약회사에서 곁사슬 아미노산 정제를 파는 일이 이해가 가는 대목이다.

단백질 깨기

효소는 몇십 분 길어야 몇 시간을 버틸 뿐이다. 이런 현상은 음식물의 소화와 흡수에 관여하는 효소에서도 찾아볼 수 있다. 인슐린처럼 잉여 영양소를 처분하는 호르몬 단백질의 양도 파도처럼 오르고 내림을 반복한다. 밥을 먹으면 전분을 분해하는 아밀레이스가 만들어지는 게 정상이지만 그러지 않을 때는 이들을 분해한 뒤 필요할 때 다시 만드는 일을 되풀이하는 것이다. 앞에서 예를 든 저산소 유도 인자가 바로 그런 극단적인 사례가 될 것이다. 생물학적 리듬에 관심이 있는 과학자들은 인간이 만드는 단백질의 약 3분의 1이 일주기 생체 리듬에 따른다고 말한다.

단백질이 분해되면 낱개의 아미노산으로 해체된다. 단백질 분해효소가 관여하는 작업이다. 하지만 이 일은 내가 《먹고 사는 것의 생물학》에서 언급했듯 세포가 감당할 수 있는 아미노산 크기로 자르는 작업이고 소화기관과 세포 내 소기관인 리소좀에서 쉼 없이 진행된다. 단백질을 어디에서 쪼개느냐에 따라 소화효소를 펩타이드 내부 혹은 외부 분해효소로 나누긴 하지만 그런 세세한 사항이 그리 중요한 것은 아니다.

오히려 단백질 분해 과정에서 진화적으로 잘 보존된 체계 두 가지를 언급하는 게 더 나을 듯하다. 하나는 작은 단백질인 유비퀴틴(ubiquitin)이라는 차압 딱지를 붙이고 그 딱지가 붙은 단백질만 골라서 분해하는 프로테아좀(proteasome) 복합체다. 진핵세포에 잘 보존된 유비퀴틴 단백질은 하나 혹은 여러 개가 단백질에 붙기도 하지만 아직도 왜 그러는지 잘 모른다. 2021년 5월, 《Nature》에 실린 논문을 보면 숙주가 유비퀴틴 단백질을 세균의 지질단백에 붙여 침입자 세균과 싸울 때 전술적 도구로 사용한다고 한다. 하지만 그보다 2년 전 캐나다 맥길 대학 게링Gehring 박사는 세균이 효소를 동원해서 숙주의 단백질에 유비퀴틴을 붙여 성질을 변화시키거나 심지어 분해하도록 유도할 가능성이 있다고 보고했다. 생명의 이런 창조성을 보노라면 생물학은 법칙이 통용되지 않는 무법지대임이 틀림없다. 자기소화도 잘 알려진 세포 내 단백질 분해 과정이다. 여러 벌의 유전자와 단백질이 관여하면서 당장 급하지 않은 단백질을 깨서 필요한 데 사용하지만 그 대상은 미토콘드리아와 같은 소기관까지 확장되기도 한다(⇒ 90쪽).

질소는 에너지 대사에 쓰이지 않는다

수십억 년의 생명체 역사를 통틀어 에너지로 질소를 쓰고자 노력한 세균이 몇 있기는 하지만 탄소 대사에 밀려 본격 궤도에 오르지는 못했다. 다만 질소를 폐기하는 콩팥이라는 배설 체계가 등장했다. 심지어 곤충도 암모니아나 요소 및 요산의 형태로 질소 폐기물을 버린다. 포유동물은 아미노산에서 제거한 질소 약 95퍼센트를 요소 형태로 전환하여 배설한다. 나머지 5퍼센트는 콩팥에서 글루타민의 질소를 하나 뚝 떼어 내 암모니아 형태로 제거한다.

대부분 아미노산은 분해되는 동안 아민 교환 효소의 도움을 받는다. 정기검진 결과표의 효소 수치를 보고 임상 의사들은 간이 좋니, 나쁘니 판단한다. 잘 들어 보면 그때 등장하는 효소 이름이 ALT와 AST[•]이다. 간이 손상되면 이들 효소가 제 기능을 하지 못하고 따라서 단백질 대사가 제대로 이루어지지 않으리라 짐작할 수 있다.

하지만 여기에도 예외가 있다. 바로 글루타민이다. 이 아미노산은 오줌의 주성분인 요소가 2개의 질소 원자를 가지듯 2개의 아민 그룹을 갖는다. 에너지를 써서 글루탐산의 산(COO-)에 암모니아를 붙이는 과정을 거쳐서 형성된다. 이 반응은 뇌에서 암모니아의 독성을 방지하는 데 매우 중요하다. 다시 말하면 글루타민은 암모니아(혹은

• 각각 알라닌 아미노전이효소(alanine transaminase), 아스파트산 아미노전이효소(aspartate transaminase)의 약자다.

질소) 운반체다. 이런 사실은 혈중 글루타민 농도가 다른 아미노산의 2배 이상 차지하는 데서도 미루어 짐작할 수 있다. 글루타민은 혈중을 타고 돌다 세포 안에 들어가 핵산을 만드는 재료로도 사용된다. 혈액을 떠돌다 간 조직에 들어와 간세포에 도착한 글루타민은 마침내 암모니아를 내려놓는다. 그 유명한 요소회로가 시작되는 것이다. 하지만 콩팥에서는 그럴 필요가 없다. 양도 많지 않아서 바로 오줌으로 내보내면 되기 때문이다.

아미노산의 한 결합 자리인 아민을 교환하는 일처럼 산화적으로 아민을 제거해도 케토 그룹이 만들어진다. 하지만 이런 방식으로 아민을 없애 버리는 방식은 거의 글루탐산에만 해당하는 전술이다. 또 이 과정은 간세포 안 미토콘드리아 기질에서 대부분 진행된다. 그 결과 생겨난 케토산은 바로 크레브스 회로로 직행하고 질소는 요소회로를 거쳐 배설된다.

글루타민과 글루탐산의 대사 과정을 보고 있으면 이들이 아미노산 분해 과정에서 불가피하게 만들어지는 아민(질소)을 그러모아 간이나 콩팥으로 몰아가는 양치기 역할을 하는 것처럼 보인다. 거기서 질소의 운명은 유기체 안의 질소 균형에 따라 배설 아니면 재사용이다.

체내 암모니아의 양이 늘면 어떤 일이 벌어지는지 생각해 보자. 아마도 이 질소 분자를 소비하는 반응이 진행되면서 글루탐산, 더 나아가 글루타민의 양이 늘어난다고 생각할 수 있다. 하지만 이 반응은 거저 이루어지지 않는다. ATP가 필요하고 또 재료로 알파케토글루타르산이 필요하다. 크레브스 회로를 돌려야 할 화합물이 줄줄 새는 상황이 벌어지는 것이다. 암모니아가 독성이 있다고 말할 때는 바로 이런 시나리오를 떠올리면 그리 틀리지 않는다.

떡 본 김에 제사 지내듯, 이번 기회에 오줌을 만드는 요소회로도 좀 깔끔하게 정리해 보자. 우선 인간은 하루 약 30그램의 요소를 합성한다. 1몰, 즉 6.02×10^{23}개의 요소 분자량이 60그램인 걸 참작하면 하루에 만드는 요소의 농도 또는 분자의 수는 엄청나다고 할 수 있으며 아마도 인간이 만드는 대사체 중에서 선두 그룹에 속할 것이다. 생화학자들은 간에서 만든 ATP의 약 15~50퍼센트를 요소를 만드는 데 사용한다고 계산한다. 순전히 요소회로에만 전념하는 미토콘드리아 두 효소(카바모일 인산 합성효소(carbamoyl phosphate synthetase I)와 오르니틴 카바모일전이효소(ornithine transcarbamoylase))의 발현량도 만만치 않다.

요소회로는 크레브스 회로처럼 순환 반응이다. 이 반응의 특징은 회로 밖에서 들어오는 물질을 변화시키는 동시에 밖에서 들어올 물질을 수용하는 대사체를 원상회복하는 일이다. 크레브스 회로에서는 옥살로아세트산이 활성아세트산을 회로로 인도하지만, 요소회로에서 암모니아를 회로로 이끄는 물질은 오르니틴(ornithine)이다. 요소회로의 다른 이름이 오르니틴 회로인 까닭이다.

같은 회로라 해도 요소 생합성은 포도당 산화 과정보다 훨씬 간단하다. 하지만 복잡한 화학 구조를 보느니 차라리 요소회로의 결과물이 어떤 것인지 살펴보자. 다양한 생명체들이 그 부산물을 요긴하게 사용할 수 있기 때문이다.

1. 요소 생성

2. 양성자 생산(중탄산 소비)

3. 쉽게 재생할 수 있는 형태로 중탄산 포장

4. 암모니아 소비

　좋아하는 사람은 사족을 못 쓰지만 못 먹는 사람은 절대 못 먹는 음식이 삭힌 홍어이다. 세균들이 홍어 안에 든 요소를 분해해 코를 톡 쏘는 암모니아를 만든다. 홍어는 왜 요소를 그렇게 많이 만들까? 바닷물처럼 홍어가 자신의 세포를 짜게 만들어 바닷물이 몸 안으로 몰려들지 못하게 막는 데 요소가 쓰인다. 소금이 몸 안으로 들어오지 않도록 차단하는 능력을 차치하더라도 삼투 조절제로써 요소의 양을 참작하면 홍어도 무척 '짠' 동물이다. 그렇게 따지면 같은 전략을 쓰는 연골어류는 모두 삭혀서 홍어처럼 먹을 수 있다. 그러나 유독 남도 사람들이 홍어만 고집하는 걸 보면 그저 그네들이 암모니아만을 좋아하는 것이라고 말할 수는 없을 것 같다. 여기서 또 하나 잊지 말아야 할 사실이 있다. 바로 물고기가 민물에서 비롯되었다[•]는 점이다. 바다에 사는 연골어류와 조기처럼 딱딱한 뼈가 있는 물고기들이 각기 다른 방식으로 짠 바닷물에 적응한 데다 혈액을 걸러 물을 아끼는 장치인 사구체를 아예 없애 버린 경골어류가 많이 발견되었기 때

● 고생물학자는 아니지만, 호머 스미스Homer Smith의 《내 안의 바다, 콩팥From Fish to Philosopher》을 번역한 인연을 빌어 이렇게 단정한다. 물을 아끼고자 진화한 사구체는 물로 가득 찬 바다에서 필요성이 줄었다. 경골어류는 그렇게 사구체를 버렸다.

문이다. 고생물학자들은 민물에서 물을 절약하던 사구체 장치를 진화시킨 갑주어류 비슷한 연골어류가 바다로 진출한 다음에 경골어류로 변했다고 생각한다. 어쨌든 경골어류와 그의 육지 후손들은 정식 삼투 조절제로 요소를[*] 사용하지는 않는다. 그러나 콩팥에서 물을 흡수하는 과정에서는 요소가 필수적이다.

수용성인 요소는 간에서 만들어져 콩팥을 지나 오줌으로 배설된다. 요소 생합성은 간세포 안 미토콘드리아와 세포질 사이를 오가며 진행되는 에너지가 많이 소모되는 세포 과정이다. 주로 대사 활성이 높은 근육이나 심장에서 만들어진 암모니아가 주재료인 것은 말할 것도 없지만 이산화탄소(중탄산 형태로 공급된다)와 아스파트산도 필요하다. 중탄산과 암모니아가 결합하여 인산카바모일로 변한 다음 회로로 들어가 아스파트산에서 또 하나의 암모니아를 얻어, 케톤($C=O$)을 가운데 두고 두 분자의 암모니아가 결합한 요소($NH_2(CO)NH_2$)가 완성된다. 흔히 우리는 오줌이 질소를 내보내는 수단이라고 여기지만 그에 못지않게 탄소 대사 폐기물인 이산화탄소를 배설하는 수단이기도 하다.

미토콘드리아에서 크레브스 회로가 활발히 가동되면 이산화탄소가 만들어진다. 사실 세포 안에서 가장 이산화탄소의 양이 많은 곳이 미토콘드리아다. 따라서 요소회로가 바로 이곳에서 시작되는 것은

● 콩팥 세뇨관에서 물이 움직여 소금 이온의 농도를 조절할 때 요소가 필요하다. 《내 안의 바다, 콩팥》에 자세하게 설명하고 있다.

전혀 이상하지 않다. 바로 앞에 등장한 인산카바모일은 미토콘드리아에서 합성된 물질이다. 요소회로는 또한 양성자를 생산하는 반응이다. 그러므로 주변에 양성자가 많으면(pH가 낮은 산성이면) 르샤틀리에 법칙에 따라 요소의 생합성이 지체된다. 양성자를 줄이는 방향으로 반응이 진행되는 까닭이다.

요소회로에 관여하는 몇 가지 효소의 양은 당연한 말이겠지만 단백질을 많이 섭취했을 때 또는 역설적으로 굶었을 때 증가한다. 굶었을 때 당장 필요하지 않은 단백질을 '자기소화'하여 에너지를 얻거나 빌딩 블록을 수급하기 때문이다. 어쨌든 두 경우 공통점을 들자면 아미노산의 양이 증가한다는 점이다. 이들 중 산화 반응을 거치면 암모니아와 탄소 연료가 나오고 암모니아는 요소 형태로 탄소 연료는 이산화탄소 형태로 배설된다.

포도당을 알라?

알라닌은 간과 근육을 연결하는 아미노산이다. 근육에서 생긴 피루브산은 암모니아와 결탁하여 알라닌이 된다. 암모니아만 홀로 간까지 보내기에는 위험이 크기 때문이다. 하지만 세포가 한 가지 일만 하는 경우는 별로 없다. 다시 피루브산으로 돌아간 알라닌이 해당 과정을 거꾸로 밟아서 포도당으로 변하기 때문이다. 새롭게 생성된 이 포도당은 다시 근육으로 파병되어 포도당과 알라닌의 회로가 지속된다.

이 과정은 근육에서 만들어진 젖산 회로와 함께 비교해 보면 전체적인 대사 과정을 이해하는 데 도움이 된다(⇒ 79쪽 젖산 셔틀).

배둘레 헴

9년이 넘는 장기 프로젝트를 끝낸 독일 당뇨병 연구소에서 2020년 《*Nature Communications*》에 발표한 논문의 제목은 '뇌의 인슐린 민감도가 체중과 지방*의 분포를 결정한다'이다. 이를테면 이런 것이다. 뇌가 인슐린에 민감하게 반응하면 내장 지방을 감소시켜 체중이 줄고 그 상태가 계속될 수 있다. 반면 뇌가 인슐린에 반응하지 않거나 저항성을 보이면 초반에는 몸무게가 좀 줄어드는 듯해 보여도 곧 본디 체중으로 돌아간다. 장기적으로 보면 지방이 늘면서 체중도 는다. 지방의 축적이 건강에 좋지 않은 효과를 나타내는 첫 번째 판단 기준

● 《식욕의 과학 *Why We Eat Too Much*》에서 앤드루 젠킨슨Andrew Jenkinson은 인체에는 평균 약 400억 개의 지방세포가 있다고 말하면서 지방의 특성을 세 가지로 요약했다. 첫째, 지방은 가벼워서 이동에 효율적이다. 몸에 지방을 가득 저장하고 하늘을 나는 철새가 대표적인 사례다. 둘째, 저온 환경에서 단열 기능이 있다. 극지방에 사는 곰이나 물개를 연상하면 된다. 셋째, 에너지를 많이 저장할 수 있다. 인체에서 에너지를 저장하는 일이 지방의 가장 중요한 기능이다. 저장은 뭔가 남는 것을 처리하는 과정이다. 앤드루는 특정 환경 신호에 따라 인간의 뇌(시상하부다)가 지방을 저장하라고 판단할 수 있다고 말했다. 예를 들면 기근이나 겨울이 다가온다는 자연 신호가 그런 것들이다. 이 자연 신호를 매개하는 호르몬은 렙틴이다. 지방과 달리, 탄수화물을 저장할 때는 물이 필요하다. 굶어서 간에 일시적으로 저장된 글리코겐이 빠져나갈 때 물도 함께 사라진다는 뜻이다. 우리 몸에서 양이 많은 것은 다 이유가 있다. 대표적인 예를 들면 근육량, 저장 기관으로서 지방, 산소를 운반하는 적혈구, 전체 단백질의 25퍼센트를 차지하는 콜라겐을 들 수 있다. 그러나 압도적 1등은 단연 물이다.

은 아마도 '위치'일 것이다. 흔히 우리는 복강 내장에 지방이 쌓이면 가장 좋지 않다고 말한다. 왜 그럴까? 이들 복부 지방은 혈압을 올리는 신경 전달 물질을 방출하고 인슐린 분비에 영향을 끼치며 염증을 일으킨다. 반면 엉덩이나 허벅지에 낀 피하지방은 건강에 별다른 해를 끼치지 않는다. 이런 현상을 보면 바로 질문이 생긴다. 먼저 왜 지방은 사람마다 다른 장소에 축적되는지, 둘째는 왜 복부 지방이 특별히 해를 끼치도록 설계가 되었는지 하는 것이다. 설계라는 말이 약간 긍정적인 뜻이 있는 것처럼 보인다면 그 말을 어떤 식의 절충(trade-off)이 있었는지로 바꾸어도 상관없을 듯하다.

아마도 '생활방식 개선 프로그램'을 진행한 튀빙겐 대학 연구진의 연구 결과에서 첫 번째 질문을 이해할 단서를 얻을 수 있을 것 같다. 그들은 뇌의 인슐린 반응이 지방 축적의 개인차에 결정적인 역할을 할 것이라고 말했다. 똑같이 운동하거나 다이어트를 해도 약발을 받는 사람과 그렇지 않은 사람이 있다는 의미이다. 그리고 그 차이는 뇌가 인슐린에 민감하게 반응하느냐 아니냐에 따라 달라진다. 피험자들은 24개월 '생활방식 개선 프로그램'을 시작하기 전에 뇌 자기장(magnetoencephalography) 측정법으로 인슐린 민감도를 조사받았다. 민감도가 좋은 사람들은 체중도 줄고 지방의 분포도 더 건강한 유형으로 바뀌었다. 독일 연구진들은 장기 연구에서 그 이유에 관한 해답을 찾으려 했다. 15명의 피험자를 9년 동안 추적 연구했다니 다들 노력이 가상하다. 결론을 살펴보자.

뇌에서 인슐린은 체중뿐만 아니라 체지방 분포도 결정했다. 운동을 시작하자 인슐린 민감도가 좋은 사람은 내장 지방이 현저하게 줄어들었다. 운동을 그만두더라도 살이 약간 쪘을 뿐 지방 분포가 크게 달라지지 않았다. 시상하부에서 인슐린이 잘 작동하면 저 아래 변방의 에너지 대사가 원활하게 이루어졌다. 특히 인슐린은 피하지방이 아니라 복부 내장 지방에 선택적으로 작용하는 경향을 보인 것이다. 복부 지방은 2형 당뇨병 발생에 중요한 역할을 하고 심혈관 질환과 암의 발병에도 악영향을 끼치기 때문에 인슐린 민감도의 개인차를 아는 일이 의미가 있을지 모른다. 인슐린의 생산과 신호 전달의 상당 부분은 유전적으로 결정되겠지만 한편으로 이런 분석이 인슐린 민감도가 떨어지는 사람들에게 개인의 생활사를 건전하게 유지하도록 경각심을 주는 계기가 될 수 있겠다는 생각이 든다.

복부 지방은 면역 기관이다

우리는 흔히 배가 빵빵하게 나오면 '술배'라는 둥 '배둘레 햄'이라는 말을 쓰며 낄낄거리지만 복부 내장 비만이라고 할 때 해부학적으로 어디를 가리키는지는 크게 신경 쓰지 않는다. 몰라도 보면 대충 알기 때문이다. 원래 내장에는 지방이 끼게 마련이고 그게 정상이다. 그렇다면 어느 정도가 비만이고 내장 어디에 지방이 축적되는 것일까?

　해부학자들이 내장 지방을 말할 때는 흔히 그물막(omental)과 장간막(mesenteric) 지방을 일컫는다. 심장과 폐를 둘러싼 공간이 있듯

횡격막 아래에서 골반 위에 걸쳐 있는 소화기관을 아우르는 공간도 있기 마련이다. 이 공간의 경계선은 복막(peritoneum)으로 둘러쳐 있다. 복막은 중피세포로 싸여 있는데 한 20여 년 전 나도 쥐 복강에서 직접 이 세포를 분리해서 실험해 본 적이 있다. 복부를 여는 수술 뒤 상처가 어떻게 아무는지 알아보려는 목적이었다. 궁극적으로는 하나로 연결된 막이지만 위치와 기능에 따라 우리는 복막을 둘로 구분한다. 바로 벽측복막과 내장복막이다. 이름에서 짐작하듯 벽측복막은 우리가 배를 쓰다듬는 부분에서 골반 위를 지나 척추 앞까지 갔다가 위로 올랐다가 다시 횡격막을 따라 그려지는 커다란 다각형 모양의 공간인 복강을 전체적으로 둘러싸고 있다. 내장복막은 벽측복막에서 벗어나 각종 장기를 둘러싸고 있다. 콩팥과 대장 아래쪽 부위는 복막 뒤쪽 공간에 자리한다(172쪽 그림).

　복막 일부이며 특히 소장, 배 중앙부를 가로지르는 가로결장, S자 모양 결장이 제대로 붙어 있게 하는 장간막은 특히 복벽 뒤 동맥에서 출발하는 혈액을 소화기관으로 전달하는 다양한 혈관을 붙들고 있다. 2017년에는 장간막을 소화기관의 한 부분으로 간주해야 한다는 주장이 나오기도 했다. 소화기관에서 들어온 아직 해독작용을 거치지 않은 온갖 영양소가 가득한 혈액과 림프액이 활발하게 운행하는 데다 대장에서 침입할 수 있는 세균에 대한 방어 기제도 갖추리라 생각하는 것이다. 물론 신경계도 장간막에 포함되어 있다. 흥미로운 분야이긴 하지만 뭔가 확실히 단정할 만한 데이터는 아직 등장하지 않았다.

스파이더맨이 쏘는 거미줄 느낌이 나는 그물막*은 구조적으로는
장간막과 비슷하다. 위를 둘러싼 그물막은 양쪽으로 연결되어 한편은

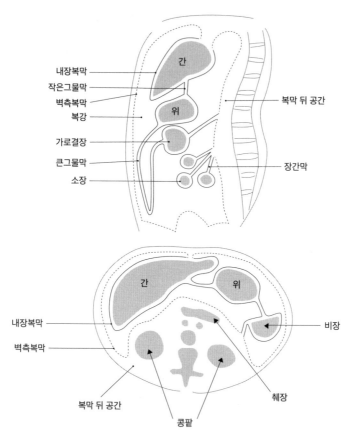

위 그림은 종단면으로 살펴본 복막 구조이고 아래 그림은 횡단면으로 살펴본 복막 구조이다.

● 의학용어 사전을 보면 작은그물막은 위를 간에 연결한다. 큰그물막은 위 아래에서 배 안의 창자를
넓게 둘러싸 배 안의 액체를 흡수하며 창자와 복막 사이를 채운다. 지방으로 된 앞치마 같다고 큰
그물막을 비유하기도 한다.

간, 다른 편은 가로결장과 연결되어 뒤쪽 벽측 복막까지 이어진다. 위치만 보면 그물막은 소화기관 위쪽에 있는 기관들을 서로 결집해 우리가 뛰더라도 자리를 이탈하지 못하게 막는 중요한 지지대 역할을 한다고 볼 수 있다. 도축장 주변에서 이른바 부속 고기를 파는 가게에 가 보면 커다란 통에 담긴 소화기관을 볼 수 있는데 살짝 들춰 보면 상당히 많은 양의 기름이 붙어 있는 걸 볼 수 있다. 그물막과 장간막에 낀 지방 조직이다. 하버드 의과대학 공중보건 팀의 자료에 따르면 신체 지방 조직의 약 10퍼센트는 복부에 존재한다. 하지만 그 비율은 허리둘레에 비례하여 늘어날 것은 말할 나위도 없다.

최근 들어 신체 지방 조직을 면역 기관으로 보아야 한다는 견해가 고개를 들고 있다. 지방에서 만든 생체 화합물이 대사와 면역 과정에 깊이 관여하기 때문이다. 적당한 양의 건강한 지방은 면역 기능에 활력을 불어 넣을 수 있다는 뜻이다. 하지만 저장과 면역이라는 기능적인 면에서 피하지방과 내장지방의 차이를 찾기는 쉽지 않다. 양적인 면에서도 다량의 지방은 나중에 위급할 때 뇌에 영양분을 공급하는 핵심적인 부위라고 알려졌다. 림프관처럼 지방세포들도 음식물에 포함된 특정 불포화 지방산을 빼돌렸다가 면역 반응에 우선 사용한다. 면역 신호가 오면 수용체 단백질을 급히 만들어서 대응하는 일도 포함된다. 하지만 피하지방과 복부 내장지방의 환경은 크게 다르다.

우선 정상적인 상황에서 그물막의 역할을 알아보자. 본디 그물막의 첫째 임무는 지지대 역할이다. 살찌지 않은 사람의 가로결장과 연결된 그물막은 숨의 율동, 장의 연동운동 같은 움직임에 조응하여 느슨하게 흔들거린다. 최근 그물막은 복부 안에 들어온 세균이나 외인성 물질에 대한 방어 역할을 하는 '복부 경찰'이라는 별명을 얻었다. 이것이 그물막의 두 번째 기능이다. 외부 물질이나 세균이 발견되면 그물막은 피브린 섬유를 생산하여 파리 끈끈이처럼 막에 붙여 버린다. 그러면 대식세포가 나서서 바로 이들을 제거한다. 그 덕분에 우리 복강 안이 청결한 상태로 유지되는 것이다. 상처가 생겨도 콜라겐 단백질을 생산하여 감염을 막고 동시에 상처도 아물게 한다.

그물막이나 장간막이 대장보다는 주로 소장을 격리하는 일도 이해가 간다. 대장은 설사라는 생리적 현상을 통해 다량의 유해 세균을 몸 밖으로 보내는 수단을 갖추었다. 하지만 소장은 중간에서 위로도 아래로도 위험을 분산할 수 없다. 그런 탓에 무엇이든 중첩된 감시 장치가 필요할 것이다. 아마도 그물막의 경찰 기능이 그런 방편일 것이다. 따라서 대장에 상주하는 세균이 소장 쪽으로 침입한다 해도 어렵게나마 이들 세균을 처리할 수 있게 된다.

먹고 사는 일의 엄중함을 따져 볼 때 소화기관에서 발원한 문맥 혈관계가 간으로 연결되는 지점에 이들 내장지방 조직이 위치한다는 점을 눈여겨봐야 할 것이다. 이들 지방 조직에 포함된 면역계가 열심히 활동하면 나중에 간에 상주하는 쿠퍼세포 혹은 지방을 다루는 간성상세포가 심장으로 갈 '깨끗한 피'를 정제하는 과정에 이차적으로 참여한다.

지금까지는 다 좋다. 하지만 내장지방 조직에 지방이 넘치도록 쌓이면 무슨 일이 생길까? 지방 조직이 과도하게 커지면 본래의 면역 기능은 더욱 개선될까? 그렇지 않은 것 같다. 비만인 지방 조직은 '아픈' 지방 조직이기 때문이다. 면역세포의 성질이 변해서 만성 염증 상태에 접어드는 까닭이다. 지방세포가 죽고 그 주변에 비정상적으로 많은 수의 대식세포가 운집하면서 염증성 단백질을 만들어 내는 탓이다. 그다음에 전개되는 연쇄 반응은 인슐린 저항성이다. 잘 알려지지는 않았지만 인슐린의 가장 중요한 역할 중 하나는 근육과 지방 조직의 항상성을 유지하는 일이다. 지방 조직에 파탄이 일어나는 일은 피하가 아니라 주로 복부 내장지방에서만 일어난다. 아마도 이곳에서는 세균이 되먹임 작용을 하기 때문일 것이다. 그런 연유로 생리학자들은 피하지방을 건강한 지방 또는 보호 능력이 있는 지방으로 간주하기도 한다. 결론적으로 말하면 복부 내장지방 비만 현상은 '감염은 없지만' 면역 반응이 계속되는 일로 여겨진다. '지방세포가 커지면서 죽는다. 면역계가 몰려들고 염증 반응이 시작된다. 커진 지방 조직에 혈관이 닿지 않아 저산소 상태가 된다. 인슐린 저항성이 찾아온다.' 이런 연쇄 반응이 주거니 받거니 일어나면서 결국은 당뇨병, 고혈압과 심장 질환의 뇌관에 불이 댕긴다.

2008년 미국 하버드 대학 로널드 칸Ronald Kahn 박사는 피하지방에 인슐린 민감성을 개선하는 물질이 있다는 연구 결과를 《Cell Metabolism》에 발표했다. 로널드는 쥐의 복부와 피하에서 채취한 지방 조직을 따로 복부와 피하에 이식한 후 무슨 일이 벌어지는지 살폈다. 흥미롭게도 복부에 피하지방을 집어넣은 개체의 체중, 체지방과 혈중 인슐린의 양이 줄었다. 그러나 복부 내장지방을 피하나 복부에 이식한 개체에서는 이런 현상을 볼 수 없었다. 피하지방에서 유래한 뭔가가 인슐린의 민감성을 좋게 했다는 의미였다.

인슐린

단백질 대사와 복부 지방을 살펴보면서 언뜻언뜻 등장한 인슐린 얘기로 방향을 틀어 보자. 당뇨병에 걸리면 오줌과 함께 포도당이 몸 밖으로 빠져나간다. 이때 물도 함께 빠져나가기 때문에 소변량이 늘어난다. 저장하거나 에너지를 만드는 데 써야 할 포도당이 줄줄 새 세포들은 굶주리고 자주 물을 마셔야 하며 걸핏하면 오줌을 눈다. 따라서 당뇨병은 혈액에 당을 두고도 영양소 결핍에 시달리는 질병이다. 대부분 세포 입장에선 혈관도 밖이다. 혈액 안 인슐린이 부족하면 인슐린을 투여하고 민감성이 떨어지면 그것을 회복하도록 힘써, 저장할 것은 저장하고 필요할 때 꺼내 쓰는 일이 무난하게 진행되어야 한다.

인슐린은 혈당을 낮춘다고 하지만 그보다 더 중요한 일이 있다. 바로 체지방과 근육을 유지하고 관리하는 것이다. 풍요의 호르몬이라는 별명답게 인슐린은 몸 안으로 들어온 영양소를 최대한 저장하는 역할을 맡는다. 쓰고 남은 여분의 영양소는 지방 조직에 중성지방의 형태로 저장된다. 포도당을 예로 들자. 한 끼 90그램의 밥을 먹었을 때 절반은 바로 에너지로 소모된다. 뇌와 심장 및 콩팥이 에너지를 쓰는 주된 기관이다. 그도 그럴 것이 이들은 절대 쉬지 않기 때문이다. 나머지 절반은 간과 골격근에 글리코겐 형태로 저장된다. 젊고 활발한 사람들은 대개 이렇게 입출력 수지를 맞추지만 그것 말고도 남는 영양소가 있다면 지방으로 저장되며 그 양은 전체 흡수량의 2퍼센트에 이른다.

굶거나 인슐린이 부족하면 지방 조직에서 지방산이 유리되어 유령처럼 혈액을 떠다닌다. 체지방이 분해되면서 살이 빠지게 된다.[*] 정도가 지나쳐서 인슐린이 '심하게' 부족하면 지방산이 탄소 3~4개짜리 케토산[**]으로 변한다. 산성인 이 물질이 늘면 혈액은 산성으로 변해 위험한 상태가 된다.

몸무게가 는다는 말은 지방의 비율이 커진다는 말이다. 지방세포가 커지든 아니면 지방세포가 늘어서 전체적으로 지방 조직이 비대해진다. 간과 근육에 저장되고 빠른 회전율을 보이는 포도당은 운동을 많이 한 근육에 글리코겐 형태로 느는 양이 전부다. 근육도 무게가 늘지만 본디부터 워낙 그 양이 많아서 체중 증가에 기여하는 바가 크지 않다. 체중이 늘면 그것을 유지하기 위해 인슐린을 생산하는 췌장에 더 큰 부담을 지우는 셈이 된다.

우리가 먹은 지방은 주로 중성지방과 콜레스테롤이다. 정의상 지방은 물에 대한 용해도가 떨어진다. 따라서 수용성인 혈액이나 조

● 체중이 늘면 그에 비례하여 대개 지방 조직의 규모가 커진다. 그것을 관리하는 인슐린의 양도 늘어나는 것은 어쩌면 당연한 일이다.

●● 레닌저 생화학을 참고하면 우리는 섭취한 중성지방에서 에너지의 약 3분의 1을 충당한다. 특히 심장과 간에서는 그 양이 80퍼센트에 육박한다. 동면하는 동물은 대부분 지방을 연료로 사용한다. 케톤체에는 아세톤, 아세토아세트산 및 수산뷰티르산이 있다.

직 속을 원활히 움직이기 위해서는 다른 고분자 화합물의 도움을 받아야 한다. 지질단백질은 콜레스테롤과 결합하여 움직인다. 마찬가지로 중성지방은 킬로미크론(chylomicron)이라는 단백질에 쌓여 림프관과 혈관을 타고 저장소로 옮겨 간다.

탄수화물을 거의 섭취하지 않으면 인슐린도 만들어지지 않는다. 간이나 근육에 저장할 포도당이 없으니 별일 없을 듯하지만 문제는 인슐린이 지방의 저장에도 관여한다는 데서 불거진다. 좋은 면만을 바라보자면 이것도 나쁘지 않다. 흡수한 지방은 축적되지 않고 또 저장된 지방도 에너지원으로 쓰일 것이기에 이내 살은 빠질 것이다. 그러나 혈중에 뜨내기처럼 지방이 떼 지어 돌아다녀서 좋을 일은 별로 없다.

현대 아산병원 내분비과 이기업 교수는 당뇨병이 '기아 상태처럼 에너지가 부족한' 상황이라고 말한다. 그렇다면 과연 누가 에너지가 부족함을 가장 뼈저리게 느낄까? 말할 것도 없이 포도당을 주로 먹는 세포들일 것이다. 특히 뇌세포이다. 포도당 결핍을 느낀(세포생물학자들은 이를 감지한다고 말한다) 뇌세포는 저장된 영양소를 덜어 쓰는 방향으로 에너지 대사 체계를 바꿀 것이다. 하지만 이런 일은 대사 과정의 핵심 기관에서 주로 벌어진다. 바로 간과 근육 및 지방 조직이다.

탄수화물은 흔히 일시적으로 저장되는 물질이라고 말한다. 먹고 저장하고 쓰는 일이 하루 주기로 일어나기 때문이다. 종일 아무것도 먹지 않으면 간에 저장된 탄수화물은 쉽게 바닥을 드러낸다. 단백질이 주성분인 근육은 평생 그 양이 크게 변하지 않는다. 근력 운동을 하면 근육량이 늘어 근육의 무게가 늘 수는 있겠지만 나이가 들거나 알코올 섭취 때문에 근소실증이 생기는 일이 더 큰 문제다. 어쨌든 근육 단백질은 움직임이라는 일차적 목표에 종사해야 하므로 에너지원으로 직접 충당되는 일은 그리 흔치 않다. 근육 단백질을 덜어서 써야 하는 경우라면 사는 게 불행하다고 볼 수 있다. 반면 지방은 늘거나 줄 수 있다. 지방은 탄수화물이나 단백질보다 무게당 더 많은 열량을 내기 때문에 장기간 저장하기에 적합한 물질이다. 정상인의 지방 무게는 약 10킬로그램이고 이는 90,000킬로칼로리에 해당한다. 약 500그램 글리코겐의 열용량인 2,000킬로칼로리와 비할 바가 아니다.

인슐린의 부작용은 저혈당이다

두루뭉술하게 말하자면 인슐린은 먹은 음식물을 체내에 저장하도록 강제하는 호르몬이다. 잘 먹는 사람에게 인슐린을 주사하면 살이 찌고 체중이 늘 수 있다는 뜻이다. 또 저혈당이 찾아올 수도 있다. 혈액 안에 충분한 양의 포도당이 없다면 언제든 생길 수 있는 일이다. 주위에 혈당을 올릴 수 있는 단 음식이 있다면 저혈당은 그리 위험한 증상은 아니다.

발생 과정 중 소화기관에서 분기한 췌장 랑게르한스섬 베타세포에서 인슐린을 분비하라는 신호를 전달하는 음식물은 주로 포도당이다. 하지만 곁사슬 아미노산이 들어와도 인슐린이 분비된다. 이들을 근육 단백질 합성에 써야 하기 때문이다. 이런 점을 보면 영양소와 호르몬은 서로 밀고 끌어 주는 역할을 하는 것처럼 보인다. 인슐린과 상반되는 작용을 하는 글루카곤은, 굶었을 때 포도당을 만드는 데 동원되는, 알라닌이 혈중에서 감지되면 분비된다. 그러면 포도당은 저장되는 대신 혈액을 타고 뇌를 향한 발걸음을 재촉한다. 참고로 인슐린의 수명은 10분(5~15분) 정도에 불과하다. 필요할 때마다 계속 만들어야 한다는 뜻이다.

굶기도 설워라: 단식 생물학

우리 인류가 언제부터 세 끼를 꼬박 챙겨 먹게 되었는지는 잘 모르지만 그리 오래되지 않았다는 점은 확실하다. 종일 굶게 되면 단기 저장고가 먼저 바닥을 드러낸다. 그곳은 간에 저장된 글리코겐이다. 공교롭게도 하루에 뇌가 사용하는 에너지양은 간에 저장된 글리코겐의 양과 비슷하다. 그날 섭취하는 2,000칼로리의 약 20퍼센트에 해당하는 400칼로리를 뇌가 쓴다. 간에 저장된 글리코겐의 열량이 딱 그만큼이다. 그렇기에 꼬박 하루를 굶고 난 두 번째 날부터는 어디서 꿔서라도 포도당을 충당해야 한다. 물론 간이나 근육은 뇌에게 포도당을 양보하고 혈액을 떠도는 지방산을 산화해 에너지를 얻는다.

물론 근육에는 간보다 더 많은 양의 글리코겐이 들어 있다. 그걸 쓰면 하루 이틀은 더 무사태평하게 지낼 수 있어 좋겠지만 진화는 그런 전략을 쓰지 않았다. 야생에서는 굶은 중에도 죽기 살기로 도망치거나 눈앞에 어른거리는 먹잇감을 쫓아야 하는 일이 언제든 생길 수 있기 때문이다. '쫓고 쫓기는' 상황에서 교감 신경계가 활성화되면 글리코겐에서 포도당이 우수수 떨어진다. 동물은 아주 빠른 속도로 이 포도당을 산화시켜 에너지를 얻는다. 빠르게 에너지를 확보하는 '발효' 과정을 치르면 두 가지 부산물이 급속도로 축적된다. 하나는 젖산이고 다른 하나는 열이다. 이 두 가지는 고양잇과 동물이 경중거리는 영양을 오래 쫓지 못하는 생물학적 근거이다. 그렇지만 사냥에 성공하게 되면 자신은 물론이고 자식들도 굶주림을 면할 기회가 찾아온다. 그게 근육의 숙명이자, 근육 글리코겐의 숙명이기도 하다.

따라서 뇌가 고집하는 포도당을 얻기 위해서는 다른 방편을 취해야 한다. 지방 조직에 풍부하게 저장된 지방산이 그다음 후보 물질이다. 중성지방은 탄수화물의 일종인 글리세롤 뼈대에 세 분자의 지방산이 결합한 형태를 띤다. 궁여지책으로 탄소 3개인 글리세롤 분자를 재료로 포도당을 만들 수 있지만 그 양은 성에 차지 않는다. 게다가 지방산은 아예 포도당의 재료가 되지 않는다. 그러므로 굶은 몸은 지금 당장 급하지 않은 단백질을 변통하여 이를 포도당으로 바꾼다. 아쉬운 대로 우선 피부 콜라겐이나 점막 단백질을 분해하여 포도당을 만드는 것이다. 앞에서 말했듯이 이 과정에서 알라닌이라는 아미노산이 중간체 역할을 맡는다. 더 깊이 언급하지는 않겠지만 지방산을 태워 에너지를 얻고 이 소중한 에너지를 써서 알라닌을 포도당으로 바꾸면서 근근이 일주일을 버틴다.

일주일이 넘도록 음식물을 섭취하지 않으면 이제 단백질을 쓰는 일도 조심해야 한다. 근육 단백질이 일정량 이상 소실되면 근육 기능도 어쩔 수 없이 손상될 것이다. 심장이나 횡격막의 근육은 섣불리 건들 수 있는 단백질이 아니다. 이 상황이 되면 뇌도 더는 포도당을 고집할 수 없게 된다. 크레브스 회로를 돌릴 마중물 탄소 화합물(옥살로아세트산)마저 바닥이 드러나면 베타 산화를 거쳐 만들어진 활성아세트산이 축적되고 이들이 두 분자, 세 분자 결합하면서 케톤산으로 변한다. 케톤산을 재료로 연명하는 일은 매우 위급한 상황으로 볼 수 있다. 다시는 단백질을 연료로 쓸 수 없다는 경고 신호로도 읽힌다. 저장된 에너지원을 털어 쓰는 일은 인슐린 호르몬의 작용이 거꾸로 진행되는 일이다. 이 과정을 책임지는 호르몬은 글루카곤이다. 마찬가지로 아드레날린은 지방 조직에서 중성지방을 분해하고 지방산을 연료로 쓰는 데 일조한다. 먹는 일도 어렵지만 굶는 일도 꽤 힘들고 복잡하다.

운동선수의 글리코겐 대사

운동을 격하게 할수록 근육 글리코겐은 빠르게 분해된다. 산소를 쓰든 그렇지 않든 글리코겐 분해 산물인 포도당을 ATP로 만들어야 하기 때문이다. 반복해서 단거리*를 전력으로 뛰거나(30초 뛰고 잠깐 쉬는 일을 10번) 마라톤 선수가 몇 시간 뛰어도 근육 글리코겐 저장량은

---

* 생리학자들은 산소 호흡으로 넘어가는 경계가 600~800미터라고 계산했다. 발효를 통해 에너지를 얻는 단거리 주자의 근육이 이보다 더 먼 거리를 뛸 때는 적당하지 않다는 뜻이다. 장거리 주자는 강한 지구력을 가진 근육이 필요하다. 단거리에는 비산화적 속근, 장거리에는 산화적 지근(slow-twitch fiber)이 어울린다는 뜻이다. 《동물의 운동능력에 관한 거의 모든 것*Feats of Strength*》 258쪽에 스프린터가 100미터를 달리는 데 필요한 에너지의 79퍼센트는 무산소성이라고 나온다.

현저히 줄어든다. 하지만 글리코겐 분해 속도는 짐작하듯 스프린터가 더 빠르다.

2005년 미국 의학 협회에서 궂은일을 하지 않는 일반 성인에게 권하는 탄수화물의 최소량은 하루 130그램이다. 운동하는 사람들은 그에 맞춰 더 먹어야 한다는 단서를 달았다. 체중 킬로그램당 하루 8~12그램의 탄수화물을 섭취하라고 운동선수들에게 권한다. 하지만 이를 지키는 사람은 그리 많지 않다. 훈련하느라 바빠서일까? 왜 그래야 하는지 몰라서일까? 맛없어서일까?

글리코겐은 주로 근육과 간에 편재하는 연료이다. 심장세포 부피의 2퍼센트, 골격근 세포의 1~2퍼센트, 간세포의 5~6퍼센트가 글리코겐이다. 5만 개가 넘는 포도당이 든 간세포 글리코겐 입자는 근육세포의 그것보다 약 10배 더 크다. 또 하나 강조할 점은 무게의 3배에 해당하는 물이 글리코겐과 결합하고 있다는 사실이다. 그렇기에 간 글리코겐의 양이 급격히 줄거나 늘면 눈에 띄게 몸무게가 변할 수 있다. 그렇지만 한두 끼 굶거나 며칠이고 소파에 앉아서 TV를 본다 해도 근육 글리코겐의 양은 쉽사리 변하지 않는다. 심지어 며칠 굶는 동안 심장 글리코겐의 양은 늘기도 한다. 아미노산이나 글리세롤˙이 포도당으로 변해 심장근육으로 이동하기 때문이다.

훈련하거나 시합을 마친 선수들은 가능한 한 서둘러 간과 근육에

˙ 글리세롤은 지방산 세 분자를 통솔하는 포크 머리 부분에 해당하는 탄소 3개짜리 탄수화물이다. 지방산을 태워 만든 ATP가 글리세롤로 포도당을 만들 때 사용된다.

서 고갈된 글리코겐을 보충해야 한다. 축구를 하다가 판단을 잘못해 자책골을 먹는 순간에도 운동선수들은 근육을 움직인다. ATP를 계속 공급해야 한다는 의미이다. 쉬는 동안이라도 근육세포에는 약 10억 개가 넘는 ATP가 들어 있다. 이 화합물은 2분마다 교체된다. 격하게 움직일 때 근육은 평소보다 1,000배가 넘는 ATP를 생산한다. 최대 산소 소모량의 60퍼센트를 넘는 강도로 운동할 때 혈중 포도당과 근 육 글리코겐이 ATP를 만드는 주된 연료이다. 운동 강도가 커질수록 속근(fast-twitch)이 동원되고 탄수화물 의존도가 커지기 때문이다.

간과 근육 말고 다른 기관에도 글리코겐이 분포한다. 뇌, 심장, 평활근, 콩팥세포 및 적혈구, 백혈구 그리고 흥미롭게도 지방세포에 도 글리코겐이 들어 있다. 별일이 없다면 뇌는 포도당만을 연료로 쓴 다. 쉬고 있을 때 혈중 포도당의 60퍼센트는 뇌에서 대사된다. 욕심꾸 러기 뇌는 격하게 운동할 때도 포도당을 포기하지 않는다.˙ 낭비벽이 심한 뇌를 감안해 전술한 하루 탄수화물의 섭취량은 130그램으로 결 정된 것이다.

100그램 정도 저장된 간 글리코겐은 혈액 안에 일정하게 유지되 는 포도당 4그램(박스 193쪽)의 화수분이다. 간 글리코겐의 양이 줄 면 우리는 아미노산과 글리세롤로부터 포도당을 만들라는 지시를 받 게 된다. 운동하는 동안 쓰는 만큼 포도당을 바로 채워 넣지 못한다.

● 뇌의 글리코겐은 주로 성상세포(astrocytes)에서 발견된다. 신경세포를 보호하고 영양도 공급하는 세포다. 신경세포에 공급하는 성상세포의 글리코겐 대사산물은 젖산이다. 젖산 셔틀의 대표적인 사례로 생물학자들은 성상세포와 신경세포를 든다.

하지만 근육에 저장된 글리코겐을 쓰면 혈액에서 포도당을 끌어오지 않아도 된다. 운동하기 전에 충분히 탄수화물을 먹어 두면 간 글리코겐을 건드릴 필요가 줄며 속근 근육세포 글리코겐이 바닥을 보이는 일도 덩달아 예방할 수 있다.

몸 전체로 보면 글리코겐의 양은 약 500그램 정도다. 근육에 평균 400(300~700)그램이고 간에 약 100(0~160)그램이다. 오래 혹은 격하게 운동하면 근육 글리코겐의 양은 상당히 줄지만 그래도 기본량의 10퍼센트 아래로 떨어지는 일은 드물다. 간 글리코겐 저장량은 종일 변한다. 밥 먹을 때 탄수화물의 양, 끼니 간격, 노동이나 운동 강도에 영향을 받기 때문이다. 단기 저장소에서 언제든 꺼내 쓸 수 있는 글리코겐은 전체 에너지 저장량의 4퍼센트에 불과하지만 바로 그것을 위해 우리는 한 끼 식사라도 거르면 서운하다고[*] 한다.

생리학자들은 근육을 생검(biopsy)하고 조직을 얼려 현미경으로 검사하거나 혹은 대사 물질의 양을 분석함으로써 고갈된 글리코겐을 어떻게 다시 채우는지 단서를 찾는다. 근육은 허벅지에서 조직을 조금 취하면 되겠지만 간 조직은 어떻게 얻었을까? 당연하게도 간을 다치지 않는 방식으로 실험이 진행된다. 대개 탄소나 수소 및 산소 동위원소의 행동을 추적하는 핵자기공명법이 사용되었다.

꾸준한 운동을 통해 근육을 늘리는 일도 근육에 글리코겐을 더 많이 저장하는 방법이다. 여러 임상 연구 결과를 종합하면 쓴 만큼 글

● 우리 어머니는 "속을 도둑 맞었쟈."라며 애통해 하셨다.

리코겐을 채울 수 있도록 탄수화물 비율이 60퍼센트 넘게 식단을 보충하면서 운동과 휴식을 병행하는 일이 바람직하다. 하지만 실제로 운동선수들이 고갈된 글리코겐을 충분히 회복하지 못한다고 한다. 그럼에도 운동 수행 능력에 큰 무리가 없는 것을 보면 권장량 자체가 과하게 책정되었을 가능성도 배제할 수 없다. 또한 우리에겐 지방 조직이 있지 않은가? 스모 선수들도 한창 운동할 때는 복부 내장지방을 분해하여 에너지로 쓰고 일부는 저장 장소를 피부 아래로 옮기기도 한다. 살이 쪄도 건강한 상태를 유지하는 것이다.

복잡한 신호 전달 과정은 건너뛰자. 하지만 이것만은 기억해 두자. 운동이 끝난 뒤 근육 글리코겐이 회복되는 일은 두 단계에 걸쳐 진행된다. 첫 번째 단계에서 글리코겐의 합성은 신속히 일어난다. 채워야 할 양이 많을 때 첫 단계는 약 30~40분에 걸쳐 진행되며 인슐린이 필요하지 않다. 두 번째 단계는 이와 사뭇 달라서 인슐린이 필요하고 합성 속도도 느리다. 주기적으로 탄수화물을 섭취하면 두 번째 단계가 며칠에 걸쳐 진행되기도 한다. 인슐린 값이 최대인 시각이 식후 약 60분 후이니 이런 식의 두 단계 반응은 상당히 설득력이 있다. 운동한 후 식사하면 간 글리코겐도 빠르게 원상 회복된다. 그러나 밥을 먹지 않으면(예컨대 맥주를 마신다거나) 글리코겐의 재생이 매우 느리게 진행된다. 운동하느라 생겨난 젖산을 포도당으로 돌리거나 아니면 앞에서 말했듯이 아미노산이나 글리세롤을 재료로 포도당을 만들어야 하기 때문이다.

격렬한 운동과 인슐린

격렬한 운동을 하는 동안 인슐린의 분비가 억제된다. 인슐린의 제1 목표가 영양소의 저장이므로 에너지를 꺼내 써야 하는 상황에서 이 호르몬이 분비되지 않는 것은 전혀 문제 될 것이 없다. 반면 부신에서는 아드레날린이 분비된다. 쫓고 쫓기는 상황에서 분비되는 교감 신경 호르몬인 아드레날린은 글리코겐의 빠른 분해를 촉진하면서 동시에 합성을 억제한다. 사력을 다해 운동할 때 글리코겐에서 그야말로 우수수 떨어져 나오는 포도당의 양은 근육 킬로그램당 1분에 7.2그램이다. 그러나 강도가 낮을 때 글리코겐이 분해되는 속도는 분당 약 300밀리그램 정도다(죽어라 운동할 때의 약 25분의 1).

운동을 오래 해서 글리코겐 밑천이 드러나면 이제 혈중 지방산을 쓸 준비를 해야 한다. 마라톤 선수들은 근육 글리코겐 저장량을 늘리지만 한편으로 지방산을 써서 근육세포의 글리코겐 의존도를 줄이려 노력한다.

이러한 대사 적응을 거쳐 2시간대 초반에 마라톤 완주가 가능해진다. 그런데도 글리코겐이 고갈되면 피로가 찾아온다. 근육에 든 글리코겐의 양이 줄면 세찬 운동을 계속할 ATP를 빠른 속도로 만들 수 없게 된다. 피로한 상태에 접어들며 운동을 그만두라는 신호가 몰려오는 것이다.

잘 훈련된 마라톤 선수의 근육 글리코겐양은 근육 킬로그램당

150밀리몰[●]이다. 이런 사람이 두 시간 뛰면 글리코겐의 양이 절반인 75밀리몰까지 떨어진다. 거기서 더 떨어져서 그 양이 70밀리몰에 이르면 칼슘의 분비가 잘 이루어지지 않아 근육의 수축 능력이 떨어진다. 이때 탄수화물을 보충하여 글리코겐의 양을 100밀리몰 정도까지 올리면 다소 얼마간 운동할 짬을 번다. 근육에서 글리코겐을 보충하는 대사 속도는 상대적으로 느리지만(5~6밀리몰/킬로그램 근육/시간) 잘 먹으면서 이틀 동안 세게 운동하고 나머지 이틀을 가볍게 운동하며 잘 쉬면 근육의 글리코겐 저장량이 급속하게 늘어 200밀리몰까지 육박할 수 있다.

하지만 운동선수가 아닌 일반인이 축구 같은 격렬한 운동을 한 뒤 근육 글리코겐이 원상 회복되는 데는 약 하루가 걸린다고 한다. 그나마 탄수화물을 충분히 보충해 주었을 때 그렇다.

성인은 크는 데 더는 에너지를 쓰지 않는다

생물학적으로 성인이란 성장하는 데 에너지를 더는 쓰지 않은 인간 집단이다. 성이나 연령대별 체질량 지수도 비교적 일정한 편이다. 따라서 이들은 체중이나 몸을 움직이는 습관이 에너지 요구량을 결정한다. 생활 습관이 중요하다는 뜻이다.

일과 동안 사람의 에너지 소비량에 대해 영국 옥스퍼드 대학교

● 무게를 나타내는 모든 값의 단위를 다 표기하면 mmol/kg wet weight이다.

전문가들이 유엔식량농업기구(FAO), 세계보건기구(WHO)와 함께 조사한 데이터를 바탕으로 표를 만들었다(James, W.P.T. & Schofield, E.C. 1990. Human energy requirements. A manual for planners and nutritionists. Oxford, UK, Oxford Medical Publications under arrangement with FAO). 다음의 세 가지 표에서 우리가 눈여겨봐야 할 것은 에너지 소비량이다. 잠자는 데 필요한 에너지 요구량이 1이라면 샤워하거나 옷을 다리고 입는 데는 그것보다 2.3배 더 에너지를 쓴다는 의미이

(표6) 비활동적인 사람의 에너지 소비량

활동	할당된 시간(시간)	에너지 소비량*	시간 × 에너지 소비량
잠	8	1	8
개인 잡무(샤워, 옷 입기)	1	2.3	2.3
식사	1	1.5	1.5
요리	1	2.1	2.1
앉아서 일하기	8	1.5	12.0
집안 잡무	1	2.8	2.8
출퇴근 운전	1	2.0	2.0
짐 없이 걷기	1	3.2	3.2
가벼운 활동(잡담, TV)	2	1.4	2.8
합	24		36.7
기초대사량 비율	36.7/24 = 1.53		

*잠잘 때 쓰는 에너지 소비량을 시간당 1이라고 했으니 여기에 24를 곱하면 하루 기초대사량이다. 기초대사량은 사람마다 다르다. 기초대사량이 적으면 쉽게 살이 찐다.《식욕의 과학》125쪽을 보면 개인의 대사율이 하루 715킬로칼로리까지 차이가 난다.

다. 거의 운동하고는 담을 쌓고 사는 사람이 그나마 에너지를 가장 밀도 있게 쓰는 행위는 걷는 일이다.

　　대부분 우리 전체 에너지 소비량 중 기초대사량이 차지하는 비율이 45~70퍼센트이다. 표준 조건에서 열량계를 사용해 측정한 결과이다. 그렇다면 좀 활동적인 사람과 운동을 열심히 하는 사람들의 에너지 소비량도 살펴보자.

(표7) 중간 정도 활동적인 사람의 에너지 소비량

활동	할당된 시간(시간)	에너지 소비량	시간 × 에너지 소비량
잠	8	1	8
개인 잡무(샤워, 옷 입기)	1	2.3	2.3
식사	1	1.5	1.5
서 있기, 가벼운 짐 지기	8	2.2	17.6
버스로 출퇴근	1	1.2	1.2
다양한 속도로 걷기	1	3.2	3.2
저강도 유산소 운동	1	4.2	4.2
가벼운 활동(잡담, TV)	3	1.4	4.2
합	24		42.2
기초대사량 비율	42.2/24 = 1.76		

　　다음은 주로 앉아서 일하는 사무직이 아니라 백화점에서 서서 손님을 맞아야 하는 사람을 연상하면 되겠다.

(표8) 무척 활동적인 사람의 에너지 소비량

활동	할당된 시간(시간)	에너지 소비량	시간 × 에너지 소비량
잠	8	1	8
개인 잡무(샤워, 옷 입기)	1	2.3	2.3
식사	1	1.4	1.4
요리	1	2.1	2.1
기계 없이 농사짓기	6	4.1	24.6
물 대기, 나무 줍기	1	4.4	4.4
집안일(청소, 설거지)	1	2.3	2.3
다양한 속도로 걷기	1	3.2	3.2
가벼운 활동	4	1.4	5.6
합	24		53.9
기초대사량 비율	53.9/24 = 2.25		

위 세 가지 표에 나타난 것처럼 사는 사람들이 더러 없지는 않겠지만 대개는 각자의 처지에 맞게 시간을 쓰고 그 활동에 걸맞은 에너지를 소모할 것이다. 따라서 유엔 전문가들은 기초대사량의 몇 배에 해당하는 에너지를 쓰는가에 따라 사람들을 세 종류로 구분했다. 소파에 앉아 감자칩을 먹으며 TV 보는 데 시간을 쓰는 '비활동적'인 집단은 기초대사량의 1.40~1.69배 정도의 에너지를 소비한다. 중간 정도 활동적인 사람들은 그 값이 1.70~1.99이고 2.0이 넘는 사람들은 무척 활동적인 집단으로 분류했다.

앞에서 살펴보았듯, 사람들의 활동을 분류하고 거기에 필요한 에너지양을 잠잘 때 쓰는 시간당 에너지양의 몇 배에 해당하는지 표시했다. 물론 잠잘 때 값은 1.0이다. 물리적 활동 지수라 칭하는 이러한 값은 바즈Vaz 박사가 WHO에 제출한 자료에 바탕을 두고 있다. 바즈는 구할 수 있는 다양한 자료를 얻고 분석하여 데이터 세트를 만들었다. 무척 많은 인간의 활동을 구분했지만 몇 가지 흥미로운 것만 몇 가지 살펴보자. 물론 이 데이터는 남성과 여성을 구분했다. 남성은 옷 입는 데 2.4의 에너지를 쓴다. 반면 여성은 3.3이다. 옷 입는 일조차 귀찮아 하는 나를 대신하여 나의 옷을 챙겨 주는 아내는 내가 쓸 에너지까지 합쳐 이보다 더 클 것이다. 식사할 때 에너지 소비량도 한번 비교해 보자. 무척 활동적인 사람은 1.4로 비활동적인 사람과 중간 정도 활동적인 사람의 1.5보다 적다. 즉, 서서 일하는 등 활동적인 업무량이 많은 사람들은 식사하는 시간이 짧거나 식사에 에너지를 덜 쓴다는 뜻이다. 안타까운 일이다. 값이 7 이상인 동작을 몇 가지 들어보자. 산악자전거 타기(7.0), 두 사람이 탄 인력거 끌기(7.2), 16킬로그램짜리 짐짝 트럭에 싣기(9.7), 무게 200킬로그램 카트 끌기(8.3), 길눈 치우기(7.9), 사탕수수 자르기(7.0), 자갈밭 경작(8.0), 소방수가 장비를 갖추고 계단 오르기(12.2), 소방수가 호스 끌기(9.8), 계단 오르기(8.9), 격한 에어로빅 댄싱(7.9), 단거리 달리기(8.2), 수영(9.0), 풋볼(8.0). 여성은 에어로빅 댄싱, 단거리 달리기 행위에 필요한 에너지를 측정했고 남성과 별로 다르지 않았다. 하지만 전통적으로 여성의 일로 간주하는 몇 가지 자료가 있는데 이것도 살펴보자. 곡식 빻기(5.6),

타작하듯 이불 털기(6.2), 마루 청소(4.4), 잡초 뽑기(5.3)가 있다.

포도당 4그램

혈액 안에 포도당이 일정하게 유지되지만 하한선이 4그램이라는 말이다. 밥을 먹거나 간식으로 케이크를 한 조각 먹으면 분명 혈중 포도당 농도가 올라갈 것이다. 하지만 포도당이 필요한 조직이 혈액 안의 포도당을 갈취하든 아니면 저장소로 운반하든 수단껏 다시 4그램 정도로 낮추되 그 아래로 떨어지지 않게 조절한다는 의미이다. 우리는 일정한 범위 안에서 생리적인 값을 일정하게 유지하는 일을 항상성이라고 부른다.

각종 조직에서는 포도당을 갹출해서 대사를 유지하는 데 사용한다. 잠을 자건 아니면 굶었건 따지지 않고 뇌는 최대 60퍼센트까지 혈중 포도당을 사용한다. 간은 혈중 포도당을 받아들이는 것과 같은 속도로 포도당을 만들어 분비한다. 콩팥도 포도당을 만들기는 하지만 간에 비할 바 아니다. 밥을 먹으면 췌장에서는 인슐린을 분비한다. 인슐린은 간에서 혈액으로 포도당이 들어오지 못하게 막는 한편 혈중 포도당을 근육과 간 및 지방으로 보낸다. 운동하는 중이라면 인슐린과 무관하게 근육에 포도당이 몰려들기도 한다. 이제 어느 정도 안정이 되면 다시 간은 포도당을 만들어 혈액으로 내보내 그곳에서 포도당 항상성을 지키려 든다.

당연한 말이지만 혈중 포도당의 양이 줄면 글리코겐 저장소를 털어야 한다. 숫자를 동원해서 예를 들어 보자. 밥 먹고 자위가 돈 다음 축구 시합을 한다고 치자. 음식물 흡수가 다 된 간에는 이제 약 100그램, 골격근에는 약 400그램의 글리코겐이 들어 있다. 운동하는 동안 탄수화물의 산화는 평소보다 10배까지 늘어난다. 전반전이 지난 한 시간이 지나도 혈중 포도당의 양은 그대로 4그램이다. 간과 근육에서 갹출해 썼기 때문이다. 후반전이 끝난 두 시간 후에도 혈중 포도당은 여전히 똑같다. 간 글리코겐의 양이 심각하게 줄면 이제 아미노산이나 글리세롤을 용도 변경하여 포도당으로 바꿔 버린다. 아주 극단적으로 운동을 지속하지 않는 한 혈중 포도당 농도가 떨어져 저혈당에 이르지는 않는다.

덧붙여 각 조직에서 벌어지는 영양소 대사의 특성을 표로 요약했다.

	영양소 대사 특성
뇌	에너지 저장소가 없는 뇌에는 하루 약 100그램의 포도당을 공급해야 한다. 굶으면 간에서 만든 케톤체를 대체 연료로 쓴다.
근육	포도당, 지방산, 케톤체, 전체 글리코겐 저장량의 4분의 3을 차지하는 저장소다. 6-인산 포도당 형태로 근육 조직을 빠져나가지 못하게 가둔다. 격한 운동을 할 때 오롯이 근육에 저장된 글리코겐을 사용한다. 해당 과정으로 형성된 다량의 대사산물과 곁사슬 아미노산의 질소 대사산물은 간에서 포도당과 요소로 변한다. 간이 근육의 대사를 돕는 셈이다. 쉬고 있을 때 근육은 에너지의 85퍼센트를 지방산 산화에서 얻는다.
지방	지방산을 중성지방으로 저장하려면 포도당 분해 산물인 글리세롤이 필요하다. 지방산은 끊임없이 분해되고 조립된다. 포도당이 적어 글리세롤이 부족하면 지방산은 중성지방으로 재조립되지 못하고 바로 혈중으로 유리된다.
콩팥	혈액은 하루 60차례 여과를 거치지만 대부분은 물로 재흡수된다. 에너지가 상당히 소모되는 과정이다. 체중의 0.5퍼센트를 차지하는 콩팥은 세포 호흡에 10퍼센트가량의 산소를 끌어다 쓴다. 굶으면 콩팥도 포도당을 만든다. 이는 혈중 포도당의 절반 정도다.

간	뇌와 근육에 에너지원을 공급한다. 혈중 포도당의 약 3분의 2를 흡수한다. 나머지는 다른 조직이 쓰도록 남겨 둔다. 간이 흡수한 포도당은 6-인산 포도당으로 결박당하고 대부분 글리코겐으로 저장된다. 약 100그램 정도가 저장되면 나머지는 지방산, 콜레스테롤 및 담즙산으로 대사된다. 또 생합성 재료인 NADPH를 만들기도 한다. 글리코겐 말고도 포도당을 만드는데 그 재료는 주로 근육에서 도달한 젖산과 알라닌, 지방에서 온 글리세롤, 혹은 음식물에서 유래한 아미노산이다. 영양소가 충분하면 지방산은 중성지방으로 변하여 저장된다. 반면 굶주리면 간은 지방산을 케톤체로 만들어 전신에 공급한다. 또한 간은 아미노산 대부분을 흡수하고 일부는 남겨 둔다. 아미노산은 대개 단백질의 재료로 쓰이며 연료로 사용되는 일은 많지 않다. 분해될 때 아미노산에서 아민이 떨어진다. 하루 약 20~30그램 정도다. 하지만 간은 곁사슬 아미노산의 아민을 떨어뜨리지 못한다. 대신 그 일은 근육에서 진행된다. 아미노산이 분해되며 생성된 케톤산이 간의 에너지원이다. 간에서 벌어지는 해당작용은 대부분 생합성 재료를 얻는 방편이다.

4장

공기 마시기

*

콧구멍과 기도, 허파에서는 점액을 만들어 산소나 세균 감염을 막는다.

_닉 레인,《산소》

산소는 몸 안에 저장할 수 없다.• 우리가 숨을 계속 쉬어야 하는 이유다. 호흡은 곧 먼 과거 우리 세포 안으로 들어온 세균을 소환하는 작업이다. 우리는 그들에게 먹을 것과 산소를 공급하고 세균은 예전에 그랬던 방식으로 지금도 일한다. 인간의 몸통 안에서 바지런히 일하

• 바다로 돌아간 대형 포유류인 고래는 미오글로빈(myoglobin) 단백질을 써서 산소를 보관한다. 영국 리버풀 대학 마이클 버렌브링크Michael Berenbrink는 적색을 띠는 고래 근육의 미오글로빈 분자를 연구했다. 그는 너무 많은 글로빈 분자가 서로 뒤엉키지 않고 별 탈 없이 존재할 수 있는 화학적 장치가 있을 것이라 가정하고 그 증거를 찾아왔다. 마이클은 육상 포유류 미오글로빈보다 바다 포유류 미오글로빈에 양전하를 띤 아미노산이 풍부한 덕분에 분자 간 반발력이 생기고 서로 엉키지 않는다고 보고했다. 흥미로운 사실은 그가 아미노산 서열을 재구성하고 그것을 잠수시간과 연결했다는 점이다. 그 상관성 데이터를 참고하면, 약 5,300년 전 고래 조상 파키세투스(pakicetus)는 90초 이상 잠수할 수 없었다. 1,500만 년 뒤 고래는 최대 17분까지 잠수할 수 있었다. 요즘 고래는 1시간 정도는 거뜬히 잠수한다. 잠수에 적응한 인간 형질을 다룬 논문이 2018년 《Cell》에 발표된 적도 있었다. 바자우(Bajau)족 주민들은 유전적으로 큰 비장(spleen)을 가지고 바닷속 깊이 70미터까지 잠수한다. 커다란 비장을 수축하여 산소를 운반하는 적혈구를 활발히 순환시키면 산소 공급이 늘어난다는 것이다. 게다가 비장의 크기를 결정하는 유전자도 알려졌다. 웨델 바다표범도 깊이 잠수하며 다른 장기보다 커다란 비장을 가진다고 한다. 제주 해녀들은 어떤 잠수 적응 형질을 가졌을까?

는 미토콘드리아의 총 숫자는 대장에 우글거리는 장내 세균을 압도한다. 얼핏 계산해도 수백조 개가 넘는 미토콘드리아는 사람 체중에 육박하는 양의 ATP를 매일 만들어 순환시킨다. 세포는 에너지 통화인 ATP를 저장하지 못하기 때문이다.

(표9) 포유동물 세포당 미토콘드리아 DNA 분자 및 미토콘드리아 수
(《*Journal of Cellular Physiology*》, 제136권, 507, 1988)

세포 유형	미토콘드리아 수(/세포)
토끼 폐 대식세포	677 ± 80
토끼 복강 대식세포	83 ± 17
마우스 LA9 섬유아세포	281 ± 50
인간 폐 섬유아세포	316 ± 63
랫 L8 골격근 세포	140 ± 27

동물이 코와 입을 통해 호흡하든 세포가 영양소를 산화시키느라 호흡하든 이 두 과정의 목표는 같다. 산소를 미토콘드리아에 전하는 일이다. 표에서도 보겠지만 우리 몸을 구성하는 세포 하나에 든 미토콘드리아의 수는 평균 200개 정도다. 여기에 세포의 수를 곱하면 미토콘드리아의 규모를 짐작할 수 있을 것이다. 흥미로운 사실은 세포 대다수를 차지하는 적혈구에 미토콘드리아가 없다는 점이다. 왜 그런지 정확히 아는 사람은 아무도 없다. 최근 나는 적혈구 미토콘드리아

까지 나서서 ATP를 만드는 일이 무척 비경제적인 사업이 아닐까 하는 생각이 얼핏 들었다. 게다가 적혈구에는 핵도 없다. 돌연변이가 일어날 싹을 아예 없애 버린 것이다. 수학자가 나서서 에너지와 산소의 짝 반응을 계산하고 세포의 수로 바로잡는 작업이 이루어지면 뭔가 그럴싸한 가설 하나쯤은 나오리라 공상한다.

세포 수준에서 일어나는 미세 호흡은 나중에 살펴보도록 하고 여기서는 폐로 공기를 집어넣는 과정을 차분히 생각해 보자.《호흡의 기술*Breath*》에서 제임스 네스터James Nestor는 인간이 한 번 호흡하는 데 3.3초가 걸리고 평균 70세를 사는 동안 6억 7천만 번 숨을 쉰다고 말했다. 인간은 1분에 약 16회 숨을 쉰다는 얘기도 자주 들었다. 그런데 대체 무엇이 문제란 말인가? 제임스는 동물 왕국에서 최악의 호흡을 하는 존재로 주저 없이 인간을 꼽았다.

제임스의 결론은 인간의 "뇌가 커지는 대신 기도가 좁아졌다." 는 것이다. 추운 기후에 적응하기 위해 코가 점점 길고 좁아진 일, 목소리를 내기 위해 후두가 아래로 내려가 입 뒤쪽 공간이 넓어진 일은 인류 모두에 공통된 적응 현상이었고 음식이 기도를 막아 질식사하는 경우가 없지는 않았지만 그것만으로 호흡이 큰 영향을 받지는 않았다. 중세 시대 프랑스 파리의 지하 공간에 묻힌 시체의 두개골만 보아도 그들은 행복하게 숨을 쉬었다. 산업 혁명이 일어나기 전까지는.

뮤잉

치과의사인 마이클 뮤Michael Mew는 '혀 뻗치기' 운동을 권하는 사람으로 유명하다. 혀를 입천장에 넓게 닿도록 대면 입천장을 확장해서 기도를 넓히고 숨을 편하게 쉴 수 있다는 '뮤잉(mewing)'은 유튜브에서 쉽게 찾아볼 수 있다. 뮤잉을 하면 덤으로 잘생겨진다고 사람들은 믿는다. 뭐 손해 볼 행동은 아닌 것 같으니 심심하면 한번 따라 해 보자.

제임스나 마이클 모두 산업 사회가 개시된 후 인류의 호흡이 악화일로에 있다고 한탄한다. 과거 우리 조상들이 이와 턱을 사용했던 방식에서 크게 벗어나 마땅히 이와 턱이 해야 할 일을 산업화된 음식물에 맡기는 인류사적 사건이 벌어진 것이다. 모유 대신 젖병에서 우유를 빨고 이유식으로 작은 병에 든 잘게 갈린 음식물을 먹는 탓에 이를 사용할 일이 현저히 줄어들었다. 어려서 이를 사용하지 않으면 (이건 전적으로 부모들 문제이지만 진짜 문제는 부모들도 그 사실을 모르고 인식하지 못한다는 데 있다) 치조궁과 코곁굴(부비동) 뼈의 성장이 더디게 진행된다. 어려서부터 코가 막히는 일이 생기는 것이다.

어릴 적 나도 축농증(코곁굴염, 부비동염) 수술을 받은 적이 있다. 소읍(小邑)의 의사는 엎드려 책을 보았기 때문이라고 진단하면서 수술을 권했다. 수술대에 누워 있는 순간은 누구나 겁에 질리겠지만 실상 별 기억은 없는 대신 콧속에 붕대가 무한정 들어갈 수 있구나 하며 놀랐던 느낌은 생생하다. 콧속은 넓다. 얼마나 넓을까? 임상의사들은 머리에서 뇌 든 부분, 목뼈와 턱을 뺀 나머지 빈 곳을 코가 차지

202

한다고 강조한다. 위에서부터 이마굴, 나비굴, 나비굴 앞쪽에 벌집굴 그리고 가장 규모가 큰 위턱굴로 구분된다. 우리가 숨을 쉬면 공기가 이 모든 곳을 지나간다. 콧구멍 옆 공간도 있고 가느다란 관으로 서로 연결된 곳 모두 공기가 잘 통해야 한다.

찬 바람을 마시면 코끝이 쎄하다는 표현을 쓴다. 하지만 입을 닫은 후 이 공기는 곧바로 데워져서 폐로 들어갈 때는 체온에 가까워진다. 건조한 공기를 마시면 습기를 더해 85퍼센트로 맞춘다. 코털에서 시작된 점액은 미세먼지와 세균을 1차로 거른다. 모두 코에서 벌어지는 일이다. 코곁굴은 후각과 미각 기능에도 깊이 관련이 있겠지만 최근 읽었던 흥미로운 가설은 이 공간이 뇌가 과열되는 것을 방지하는 역할을 하리라는 것이었다. 열이 날 정도로 우리가 뇌를 쓰는지에 대해선 의문이 들지만 더운 여름날이나 감기 걸려 열에 들뜬 날, 입을 벌리고 애써 숨을 쉬는 아이를 보면 그럴 수도 있겠구나 하는 생각이 든다.

청소년기를 거치면서 초가공(ultra-processed) 음식물에 노출되는 빈도는 더 늘어난다. 입도 성장하지 않아 32개의 영구치가 들어설 공간이 모자란다. 앞니와 송곳니가 앞뒤로 두서없이 자란다. 그것을 바로잡고자 어려서 교정 치료에 들어간다. 안타까운 일이지만 우리 아이들 둘 다 겪은 일이다. 중세인(그래 봐야 1천 년 전이다)과 비교했을 때 현대인은 아래턱이 이마보다 뒤로 물러났고 이가 포함된 턱 전체가 뒤로 물러나면서 전체적으로 코곁굴이 좁아졌다. 게다가 치열도 고르지 않다. 혀로 이를 밀든 아니면 입천장을 치켜올리든 그것도 아니면 자는 동안 입술에 테이프를 붙이는 한이 있더라도 코로 행복하게 호흡하는 일은, 아닌 게 아니라 신경을 좀 써야 할 듯싶다.

오른쪽 코로 숨쉬기

A. S. 바위치A. S. Barwich의 《냄새*Smellosophy*》를 읽다 코 주기(nasal cycle)라는 말을 알게 되었다. 1895년 독일의 리하르트 카이저Richard Kayser가 기술한 이 현상에 따르면 사람의 코에는 일정한 주기가 있어서 한쪽 콧구멍이 닫히면 반대쪽 콧구멍이 열리면서 번갈아 호흡하고 그 주기는 30분에서 4시간이다. 왜 이런 현상이 일어나는지는 여전히 미궁 속이지만 코 주기가 성 충동에 영향을 받는다는 사실이 알려졌다. 이와 더불어 코 안쪽 조직이 음경이나 클리토리스처럼 발기조직이라는 점도 알게 되었다. 후각을 연구하는 사람들은 효율적으로 냄새를 맡고자 신체가 공기의 흐름을 바꾼다는 가설을 주장하기도 했다. 코가 감염되면 코 주기가 뚜렷해지고 빨라지는 것은 실험적으로 증명되었다. 가설이 어떻든 결국 코 주기도 산소를 폐로 '잘' 집어넣는 방편이 아니겠는가? 코 주기와 관련된 재미있는 연구 결과 하나만 소개하자. 요가 좀 할 것 같은, 고팔 크루쉬나 팔Gopal Krushna Pal이란 과학자는 오른쪽 콧구멍으로 호흡하는 일이 교감 신경계를 흥분시킨다고 말했다. 그러면 혈액이 빠르게 돌고 심박수가 늘어난다. 반면 왼쪽 코로 숨을 쉬면 부교감 신경계가 활성화된다. 혈압을 떨어뜨리고

정서적 안정감을 부여한다는 뜻이다. 앞으로 시험 볼 일이 더 있을지 모르겠지만 피험자가 1인 임상 시험을 해 봐야겠다.•

코로 숨쉬기

코 내부의 공간은 약 100세제곱센티미터다(206쪽 그림). 당구공 한 개 부피에 해당하는 양이다. 숨을 들이마실 때 폐 안으로 들어오는 공기의 양은 500밀리리터 정도다. 밀리리터와 세제곱센티미터는 같은 단위이므로 코 부피 다섯 배 정도의 공기가 우리 몸으로 들어오는 셈이다. 이중 헤모글로빈의 철 원자와 산소가 결합하는 장소인 폐포 근처에 도달하는 공기는 350밀리리터다.•• 약 30퍼센트의 공기는 코로 들어오되 상기도 등 공기 통로에 잠시 들어섰다가 되돌아간다.

시속 8킬로미터 속도로 움직이는 공기에는 먼지나 꽃가루 같은 이물질이 섞여 있다. 콧구멍 바깥쪽 아래코선반의 발기성 조직은 점액으로 덮여 있다. 소화기관에서와 마찬가지로 술잔세포가 자리하는 것이다. 그 옆에는 이동성이 있는, 여러 벌의 섬모를 가진 세포들이 점액을 밀어낸다. 이런 섬모는 기도와 상기도에 걸쳐 분포하며 1분에

• 사족임이 분명하지만, 나 스스로 해 보겠다는 뜻이다.

•• 결국 150밀리리터의 양은 공기 통로 역할을 한다고 볼 수 있다. 따라서 특공작전 중 물속에 숨어 숨 쉴 때 굵은 대롱 부피가 500밀리리터 이상이면 뱉은 공기를 다시 마시는 꼴이 된다. 몇 차례 숨을 쉬지 않아 호흡하기 힘들어질 것이다.

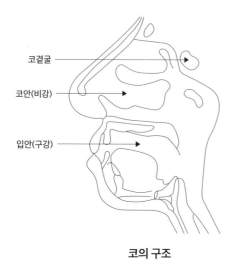

코의 구조

코곁굴

코안(비강)

입안(구강)

약 1.25센티미터씩 점액을 위로 밀어낸다. 섬모가 초당 16차례 움직이기에 가능한 현상이다. 이물질과 함께 점액은 식도와 위를 따라 소화기관으로 떨어져 소화되거나 몸 밖으로 배출된다. 입으로 숨을 쉬면 코곁굴에 깔린 점액의 긍정적 효과를 기대할 수 없다. 이를테면 이물질을 거르거나 공기를 데우고 습기를 더하는 일 등이다. 당연한 말이겠지만 자면서 코가 아니라 입으로 호흡하면 입안이 마르고 상주 세균의 분포가 달라진다. 잇몸병과 입 냄새, 충치의 첫 번째 원인이 바로 입 호흡이다. 설탕을 먹거나 식습관이 나쁘면 상황은 더욱 악화된다.

하지만 코로 숨을 쉬어야 하는 주요한 까닭은 코곁굴을 따라 흐르는 공기에 일산화질소가 섞이기 때문이다. 이 말을 이해하기 위해 우선 일산화질소가 무엇인지 잠시 살펴보자. 고등학교 화학 시간에 배운 주기율표를 떠올리면 질소는 원자번호 7번, 산소는 8번이다. 질소와 산소가 결합한 이원자 분자인 일산화질소는 흔히 자동차 배기가스로 알려진 물질이다. 하지만 이 기체를 연구한 세 명의 과학자에게 노벨상을 안겨 준 물질이기도 하다. 우리 세포핵 안에는 이 기체를 만드는 단백질을 암호화하는 유전자가 있다. 일산화질소 합성효소라 불리는 이 단백질은 앞에서 살펴본 요소회로 중간체 물질을(아르기닌(arginine)이다) 변화시켜 기체 화합물을 만든다. 요소회로를 3분의 1바퀴쯤 거꾸로 돌리는 모양새로 간세포에서 일산화질소 한 분자가 만들어지면 대차대조표는 마땅히 요소에 들어갔을 질소 하나를 기체 화합물이 갈취한 꼴이 된다. 물론 요소회로가 작동하지 않는 세포에서는 이와 같은 반응이 진행되지 않는다. 어쨌든 이 순간 중요한 것은 일산화질소가 혈관을 확장하는 물질이라는 점이다. 일산화질소는 대개 세 종류의 세포에서 주로 만들어진다. 혈관 안벽을 둘러싼 혈관 내피세포, 신경세포 그리고 세균을 감지한 대식세포. 혈관 내피세포와 신경세포는 적은 양이지만 쉼 없이 일산화질소를 합성한다. 대식세포나 앞에서 언급한 간세포, 섬유아세포는 외부 자극을 받아야만 유전자를 발현하고 단백질을 만들어 대량의 일산화질소를 합성한다.

코곁굴에서 일산화질소를 만드는 일이 왜 중요할까?《호흡의 기술》에는 '코 호흡만으로도 일산화질소의 양이 6배 늘고 입으로만 호흡하는 것보다 약 18퍼센트 더 많은 산소를 흡수할 수 있다.'고 한다. 처음에 나는 이 문장을 이해하지 못했다. 우선 코 호흡을 하면 왜 일산화질소의 양이 늘어날까? 가능성은 둘 중 하나다. 코곁굴에서 늘

일산화질소를 만든다고 해 보자. 이를테면 혈관 내피세포나 신경세포처럼 항상 활성이 있는 효소가 코곁굴에서 발현된다면 가능한 일이다. 1999년 발표한 논문에서 스웨덴의 J. 룬드버그J. Lungberg와 E. 와이츠버그E. Weitzberg는 특별히 효소의 유형을 밝히지 않았지만 코곁굴에서 '늘' 이 기체를 만들 것이라는 뉘앙스를 풍기며, 다음과 같은 그래프를 제시했다. 코곁굴에서 공기를 계속 빼내면 일시적으로 일산화질소의 양이 줄어들었기 때문이다. 여담이지만 코곁굴이 없는 유일한 포유동물인 개코원숭이(baboon) 날숨에는 일산화질소가 거의 발견되지 않았다. 이 두 과학자는 효소 저해제를 투여하거나 효소에 항체를 붙여 염색하는 방식으로 우리가 내쉬는 공기 중에 일산화질소가 존재함을 증명했다. 날숨에 일산화질소가 있으면 들숨에도 있을 것이다. 그리고 이 물질이 폐로 들어가 유익한 뭔가를 해야만 코로 호흡하

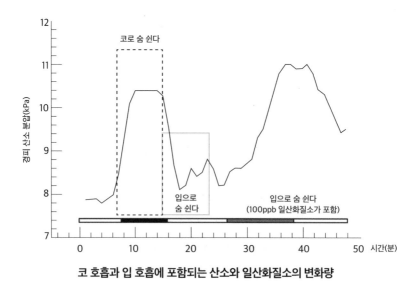

코 호흡과 입 호흡에 포함되는 산소와 일산화질소의 변화량

는 일이 의미를 띠게 된다. 18퍼센트 산소를 더 흡수한다는 점은 내게는 별 감흥이 없다. 날숨에 충분한 양의 산소가˙ 들어 있기 때문이다. 특별한 일이 아니라면 산소는 말초 기관에 충분히 공급될 때만 중요할 뿐이고 들숨에 든 일산화질소는 코곁굴의 부피를 늘리는 바로 그 순간에 제 역할을 하는 것이다.

이제 조너선 스탬러Jonathan Stamler가 등장할 차례다. 2002년 스탬러는 '인간 호흡 주기에서 일산화질소의 역할'이라는 제목으로 《Nature Medicine》에 논문을 발표했다. 적혈구가 주변의 산소압 변화에 반응하여 혈관을 확장하거나 수축한다는 내용이었다. 적혈구가 산소뿐만 아니라 일산화질소도 싣는다는 사실을 스탬러 연구진이 처음 밝혔다. 싣고 간 일산화질소를 모세혈관에 내놓고 혈관을 확장하면 편안하게 적혈구가 이동할 수 있을 것이다. 좋은 일이다. 하지만 필요한 곳에 산소를 부릴 수도 있어야 진정한 순환계 역군이 될 수 있다. 꾸준히 연구를 계속한 스탬러 연구진은 마침내 일산화질소가 산소가 부족한 조직에 가서 모세혈관을 확장할˙˙ 뿐만 아니라 헤모글로빈에

˙ 인공호흡을 해도 별문제가 생기지 않는 이유는 날숨에 산소의 양이 충분하기 때문이다. 온대 지방 사람의 들숨에는 21퍼센트, 날숨에는 16퍼센트의 산소가 들어 있다. 아마 최대한 산소를 이용할 상황을 대비한 일종의 완충 장치일 것이다. 적도 지방에서 정맥을 거쳐 돌아오는 혈액에는 산소의 양이 더 많다. 독일의 의사 마이어는 동인도 제도 노동자의 정맥혈을 조사하면서 이 사실을 알게 되었다. 라부아지에 영향을 받아 음식물 속에 든 화학에너지가 운동에너지나 열에너지로 바뀔 뿐 총량은 변하지 않는다는 열역학 제1 법칙이 바로 이런 관찰 결과에서 비롯했다.

˙˙ 일산화질소는 주로 혈관 평활근에 작용하는 것으로 알려졌다. 모세혈관에는 평활근 대신 혈관 주위 세포(pericyte)가 포진하고 있다. 일산화질소는 망막 혈관 주위 세포에 작용하여 혈관 확장 효과를 나타낸다. 하지만 상황은 훨씬 복잡해서 혈관 수축이나 칼슘 신호에도 일산화질소가 관여한다는 연구 결과가 많다. 확실한 것은 큰 혈관과 모세혈관의 생리학은 크게 다르다는 점이다.

서 산소도 떨구어 낸다는 사실을 확인했다. 혈관 내피세포의 일산화질소 합성효소 유전자를 없애 버린 마우스 적혈구는 충분한 양의 산소를 싣고 전신으로 급파되었지만 정작 산소를 부리는 중요한 일은 무위로 끝났다.

포유동물의 신체 기관이 안전하게 산소를 공급받으려면 일산화질소라는 '제3의 선수'가 꼭 필요하다. 2011년 미국 생리학회지가 발행하는 《포괄적 생리학Comprehensive Physiology》이란 저널에 이런 결과를 정리한 논문을 발표한 스탬러는 혈액은행에서 보관하는 적혈구•에 일산화질소를 포화시켜 수혈하는 임상 연구를 《미국국립과학원회보》에 실었다. 2015년의 일이다. 적혈구는 코곁굴이나 폐 혈관 내피세포가 만든 질소를 얻어 이를 말초에 운반할 뿐만 아니라 환경의 산소 포화도에 따라 산소를 조직에 운반하는 수단으로 진화시켰다.

코로 숨을 쉬는 일은 산소를 미토콘드리아에 안전하게 전달하는 가장 손쉬운 방법이며 미토콘드리아는 이 물질을 전자 받개로 삼아 무수히 많은 ATP를 만들어 궁극적으로 태양에서 오는 알짜 에너지를 빼먹고 효용성이 떨어지는 적외선 전자기파를 외계로 발산한다. 그것이 생명이고 행복한 삶이다. 코로 숨을 쉬도록 애를 쓰자.

• 2013년 존스 홉킨스 연구진은 혈액은행에서 6주 넘게 적혈구를 보관하는 일은 바람직하지 않다고 보았다. 3주만 지나도 세포 탄력성이 떨어졌다. 스탬러는 수혈할 때 혈액에 일산화질소를 함께 넣어 줄 것을 권고한다. 또 일산화질소는 점막 섬모의 운동을 촉진하기도 한다.

공기 뱉기

《이산화탄소CO_2》를 쓴 옌스 죈트겐Jens Soentgen과 아르민 렐러Armin Reller는 첫울음을 떼는 순간부터 신생아가 지구 탄소 순환에 참여한다고 말했다. 참 의미심장한 말이다. 날숨에는 이산화탄소가 4퍼센트들어 있고 12시간 동안 약 350그램의 이산화탄소를 입으로 배출한다는 수치를 제시했다. 1900년 인간을 대상으로 직접 얻은 실험값을 참고하면 시간당 우리는 약 44그램(⇒ 215쪽)의 이산화탄소를 내뱉는다. 이는 최근에 얻은 수치보다 2배가량 많다. 아마도 저울의 좋고 나쁨을 반영하는 결과일 것이다. 몇 가지 데이터를 종합하면 사람은 시간당 25~30그램 정도의 이산화탄소를 대기 중으로 돌려놓는다. 이 수치는 생물학적으로 무엇을 의미할까? 이때 이산화탄소는 무엇이 변해서 생긴 기체일까?

호주 뉴사우스웨일스 대학 루벤 미어맨Ruben Meerman 연구진이 사람들에게 체중이 줄어드는 일이 무엇이라고 생각하느냐 묻자, 그들 대부분은 지방이 에너지나 열로 변하는 현상이라고 대답했다고 한다. 열이나 에너지는 무게가 없으며,● 따라서 질량 보존의 법칙에 어긋나는 답변이다. 어떤 사람들은 지방이 똥으로 배설되거나 아니면 근육으로 바뀐다고 말했다.

정상적인 사람들이 살면서 쓰는 것보다 더 많은 양의 영양소를

● $E = mc^2$을 들어 에너지와 질량의 호환성을 언급하면 별로 할 말은 없다.

먹으면 과도한 양의 탄수화물이나 단백질은 중성지방으로 변해 지방세포 안 지질 소체에 저장된다. 단백질의 양은 일정하게 유지되는 한편 탄수화물은 간과 근육에 일정량 저장되었다가 굶거나 일하는 동안 소모되는 일을 되풀이한다. 넘치는 식이 지방은 분해되거나 다시 저장 형태로 에스테르화하는 것 말고 다른 대사체로 변하지 않는다. 따라서 체중을 줄인다는 말은 지방 비율이 적은 상태의 몸무게를 갖는 것, 생화학적으로 말하면 지방세포에 저장된 중성지방을 대사한다는 뜻이 된다.

지방의 연소를 숫자로 살펴보자

1960년대 J. 허쉬J. Hirsch의 연구 결과를 바탕으로 평균 중성지방의 화학식은 $C_{17.4}H_{33.1}O_{2.1}$•으로 알려져 있다. 60년이 넘었지만 최근에 측정한 값과 크게 다르지 않다. 이 중성지방은 홀로 존재하는 것이 아니라 글리세롤 옷걸이에 걸려 있다. 이 옷걸이에는 예외 없이 세 벌의 지방산이 걸린다. 그러면 이들의 화학식은 $C_{54.8}H_{104.4}O_6$가 된다. 짐작하다시피 이는 글리세롤 옷걸이와 세 분자의 중성지방을 구성하는 원소를 모두 더한 값이다. 이들이 산화되면 반응식은 다음과 같다.

● 가장 보편적인 지방산은 올레산(oleic acid), 팔미트산(palmitic acid), 리놀레산이다. 만일 글리세롤이 이들 지방산과 에스터 결합을 하면 화학식은 $C_{55}H_{104}O_6$이다.

$$C_{55}H_{104}O_6 + 78O_2 \rightarrow 55CO_2 + 52H_2O + energy$$

이를 물질의 중량비로 다시 쓰면 다음과 같다.

860 + 2,496 = 2,420 + 936 + 에너지

여기서 에너지를 제외하고 등호 좌우의 수를 합하면 같다. 우리는 이를 흔히 질량 보존의 법칙이라고 칭한다. 이제 우리가 10킬로그램의 지방을, 흔히 말하듯 태우든지 혹은 산화시킨다고 가정하면 얼마나 많은 물과 이산화탄소가 생기는지 계산할 수 있다. 좌변의 860을 10이라고 했을 때 나머지 세 숫자의 값을 비례식으로 구해 보자.

10 + 29 = 28 + 11 + 에너지 (숫자 단위는 킬로그램)

이를 다시 쓰면 이렇다. 우리가 지방 10킬로그램을 완전히 산화시키려면 29킬로그램의 산소가 필요하다. 대사가 진행되고 나면 이산화탄소 28킬로그램과 물 11킬로그램이 만들어진다.

지방 10킬로그램에 저장된 무게(질량)는 반응 생성물에서는 어떤 비율로 나뉠까? 탄소와 수소는 각기 이산화탄소와 물로 깔끔히 나뉘지만 산소는 양쪽 모두에 끼어든다. 게다가 지방산 분자에 산소 원자 6개도 어떻게 배분되는지 알아야 이 수수께끼를 풀 수 있다. 1949년에 이런 실험이 진행되었다. 동위원소를 쓸 수 있었기에 가능했던 일이었

다. 동료들과 함께 리프슨Lifson은 지방산에 정상보다 약간 무거운 산소 원자(^{18}O)를 표지한 다음 대사 물질을 추적했다. 물속의 산소 원자는 호흡을 통해 나오는 이산화탄소의 산소 원자와 빠르게 교환되며 탄산($H_2^{18}O + C^{18}O_2 \rightarrow H_2C^{18}O_3$)을 형성한다는 사실을 확인했다. 따라서 중성지방에 있던 6개의 산소 원자는 이산화탄소와 물에 각기 2:1의 비율로 나누어지는 셈이다. 다시 말하면 산소 원자 4개는 날숨을 통해 밖으로 나가고 2개는 물에 보존된다. 물론 언젠가 나가겠지만.

이 사실을 염두에 두고 위 계산식을 정리해 보자. 중성지방($C_{55}H_{104}O_6$)에서 이산화탄소로 전환되는 원소의 수를 따져 보면 탄소는 55개(660달톤) 모두이고 산소는 4개(64달톤)이다. 따라서

$$((660 + 64)/860) \times 100 = 약 84\%$$

이산화탄소에 분배되는 중성지방의 무게비는 84퍼센트이고, 마찬가지 방식으로 물에 분배되는 중성지방의 무게비는 16퍼센트이다. 여기서 104는 물을 이루는 수소 원자의 개수이다.

$$((104 + 32)/860) \times 100 = 약 16\%$$

이제 거의 끝이 보인다. 지방 10킬로그램을 완전히 산화시키면 그중 84퍼센트, 즉 8.4킬로그램은 이산화탄소가 된다. 물론 그 나머지인 1.6킬로그램은 물이다. 쉽사리 짐작하듯 물은 오줌이나 땀, 호흡

과 똥에 섞여 우리 몸을 떠난다. 저자들이 언급했듯이 여기서 케톤체 혹은 지방 조직에 섞여 있는 질소 대사산물은 모두 무시했다. 그 양이 많지 않기 때문이다.

생리학 자료를 참고하면 체중이 70킬로그램인 성인은 이것저것 먹고 분당 약 12번 호흡하면서 1분에 200밀리리터의 이산화탄소를 방출한다. 무게로는 400밀리그램이다. 1번 호흡할 때 나오는 이산화탄소의 양은 33밀리그램, 탄소로만 따지면 약 8.9밀리그램이다. 물론 아무 일도 하지 않고 숨 쉴 때 그렇다는 말이다. 하루 8시간 기초대사량의 2배에 해당하는 강도로 일을 하면 저 사람은 740그램의 이산화탄소, 203그램의 탄소를 잃는다. 설탕 500그램에 든 탄소의 무게가 약 210그램이다. 8시간 일하는 동안 약 15분을 격하게(기초대사량의 7배) 뛰었다면 44그램의 탄소가 추가로 배출된다. 전부 합해 약 220그램의 탄소가 몸 밖으로 유실된다. 탄소의 양이 약 40그램인 머핀 100그램짜리 하나를 먹으면 15분 정도 격렬하게 뛴 만큼의 에너지가 고스란히 몸 안으로 들어온다. 열심히 뛰어 봐야 먹는 빵 쪼가리 한쪽을 당해 낼 재간이 없다.

이 순간, 잠시 잊고 있던 결론을 떠올리면 폐는 우리 몸에서 지방

- 이왕 계산한 김에 마저 끝내자. 33밀리그램 × 12 = 400밀리그램. 따라서 1분에 약 0.4그램의 이산화탄소가 나온다. 1시간에는 25그램 정도다. 힘들게 일하면 배출되는 이산화탄소 양도 증가한다. 본문에서처럼 2배라면 시간당 약 50그램, 8시간이면 전부 400그램의 이산화탄소, 거기에 나머지 14시간 동안 350그램의 이산화탄소를 배출하면 하루 약 750그램의 기체가 대기로 환원된다. 또 다른 논문에서 발췌하여 만든 표(10)를 보면 사람은 1시간에 약 44그램의 이산화탄소를 배출했다. 또한 분당 12번 숨을 쉰다는데, 이는 앞에서 언급한 분당 16번보다 적다. 하지만 논문에 제시한 값으로 계산하기 위해 그대로 가져다 썼다.

의 일차 배설기관이라는 사실이다. 지방에 결박된 탄소를 구해 내는 일이 우리가 늘 갈구하는 살을 빼는 과업이다. 그러나 그 일은 생각보다 쉽지 않다. 갓 스물을 넘긴 내가 군대에 있을 때 서른 가까운 고참은 늘 이렇게 말했다.

"그렇게 뛰어댕기지 말고 그냥 밥을 한 끼 굶어."

애트워터-로사-베네딕트 호흡 열량계에 감금된 사람의 체중

1900년 미국 월간《*Popular Science*》9월 호에 실린 재미있는 인간 실험 결과를 잠깐 살펴보자. 코네티컷 웨슬리언 대학 에드워드 로사 Edward Rosa, 1873~1921가 쓴 논문이다. 그는 피험자를 180세제곱피트 열량계*에 며칠 살게 하면서 체중을 쟀다. 우리에게 익숙한 식으로 환산하면 약 5.1세제곱미터다. 감옥 독방 정도의 면적(3.4제곱미터, 대략 1평)에 서 있기에는 좀 답답한 1.5미터 높이의 방이라고 보면 된다. 궁금해서 미국 보스턴 인근 콩코드 월든 호숫가에 있었다던 자연주의자 헨리 데이비드 소로Henry David Thoreau의 집 면적을 수소문해서

● 1892~1897년에 로사는 프랜시스 베네딕트Francis Benedict, 1870~1957와 윌버 애트워터Wilbur Atwater, 1844~1907와 함께 체내에서 소비되고 있는 에너지의 양을 측정하기 위해서 발생하는 에너지(열량)를 측정하는 인간 열량계를 만들었다. 장치를 고안한 사람의 이름을 따서 애트워터-로사-베네딕트 호흡 열량계(Atwater-Rosa-Benedict respiration calorimeter)라고 한다. 이 열량계로 인간의 에너지 보존 법칙을 입증했다.

(표10) 애트워터-로사-베네딕트 호흡 열량계로 측정한 피험자의 열량 변화

시간	활동	입력(그램)		시간	활동	출력(그램)	
				07:00-08:00	호흡	45	
08:00	아침식사	675		08:00-10:30	호흡	110	
10:30	물		200	10:30-13:00	호흡	110	
				13:00	오줌		341
				13:00-13:30	호흡	28	
13:30	점심식사	804		13:30-15:30	호흡	110	
15:30	물		200	15:30-17:00	호흡	83	
				17:00	오줌		387
				17:00-18:30	호흡	84	
18:30	저녁식사	891		18:30-19:00	호흡	25	
				19:00	오줌		300
				19:00-22:00	호흡	138	
				22:00	오줌		361
				22:00-22:30	호흡	12	
22:30	물		193	22:30-01:00	호흡	126	
				01:00	오줌		300
				01:00-07:00	호흡	254	
				07:00	오줌		166
합계		2,370	593	합계		1,125	1,855
합계(첫 날)		2,963		합계(첫 날)		2,980	
				07:00-08:00	호흡	46	
08:00	아침식사	675		08:00-10:00	호흡	92	
				10:00	똥		217
				10:00-10:30	호흡	23	
10:30	물		200	10:30-13:00	호흡	115	
				13:00	오줌		380
				13:00-13:30	호흡	22	
13:30	점심식사	804		13:30-15:30	호흡	91	
				15:30	오줌		300
				15:30-18:30	호흡	136	
18:30	저녁식사	892		18:30-19:00	호흡	23	
				19:00	오줌		377
				19:00-22:00	호흡	137	
				22:00	오줌		400
				22:00-22:20	호흡	11	
22:20	물		190	22:20-01:00	호흡	125	
				01:00	오줌		375
				01:00-07:00	호흡	238	
				07:00	오줌		147
합계		2,371	390	합계		1,059	2,196
합계(둘째 날)		2,761		합계(둘째 날)		3,255	
합계(이틀)		5,724		합계(이틀)		6,235	
				입력-출력(이틀)		-511	

찾아보니 14제곱미터(대략 4평)였다.

인간도 에너지 보존의 법칙을 준수하는 '물질계'에 불과하다는 사실을 실험적으로 증명하고자 했다는 이 논문 제목은 '엔진으로서 인간의 신체'였다. 20세기 첫해, 당시 기술 수준을 반영이라도 하듯 1시간에 배출되는 이산화탄소의 양은 40~50그램에 이른다. 최신 생리학 문헌에서 제시한 값의 거의 2배에 이른다. 그렇지만 흥미로운 데이터임은 부인할 수 없다. 그래프로 표시한 것을 보기 좋게 (표10)으로 정리했다. 오줌으로 배출되는 양이 똥으로 배출되는 양보다 훨씬 많다. 새삼 놀랍다.

온통 물 천지

세포는 유기물질을 산화하면서 에너지를 회수하고 부산물로 물을 생산한다. 이를테면 분자식이 $C_{16}H_{32}O_2$인 팔미트산에서는 최대 16분자의 물이 만들어질 것이라고 예상할 수 있다. 앞에서 한 번 계산했듯, 수소의 숫자로부터 추론했다. 하지만 실제로는 146분자의 물이 만들어진다. 전자 전달 마지막 단계에서 산소가 전자를 받아 물이 만들어지는 것은 누구나 알고 익숙한 일이지만 ATP가 만들어질 때도, 반응 중간에 물이 생기기 때문이다.

1. $ADP + Pi \rightarrow ATP + H_2O$

2. $2e^- + 2H^+ + 1/2O_2 \rightarrow H_2O$

우리가 하루에 먹는 음식물을 산화하는 동안 생기는 물의 총량은 약 3킬로그램이다. 3,397~2,787그램이다. 엄청난 양이다. 하지만 교과서에는 인간이 하루에 만드는 대사수의 양이 200~300그램 정도라고 한다. 왜 이런 차이가 생길까?

대사 과정에서 생긴 물 대부분이 재순환하기 때문이다. 이를테면 ATP를 만들 때 나온 물은 이들이 분해될 때 다시 사용된다. 《숫자로 풀어가는 생물학 이야기 Cell Biology by the Numbers》에서 론 마일로는 인간이 하루에 만드는 ATP의 양이 약 100킬로그램에 이른다고 보았다. ATP의 분자량을 500그램/몰이라고 어림했을 때 대사 과정에서 생긴 물의 양은 약 200몰이다. 화학량론대로라면 물 200몰이 생겼다가 여러 경로를 거쳐 사라진다. 이를 무게로 치면 거의 4킬로그램에 육박한다.

대사 과정에서 생긴 물은 가수분해라고 하는 소화 과정에서 상당 부분 다시 쓰인다. 사막에 사는 여우가 물을 적게 먹어도 살 수 있는 까닭은 여분의 대사수를 재활용하는 생명체 대사의 기본 특성에서 비롯된다. 생체 내부에서 진행되는 가수분해는 대부분 소화기관에서 이루어진다. 인간이 음식물을 소화하는 동안 장 안으로 쏟아졌다가 다시 재흡수되는 물의 양이 거의 10리터에 이른다는 점을 생각하면 우리 몸속의 물은 그야말로 장강을 흐르는 강물처럼 온 대지를 먹여 살리는 젖줄이 아닐 수 없다. 날마다 우리 폐를 통과하는 약 14킬로그램의 공기와 세포가 소비하는 약 800그램의 산소가[*] 우리가 먹는 음식이나 운동 못지않게 중요할 수밖에 없다. 산소는 물로 변하고 재사용되거나 배설된다.[**]

좀 더 해상도를 높여 바라보면 물은 생물학의 매질이다. 객석의 주목을 거의 받지는 않지만 물은 사실상 주인공이다. 과학자들은 대장균의 대사체 중 99.4퍼센트가 물이라는 계산값을 내놓았다. 이렇게 압도적인 숫자 때문에 물은 아예 주인공 역할 대신 배경으로 만족하는지도 모르겠다. 세포 대사 과정의 약 3분의 1에서 절반 정도는 물을 소비하거나 만들어 낸다. 대사 경로를 표기할 때 생화학자들은 아예 물을 표시조차 하지 않는다. 물은 효소 반응의 재료이며 중간체, 보조효소 또는 반응 생성물인데도 말이다.

공기 먹기

소화기관 안의 공기는 밥 먹거나 말하다가 삼킨 것도 있고 소화 과정

- 공기의 분자량은 28.97이다. 하루 14킬로그램의 공기는 약 483몰에 해당한다. 여기에 22.4를 곱해 몰당 부피로 환산하면 약 11,000리터다. 매일 우리는 이만큼의 공기를 들이마신다. 약 7평인 내 사무실의 높이를 2미터라고 가정할 때 나는 하루 동안 내 사무실 부피의 2배가 넘는 양의 공기를 폐로 집어넣는다. 잠잘 때도 포함해서다.
- 들어가는 말에서 '감지하지 못하는' 땀 얘기를 했었다. 숨을 내쉬는 동안 이산화탄소와 함께 몸 밖으로 나가는 물의 양이 우리가 먹는 양과 화학적으로 상응하면 중성지방이 축적되는 일은 상당히 드물 것이다.

의 부산물로 생긴 것도 있다. 말을 많이 해도 공기가 위와 장으로 들어간다. 앞에서 등장한《이산화탄소》의 저자, 쾬트겐과 렐러는 수다*를 '소리로 된 날숨'이라고 묘사했다. 하지만 내가 보기에 수다는 들숨이기도 하다. 먹는 중에 위로 들어간 공기는 트림을 통해 입으로 나오기도 하지만 더 안쪽 소장으로 들어가기도 한다. 위(胃)에 든 기체에는 산소가 약 15~16퍼센트, 이산화탄소가 5~9퍼센트 포함된다. 물론 나머지는 질소다. 공기와 달리 산소는 적고 이산화탄소는 많은 편이다. 여기서 산소 일부는 아마도 위 표면을 흐르는 모세혈관으로 흡수된다. 놀라운 일이다. 대체로 두 가지 경로를 거쳐 위 속의 이산화탄소 농도가 늘어난다. 하나는 혈액에서 확산해 오는 경우이고 나머지는 중탄산이 수소 이온과 반응할 때이다. 이 반응은 위액의 산도가 낮을수록, 다시 말하면 수소 이온 농도가 많을수록 활발히 진행된다.

숨을 쉬거나 밥을 먹는 동안 한 번에 약 8~32밀리리터 정도의 공기가 위로 들어간다. 아이들 소화기관에 든 기체의 70퍼센트는 삼킨 공기다. 이런 공기의 양이 많으면 위가 빵빵해질 것이다. 그러면 우리 몸은 트림해서라도 그 공기를 배출하려 한다. 대개 소화기관에는 200(150~500)밀리리터가 안 되는 기체가 들어 있다. 약간의 산소와 이산화탄소를 흡수한 소장은 이 기체를 빠르게 대장으로 인계한다. 이 기체가 어떤 이유로든 정체되면 배가 아프다. 하지만 소장이 정

● 수다는 한자도 아니고 어원도 확실히 알려지지 않았다. 용(龍)자 네 개를 합쳐 놓은 것이 수다스러울 절자라고 한다. 믿거나 말거나 수준이다.

상적으로 움직이면 별문제 없다. 대장에서는 끊임없는 연동운동이 일어난다. 기체를 밀어낼 때도 대장의 움직임이 필수적이기 때문이다.

미국 로체스터 대학 생리학자들이 소화기관에서 기체의 양을 측정하는 논문을 발표한 해는 1947년이다. 원문을 볼 수 없어 첫 장에 제시된 내용으로만 보건대 닫힌 챔버 안에 들어간 피험자가 있는 힘을 다해 배에서 내놓은 공기의 양을 측정하여 기체 분압을 계산하는 식이었다. 하지만 매일 밖으로 빠져나오는 기체는 소화기관에 들어 있다는 양의 3배가 넘는 600~700밀리리터다. 위를 무사히 지나간 공기에 더해, 세균이 만든 기체가 두루 포함되었을 것이다. 성인 남성은 하루 평균 14번 방귀를 뀐다. 특히 밥 먹은 다음에 그렇다. 누가 그걸 세지는 않겠지만 25차례까지는 정상 범주에 들어간다고 한다.

1998년, 간이나 담도를 다루는 소화기 내과의사들이 자신들 분야에서 최고로 치는 잡지인《위장관학Gastroenterology》에 차살리실산비스무트(bismuth subsalicylate)가 인간 대장에서 황화수소의 분출을 방지한다는 논문이 실렸다. 구미가 당기는 제목이다. 약 이름은 상당히 어려워 보이지만 별거 없다. 국내에서도 팔리고 있는 이 약물은 설사를 멈추는 지사제 성분이다. 방귀의 독한 냄새를 줄이고 궤양성 대장염을 치료하고자 하는 것이 미국 연구진들의 목적이었다. 설사를 줄이는 동시에 방귀의 냄새를 좀 누그러뜨릴 수 있다면 그것도 나쁘지는 않겠다. 하지만 놀라운 점은 똥을 만드는 중에도 방귀만 선별해서 밖으로 내보낼 수 있다는 사실이다. 가벼운 기체가 고체인 똥을 뚫고 무사히 지나가 몸 밖으로 홀로 나가는 기예를 부리는 조임근의 재주는 5장에서 자세히 살펴보겠다.

모든 사람이 트림이나 딸꾹질을 하지만 딱히 그것을 질병으로 여지기는 않는다. 하지만 정도가 심하면 치료해야 하는 것도 사실이다. 트림은 식도에서 인두로 소리 나게 공기가 나가는 현상이다. 위트림(gastric belching)은 식도 아래 조임근이 일시적으로 이완하는 틈을 타고 위 안의 공기가 식도로 나가는 현상이다. 소화기관에 들어온 공기가 더 안쪽 소장으로 들어가지 못하게 막는 일종의 반사 작용이라고 볼 수 있다. 이렇게 식도로 공기가 들어오면 압력이 증가하고 식도 위쪽 조임근이 열리며 입 밖으로 공기가 나간다. 이런 위트림은 의식이 전혀 관여하지 않는 순전히 반사 행동이고 하루 25~30번 정도 일어난다. 너무 많은 것은 아닐까? 괜찮다. 지극히 정상이다. 또 다른 형태의 트림은 위상부(supragastric) 트림이다. 삼킨 공기가 식도에 머물다 배출되는 현상이며 위트림보다 더 잦아 1분에 20회가 넘게 꺽꺽거릴 수 있다. 위상부 트림 증상은 심리적 요소가 중요한 역할을 한다고 알려졌다. 잠을 자거나 친구들하고 편히 얘기할 때는 트림하는 횟수가 줄지만 누가 자신을 보고 있다는 느낌을 받으면 트림 증세가 심해지기 때문이다. 불안을 동반한 일종의 스트레스 장애가 되는 셈이다.

우리는 흔히 대장 안에는 산소의 양이 많지 않다고 생각한다. 트림을 통해 밖으로 나오지 못하고 소장을 지나 대장에 이른 공기에 산소의 양이 위(胃)처럼 15퍼센트 정도라면 혐기성 세균들의 생존이 위태로울지도 모르겠다. 항문으로 공기를 부지런히 빼내는 행동이 과연 산소를 꺼리는 세균의 안녕과 복지에 공헌하는 일일까? 사람을 대상으로 분석한 데이터는 없지만 마우스 대장에서 측정한 산소의 양을 보면 장 내강에 가장 가까운 점막 상층부의 산소 농도가 0.1~1퍼센트로 가장 낮게 유지된다. 벽으로 갈수록 산소 농도는 올라가 혈관이 가지를 친 점막 아래는 6퍼센트, 근육층은 7~10퍼센트이다. 이렇게 증가된 산소는 혈관을 통해 들어온 것들일 것이다. 쥐들이 입으로 얼마나 공기를 먹고 방귀를 뿡뿡 뀌는지 모르지만 여하튼 대장 내강의 산소 농도는 무척 낮게 유지되는 것은 틀림없다. 방귀를 뀌는 일이 대장 안 산소의 양을 줄여 세균들이나 저산소 조건에 적응을 마친 상피세포를 위험에 빠지지 않도록 배려하는 현상이 아닐까 생각된다. 직장을 통해 산소를 집어넣으면 무슨 일이 벌어질까?

실제 이런 실험을 진행한 사람들이 있다. 그들은 산소가 들어 있는 기체가 충분히 녹은 액체를 마우스, 랫, 돼지에게 관장하듯 항문을 통해 직장에 투여했다. 그런 뒤 실험동물을 저산소 환경에 노출한 뒤 생존율을 조사했다. 과거 해삼이나 미꾸라지 혹은 메기를 대상으로 이런 실험이 진행된 적이 있었다. 아마도 양식에 필요한 정보를 얻기 위한 목적이었을 것이다. 직장이 산소를 공급할 대체 경로가 될 수 있음을 알아보려는 시도임은 짐작이 간다. 입으로 삼키기 어려운 신생아나 노인 환자에게 좌제를 쓰는 일을 우리도 잘 알고 있기 때문이다. 직장 말단에 연결된 혈관이 간을 무사통과해서 바로 심장으로 연결된 덕분에 이런 일이 가능해진다. 간에서 대사되어 효력이 크게 손실되는 약물이라면 직장은 언제든 고려할 만한 투여 장소가 되는 것이다. 아마도 이런 점을 고려했겠지만 동경대 병원이 주축인 공동연구진은 우선 기체 상태의 산소를 마우스, 랫, 돼지의 직장에 투여한 뒤 50분 저산소 조건에 실험동물을 노출시켰다. 대조군 실험동물보다 산소를 주입한 동물들이 더 오래 살아남았다. 하지만 이 시도에서는 연구진이 대장 표면을 수술적으로 가공하여 기체 투과도를 인위적으로 늘렸다는 점을 지적해야 한다. 이런 문제를 회피하기 위해 연구진은 용존 산소가 훨씬 풍부한 액체, 퍼플루오로데칼린(perfluorodecalin)•을 사용했다. 결과는? 훨씬 좋았다. 환자 상황이 심각해서 인공호흡기를 사용할 수 없거나 호흡 부전이 있다면 이런 응급 처치 방법이 현실화할 가능성은 충분하다고 볼 수 있다. 이 연구 결과는 신생 저널인《메드Med》에 2021년 게재되었다. 무척 흥미로운 논문이다.

하지만 재채기는 트림과는 전혀 다른 생리 현상이다. 재채기 (sneeze)할 때 입 밖으로 나오는 것은 무엇일까? 공기가 들락거리는 길목에 잘못 들어선 밥알 한 톨처럼 아마도 폐로 들어가서는 안 될 물질이 재채기하는 틈에 밖으로 나온다. 그러나 물이 없으면 재채기 할 수 없다. 점액은 비강을 간질거리는 여러 가지 자극 물질을 제거하여 숨 쉬는 일을 순조롭게 이루어지게 하지만 영양소를 소화기관으로 넘기거나 직장 밖으로 밀어내는 작업도 한다. 9할 이상이 물인 점액은 상처가 나거나 외부에서 침입자가 들어올 때 피부 점막을 지키는 최일선에 선다. 점액은 왜 끈적끈적할까?

• 불소와 탄소 화합물로 많은 양의 산소를 녹인다. 이 용액 안에 쥐를 넣으면 폐 호흡이 가능하다. 통증이 심하다지만.

끈적한 방어벽–점액 생물학

점막은 햇빛에 직접 노출되지 않고 늘 촉촉하게 유지되는 피부를 말한다.

_안토니오 다마지오,《느낌의 진화》

점액은 우리 몸의 상피 표면을 덧칠하는 끈적한 물질이다. 본성상 상피(epithelial)세포끼리는 서로 어깨를 맞대 세포 사이의 빈틈을 좀체 드러내지 않는다. 혈관을 구성하는 세포들도 이와 같은 물리적 특성을 갖는다. 그러므로 상피세포는 바깥과 안쪽에서 서로 다른 세계와 마주한다. 세포 한쪽 면(apical)에서는 공기나 소화효소 혹은 음식물 같은 '외부 물질'과 맞닥뜨린다. 눈과 폐는 주로 공기를, 위와 장은 장차 소화를 마치고 몸 안으로 들어올 음식물을 상대해야 한다. 상피 표면을 장식하는 눈물도, 침도, 장 점막을 구성하는 당단백질도 모두 점액이다.

항히스타민제가 든 감기약을 먹어 입이 마르면 음식물 삼키는 일이 곤혹스럽다. 누구나 경험해 보았을 것이다. 이렇듯 점액의 첫 번째 기능은 윤활 효과이다. 소화기관에 음식물을 잘 넣고 똥을 잘 빼내는 일이 바로 그것이다. 가끔은 눈물도 흘려 눈알이 부드럽게 자위 돌게 해야 하고 폐에도 무균 공기를 공급해야 한다. 그렇게 점액은 바람직한 물질은 받되 해를 끼칠지도 모를 외부 물질을 수단껏 막아 내는 물리적, 화학적 장벽이다.

소고깃국의 주된 재료는 물이다. 하지만 그 양이 워낙 많아서 흔히 우리는 소고기가 주재료라고 말한다. 점액에서 소고기에 해당하는 물질이 바로 점액소(mucin)*다. 지금껏 21가지 유형의 점액소가 알려졌다. 점액소는 탄수화물과 단백질이 결합된 형태를 취한다. 양으로 보면 다당류 탄수화물이 80퍼센트, 단백질이 20퍼센트를 차지한다. 단백질이 뼈대를 이루고 탄수화물 곁가지가 포도송이처럼 주렁주렁 매달린 모습을 연상하면 된다. 점액소는 분비되기도 하지만 상피세포막에 자리를 잡아 점막을 구성하기도 한다. 구조화학자들은 다당류를 연구하기가 가장 어렵다고 불평한다. 분리하기도 어렵고 구조를 밝힐 좋은 장비도 적은 데다 무엇보다 연구자가 드물다.

점액소의 구조적 특징은 조금 뒤에 알아보도록 하고 우선 점막이 분포한 우리 상피 조직들을 좀 더 살펴보자. 음식물이 들어가는 입과 식도 및 소화기관은 중성에 가깝다. 중간의 위와 십이지장은 강산 혹은 산성이다. 여성 생식기는 약한 산성을 띤다. 흥미로운 사실은 간과 쓸개가 약한 알칼리성이라는 점이다. 아마 쓸개즙의 산성도가 6.5~8이라는 점을 반영하는 듯싶다. 눈과 상기도 및 폐는 중성이지만 귀속 점막은 약한 산성이다. 공기나 음식물이 들고나는 통로에 점액이 있고 그 점액은 움직여야 한다. 소장이나 대장에서는 평활근 연동운동의 리듬에 맞춰 한 방향 흐름에 동참하겠지만 기도에서는 운동성(motile) 섬모(cilia)가 그 일을 담당한다.

- 점액은 주로 물(95퍼센트)과 점액소, 지방, 염류 및 방어용 항체 단백질로 구성된다.

카르타게너 증후군

부동성(immotile) 섬모 이상 운동 증후군 또는 원발성(primary) 섬모 이상 운동 증후군이라는 질환이 있다. 둘 다 섬모 이상 운동 증후군이라 하니 운동성 섬모가 제 역할을 하지 못해서 생기는 질환으로 파악하면 틀리지 않는다. 공기에 섞인 먼지나 세균은 끈적한 점액에 붙들린다. 기도 상피세포 표면에 박힌 섬모 다발이 한 방향으로 움직여, 술잔세포가 만들어지고 분비한 점액을 제거해야 한다. 상기도에 존재하는 섬모는 평생 움직여야 할 운명을 타고났다. 심장이나 콩팥처럼 명성을 얻지는 못했지만 섬모가 움직이지 않거나 제 역할을 못 하면 카르타게너 증후군(Kartagener syndrome)에 시달리게 된다. 따라서 섬모가 존재하는 곳이라면 어디서든 증세가 나타날 수 있다. 호흡계, 폐, 코곁굴 염증은 물론이고 정자와 난자의 운동성 문제로 불거지는 난임에서, 심지어 발생 과정에서 장기의 위치가 좌우로 뒤집히는 일도 생긴다. 이를테면 오른편에 있어야 할 충수(맹장염을 일으킨다고 알려진 소화기관의 일부)가 왼편에 자리한 증상도 섬모의 기능 이상과 결부된다. 분자생물학자들은 섬모에 약 1,000개 이상의 단백질이 자리 잡는다고 한다. 하지만 카르타게너 증후군을 일으킨다고 알려진 유전자는 고작 50개를 넘지 않는다.

폐나 상기도 점액은 세균이나 먼지와 함께 끊임없이 제거되어야 하겠지만 대장처럼 붙박이로 보호막 역할을 하는 점액은 상대적으로 안정해야 할 것 같다. 점액소의 종류가 많고 분비되는 장소마다 구성과 역할이 달라야 할 것은 정해진 이치지만 우리가 가진 정보는 의외로 많지 않다. 예컨대 자주 감기에 걸리는 사람들의 점액을 정상인과 비교하여 그들이 왜 바이러스에 취약한지 알아낸다면 사는 데 큰 도움이 될 것이다. 감기 바이러스와 달리 코로나19 바이러스는 점액 탄수화물에 결합하지 않는다. 호흡계 일차 방어선이 아무런 힘을 쓰지 못할 수도 있다는 뜻이다. 하지만 코로나19 바이러스도 숙주의 폐에 접근하려면 반드시 점액층을 건너야 한다. 다만 우리는 그들이 어떻게 움직이는지 전혀 알지 못할 뿐이다.

소화기관에서 점액이 세균을 대하는 방식은 두 가지로 나뉜다. 하나는 물리적 방어벽을 치는 것이다. 점성 뭐 비슷한 얘기겠지만 수렁에 빠진 것처럼 허위허위 움직이는 세균을 연상하면 너무 인간적인 비유인가? 하지만 가장 단순한 결론은 점액 때문에 세균과 상피세포 사이가 멀어졌다는 엄정한 사실이다. (표11)을 보자. 대장으로 내려갈수록 점막층이 두꺼워진다. 그러나 소화된 음식물을 흡수하는 대신 다양한 소화효소가 분비되어 세균의 수는 그리 많지 않

(표11) 소화기관의 점막 두께

	위 몸통	위 날문	십이지장	공장	회장	대장
전체(μm)	190	275	170	125	480	830
강하게 붙은	80	115	15	15	30	115
약하게 붙은	110	120	155	110	450	715

은 현황을 반영하듯 십이지장이나 공장의 점막 두께는 위보다 크지
않다.

화학 장벽은 점액에 든 리소자임(lysozyme) 같은 분해효소가 맡는
다. 또 어떤 생명체들은 방어 화합물을 직접 합성하기도 한다. 극지방
에 사는 산호 중에는 유니세롤 A(eunicellol A)라는 항생 물질을 만들어
점액에 섞는다. 친수성이 큰 점액 단백질로 세균을 잡아매기도 한다.
하지만 역시 핵심은 점액의 구조 자체에서 비롯한다. 세균막 부착 단
백질에 조응하여 생명체가 점액소의 구성을 조절하는 일이 가능하
기 때문이다. 점액 생물학자들은 이 구조물을 상호작용에 바탕을 둔
여과(interaction-based filter) 장치라고도 부른다. 점액 다당류끼리 복
잡한 망을 구성한 덕택에 세균 신호 물질의 확산이 지체되는 일도 흔
하다.

점액이 정상적으로 만들어지지 않아도 섬모 기능이 떨어진 것과
비슷한 증상이 나타난다. 낭포성 섬유증(cystic fibrosis)[•]이 대표적인 질
환이다. 백인 집단에서는 흔하지만 아시아인에게는 드물게 나타나는
낭포성 섬유증은 염소 이온(chloride)의 운반을 담당하는 단백질 돌연
변이에서 비롯된다. 여러 조직의 상피세포 표면에 이 단백질이 존재
하는 탓에 부작용도 다양해서 췌장, 호흡기 점액 분비 이상, 땀에서

• 낭포성 섬유증 돌연변이를 가진 유럽인들이 많다. 부모 중 한쪽에서만 돌연변이를 물려받는다면
  비교적 증상은 적은 대신 결핵균에 내성을 보인다는 연구 결과가 나왔다. 명백히 불리한 돌연변이
  가 집단 내에 일정한 빈도로 유지되는 일의 생물학적 의미를 쫓는 '진화 의학'이 다루는 연구 분야
  이다. 말라리아에 내성을 부여하기 때문에 사하라 사막 아래 아프리카인이 겸상적혈구증을 유지
  하는 것도 이와 비슷한 현상이다.

소금의 양 증가, 수정관 발생 이상 등 증세가 나타난다. 땀샘에서 운반 단백질은 염소 재흡수를 담당한다. 낭포성 섬유증 환자의 짜디짠 땀에는 미처 회수하지 못한 나트륨과 염소가 가득할 것이다. 한편 장이나 폐에서는 염소가 분비되지 않고 평소 이온을 따라가던 물이 줄어들어 점액이 끈적해진다. 그 정도가 심하면 장이나 췌장의 관이 막히는 일도 벌어진다. 폐에서 분비된 끈적한 점액은 평소라면 제거되었을 병원균을 기도에 머무르게 한다. 세균에 감염되는 일이 잦아지는 것이다. 췌장 소화액의 이동이 막히면 소화 장애가 뒤따를 테고 지방이나 지용성 비타민의 흡수도 현저히 줄어든다. 섬모가 짧든, 감기에 걸려 움직임이 줄어들든 점액이 부드럽게 배출되지 못하고 목에 걸려 있던 불편한 느낌을 기억해 보자.

세균이라고 당하기만 할쏘냐!

짐작하다시피 상피세포와 가까운 쪽의 점막은 세포막과 강하게 결합하고 있으며 이 안쪽 층에는 세균이 쉽사리 침범하지 못한다. 하지만 바깥쪽은 겔(gel)이 느슨하게 얹혀 있고 여기에 상주하는 세균은 무척 많다. 이들 건강한 세균 무리는 좀체 안쪽 층으로 파고들지 않는다. 다만 거기 존재한다는 이유만으로도 병원성을 띤 기회 균주를 견제하는 일이 가능하다. 병원균은 가능하면 운동성을 높이거나 점액 다당류를 갉아먹으면서 상피층에 도달하려 애쓴다.

병원균들은 부착 단백질 혹은 이동 단백질을 이용하여 숙주를 감염시키려 든다. 예를 들어 보자. 수온이 상승하면 열 스트레스에 지친 산호는 황 대사산물을 분비한다. 산호 점막 내에 이 물질이 쌓이면 비브리오(vibrio) 세균이 몰려든다. 이른바 화학주성이라 불리는 현상이다. 이들 세균은 머리카락 굵기의 약 5배에 해당하는 400마이크로미터를 1분에 주파하는 준족으로 점막층을 파고든다. 점액이 끈끈한 낭포성 섬유증 환자 기도에서도 이런 일이 벌어진다. 섬모를 움직여 점액을 청소하는 일을 게을리하면 상피세포는 염증 반응 단백질을 만들어 난국을 타개하려 한다. 하지만 정작 반응을 보이는 것들은 녹농균(*Pseudomonas aeruginosa*, 가운데귀염, 방광염의 고름증의 원인이 되며 푸르스름한 고름을 나게 하는 세균)이다. 숙주의 빈틈을 호시탐탐 노리는 세균들은 숙주의 방어 물질을 인식하는 체계를 진화시켰고 기꺼이 험지로 달려든다.

병원균은 접착 단백질을 만들고 숙주의 점막에 달라붙는다. 위염을 일으키는 세균으로 악명 높은 헬리코박터 파일로리는 점액소를 분해하는 효소를 합성하는 것으로 알려졌다. 대장균은 단백질 분해효소를 전진 배치하고 대장 점막을 뚫는다. 우리 대장에는 100조 개가 넘는 약 1,000종의 세균이 상주한다. 이들은 먹이가 부족하면 기꺼이 점막 단백질도 먹어 댄다. 주식인 식이 섬유가 부족할 때 언제든 일어날 수 있는 일이다. 하지만 끼니와 끼니 사이 먹을 것이 부족할 때도 세균은 일정량의 점액 다당류를 먹어 치운다. 따라서 일주기 리듬처럼 점액의 양도 늘었다 줄었다를 반복한다. 당연한 말이지만 점액은 끊임없이 만들어지고 분해된다.

점액과 비슷하게 세균도 수화된 복합체 화합물 층을 만들어 다세포 군집을 형성한다. 이 생체막(biofilm) 세균들은 마치 다세포 집단을 이루기라도 한 듯 영양소를 공유하고 함께 적군을 퇴치한다. 생체막은 세균이 살아가는 데 필요한 영양소가 들락거리는 경계이며 기능적으로 우리 점막과 비슷한 부분이 많다. 당이 풍부한 단백질을 동원하는 일이 그런 예이다. 구체적인 사항은 다르다고 해도 기본 원리는 같다. 이들은 자신을 보호하는 데 혹은 숙주를 침범하는 데 이 귀중한 복합 당단백질을 투자한다. 점액 단백질의 단편이 세균에서 이미 진화했다는 점을 떠올리자. 확실히 다세포 생명체의 많은 기구는 세균이나 고세균에서 왔지만 바로 그런 이유로 우리는 세균과 함께 살면서도 또 그들 때문에 고통을 겪는다. 그게 우리 생물학적 삶의 웃기고 서글픈 운명이다.

점액 만들기

사람들은 본능적으로 끈적한 점액을 유쾌하게 취급하지 않지만 점액을 치료 목적으로 쓰고자 노력하는 사람들도 없지는 않다. 예를 들어보자. 《우리는 어떻게 태어나는가How We Do It》에서 로버트 마틴Robert Martin은 이렇게 적었다.

생물 물리학자 에릭 오데블래드Eric Odeblad는 인간 점액을 서로 다른 기능을 갖는 네 가지 유형으로(G, L, P, S) 나누었다. 서로 다른 기능을 하는 점액은 자궁 목의 서로 다른 음와에서 만들어진다. 또 이 점액의 구성은 생리 주기 전반에 걸쳐 변한다. 배란 전기의 L형 점액은 비정상적인 정자가 들어오는 것을 막는다. 그렇지만 S형 점액은 정상적인 것만 선별해서 자궁 목 부위 음와로 정자를 이끈다. 이 부위에서 정자는 점액 마개에 덮여 일시적으로 보관된다. 배란기가 되면 P형 점액이 이 덮개를 녹인다. 이때 자궁 경부 음와에서 정자가 방출되며 수란관으로 이동할 수 있다. 생리 주기의 초기와 배란 후 황체기에는 G형 점액이 자궁 목 아래에서 정자가 들어오는 걸 막는다.

스웨덴 출신의 오데블래드가 〈자궁 점액의 물리학〉이란 논문을 쓴 해는 1959년이다. 그 뒤로 수십 년 지난 1997년에야 그는 〈자궁 점액과 그들의 특성〉이라는 짧은 종설 논문을 실었다. 질 분비액은 알려진 것이 거의 없는 체액으로 오랫동안 남아 있었다. 생리학도 남성 중심으로 이루어진 탓이다.

낭포성 섬유증에서와 마찬가지로 자궁 경부 점액이 끈끈해지면 자궁 안으로 정자가 들어오기 어렵게 된다. 누구나 짐작하듯 정자는 만든 이의 몸을 떠나 자궁이라는 신세계를 순례하도록 설계된 유일한 세포다. 여성 생식기관이 정자의 이동에 적대적 환경으로 변하면 자연 임신을 방해하고 난임의 원인이 될 수 있다. 자궁 경부에 자리한 수백 개 땀샘은 하루에 약 50밀리그램의 점액을 만든다. 이 양은 배란기에 600밀리그램까지 늘어난다. 평소 약 93퍼센트가 물인 점액은 생리 주기에 98퍼센트까지 증가된다. 점액이 더 묽어진다는 뜻이다. 정자가 더 쉽게 움직이도록 고안된 생리학적 변화일 것이다. 여러 전해질이나 미량 원소, 단백질, 지방산 효소의 구성은 호르몬 영향을 받아 주기적으로 달라진다. 점액이 알칼리성으로 바뀌면 정자가 움직이기에 더욱 좋다. 월경 주기가 아닐 때 프로게스테론(progesterone)의 영향을 받은 점액은 더 진하고 산성이다. 수란관으로 정자가 들어가도 기다리는 난자가 없으므로 이는 헛심 쓰지 말라는 신호가 된다. 그러므로 수정을 돕거나 막도록 자궁 점액을 만들 수 있다면 굳이 호르몬 조성인 피임제를 쓰지 않아도 좋을 것이다. 대장에서 세균의 정착을 돕는다거나 공기를 따라 들어오는 병원성 바이러스를 효과적으로 제거하는 점액을 만들어도 새로운 시각의 치료 수단이 될 수 있다.

코펜하겐 당 연구소 헨릭 클라우센Henrik Clausen과 요시키 나리마츠Yoshiki Narimatsu 교수는 항체를 만들 듯, 점액을 만들 수 있으리라 생각하고 그것을 실천에 옮겼다. 점액 안에는 당이 많다. 연구자들은 세균이 인식하는 특별한 유형의 당이 점액이라고 정의하기도 한다. 앞에서 말했듯이 점액소•는 당단백질이다. 아미노산 뼈대에 다당류가 줄

• 점액은 집합적 성질을 강조한 반면 점액소는 개별 당단백질을 염두에 두면서 썼다. 하지만 영어로는 모두 mucin이다. mucin 옆에 숫자를 붙여 점액소 단백질을 하나하나 구분하지만 여기서는 그렇게 자세한 내막은 다루지 않는다. 이를테면 소화기관 술잔세포에서 주로 분비되어 내강을 싸는 단백질은 점액소 2(mucin 2)다.

줄이 매달린 모습이다. 당이 붙는 아미노산은 대개 수산기를 가진다. 트레오닌(threonine)이나 세린(serine)이 그것이다. 점액소에서 이들 아미노산이 반복되어 나타나는 것도 우연은 아닐 것이다. 프롤린-트레오닌-세린(PTS) 서열이 계속해서 나타나고 이들 아미노산 수산기에 당이 결합하는 형태로 배열이 이루어진다. 단백질 양 끝에는 황을 함유한 아미노산인 시스테인(cysteine)이 풍부한 영역으로 구성된다. 두 점액 단백질 사이에서 인접한 두 시스테인의 황(S-S)끼리 결합하면 가교(cross-link)가 형성되면서 단백질 망이 생기고 규모가 커진다. 복잡한 구조다. 점액소는 큰 데다 다당류가 엉킨 듯한 이질적인 구조로 분리하기가 무척 어렵다.

유전체 서열이 알려지고 유전자를 다루는 기법이 날로 좋아진다 해도 점액소의 구조는 여전히 알기 어렵다. 다당류의 개수와 서열 혹은 3차원 결합은 유전자에 암호화되지 않기 때문이다. 따라서 대장균이나 효모 혹은 진핵세포에 특정한 유전자를 집어넣거나 빼서 점액소를 발현하고 이를 확인하는 작업은 더디게 진행되었다. 또 점액소에 따라 분비되는 것이 있고 세포막에 박혀 있는 것들도 있기 때문에 점액을 제대로 만들려면 정보가 쌓이기만을 고대하는 수밖에 없다.

최근에는 미생물과 점액소의 구조가 공진화한 것이라는 가설도 등장했다. 예컨대 세린이 풍부한 연쇄상구균 부착소(adhesin) 단백질과 결합하는 특징적인 다당류의 유형이 있다는 사실이 실험적으로 밝혀진 것이다. 수산기를 가진 세린이 점액소의 당과 잘 결합하리라는 점은 예측이 가능하다. 점액소에 특이한 반복서열의 크기와 유형을 확인하고 거기에 결합하는 다당류의 레퍼토리를 하나하나 정보화하는 작업이 진행되는 중이다. 과학자들은 이들을 뮤시놈(mucinom)이라 부르면서 당당히 시스템 생물학 분야에 다리를 걸쳤다.

클라우센과 나리마츠는 미생물 부착소 단백질이 점액소 반복서열과 선택적으로 결합하는지 그 선택성을 조사하여 세균과 점액소가 상호작용하는 방식을 새롭게 이해하는 토대를 마련했다. 대장에 유익균이 잘 부착할 수 있도록 점액을 만들 가능성이 열린 것이다. 외부와 접촉하는 신체의 최초 방어선에서 자신의 임무를 다하는 점액의 역할이 제대로 평가를 받을 날이 머지않았다. 조만간 인공 눈물을 만들고 코로나19 바이러스 같은 외인성 물질의 출입을 통제할 수단을 갖출 수도 있을 것 같다.

침 먹기—침샘

이를 뽑고 나면 의사들은 침을 뱉지 말라고 한다. 침을 뱉으면 입안의 압력이 낮아져 피가 샘솟듯 나온다는 것이다. 담배를 피우는 사람들은 니코틴 섞인 탁한 점액인 가래를 제거하느라 침을 자주 뱉는 편이다. 담배를 끊은 뒤 나는 거의 침을 뱉지 않는다. 곰곰이 생각해 보면 내 안에서 내 세포가 만든 것을 함부로 밖으로 버리면 안 될 것 같은 생각이 든다. 마지막 장에서 살펴볼, 배변 반사와 같은 반응이 침 생리학에서는 발달하지 않은 것만 보아도 그렇다.

포유동물의 침샘은 외분비샘(외분비선)이다. 매일 침샘에서 만들어지는 약 1.5리터의 침은 관을 타고 활동 무대인 입으로 가 음식물을 윤활하거나 소화하는 일뿐만 아니라 입안을 보호하는 역할도 맡는다. 기능적으로 침샘은 기나긴 소화기관 입구에서 아래쪽으로 내려갈 운명을 타고났다. 게다가 사람의 침샘은 무척 많다. 하지만 큰 것으로 3개를 꼽으라면 귀밑샘, 턱밑샘 그리고 혀밑샘을 들 수 있고 이들은 각기 쌍으로 존재한다. 그것 말고도 작은 것까지 모두 합치면 1백 개도 넘는다. 분비하는 물리 화학 특성에 따라서도 침을 구분한다. 장액성, 점액성 그리고 그 두 가지가 섞인 장점액성(혼합성) 침샘이다. 점액성 침의 주요 단백질은 윤활제 역할을 하는 점액소다.

침샘 중 가장 큰 귀밑샘은(샘 하나가 25그램) 아래턱 주변을 감싸고 씹거나 삼키는 일을 돕는 침을 분비한다. 귀밑샘은 입으로 들어가는 침의 약 20퍼센트를 만든다. 따라서 이곳에서는 포도당과 맥아당[•]을 분해하는 아밀레이스(amylase)가 든 묽은 장액성 침을 생산한다. 무게가 각기 15그램인 한 쌍의 턱밑샘은 전체 침의 약 3분의 2를 생산하고 아담의 사과라 불리는 목젖 위 양쪽으로 약 5센티미터 떨어진 곳에 자리한다. 혀를 윗니에 말아 대고 거울을 보면 길게 선이 보이는데 그 중간께로 침이 나온다. 음식물을 먹을 때의 자극과 혀의 움직임에 따라 여기서 분비되는 침의 양이 조절된다. 여기서는 장액성, 점액성

• 발아 중인 종자에서 아밀레이스는 녹말을 분해하여 엿당 또는 맥아당으로 바꾼다. 포도당이 2개 결합한 이당류인 엿당은 곡물이 싹을 틔울 때 에너지원으로 쓰인다.

침이 섞여 나온다. 혀에 가장 가까운 혀밑샘은 위의 두 침샘보다 훨씬 작고 분비하는 침의 양도 5퍼센트가 채 안 된다.

자율 신경계가 침의 분비를 조율한다. 굳이 신경 쓰지 않아도 나올 때가 되면 나온다는 뜻이다. 신경 전달 물질이 침샘에 분포한 수용체와 결합하면 침의 분비 여부가 결정된다. 동물이 공격하거나 도망치는 데 관여하는 교감 신경계보다 부교감 신경계가 침샘에 훨씬 강력한 영향을 끼친다. 편안한 상태에서 음식의 소화를 돕는 일은 본성상 부교감 신경계에 딱 맞는 일이다. 부교감 신경 전달 물질인 아세틸콜린이 침샘 수용체에 도달하면 이들은 침샘의 분비를 돕고 혈액이 활발히 흐르게 하여 전체적으로 장액성 침의 양을 늘린다.

입안은 항상 습한 상태로 유지된다. 여러 종류의 침샘이 밤낮으로 제 임무를 충실히 수행하기 때문이다. 그렇지만 교감 신경이 부교감 신경보다 위세를 떨치면 침이 분비되지 않는다. 호랑이나 늑대에 쫓기는 일과 비슷한 위급한 상황에 부닥친다면 현대인의 교감 신경계도 바짝 긴장한다. 많은 사람 앞에서 발표해야 할 때나 면접관을 마주한 상황이 그런 때다. 우리는 그런 상황을 빗대 입안이 바짝바짝 마른다고 말한다. 손바닥에 땀이 차고 심장이 두근두근하는 증상 모두가 교감 신경이 우세한 경우다. 늙어서 침샘이 제대로 일을 못 할 때나 미생물에 감염되었을 때도 침이 마른다. 그러면 음식물을 삼키기가 상당히 힘이 든다. 누구나 한 번쯤은 경험을 해 보았을 것이다.

뭔가 먹는 동안에는 주로 부교감 신경계가 나서서 일하고 전분을 분해하는 효소가 든 묽은 침을 분비한다. 반면, 잠을 잘 때 입이 마르지 않게 걸쭉하고 끈적한 침을 흘려 감염을 막고 충치가 잠식하지 않게 돕는 일은 교감 신경계 소관이다. 그러므로 잠을 자는 동안 입으로 숨을 쉬며 입안을 말리면 교감 신경계가 한층 괴롭다. 침이 말라 입안이 건조하면 세균의 증식을 억제하는 침 점액이 널리 퍼지지 못하게 될 것이다. 그렇게 세균이 구강 내 세력을 넓히면 입 냄새가 난다. 나이 들어 침의 분비가 제대로 이루어지지 않으면 입가에 허연 버캐 같은 침이 자주 괸다. 이런 말을 들으니 저절로 입시울에 혀가 간다.

건조한 봄날이 길어져도 입이 마를 수 있다. 잠에 깨어 바로 일어났을 때도 입이 건조하다. 침의 분비가 시간에 따라 달라질 수 있다는 뜻이다. 침에는 다양한 효소와 호르몬, 성장인자, 항체(면역 글로불린) 등이 들어 있다. 인간의 몸에서 발현되는 단백질의 약 3분의 1이 생체 리듬에 따른다. 낮에 분비되는 단백질이 하루를 주기로 달라질 수 있다는 뜻이다. 생식과 관련된 단백질들은 달이나 혹은 계절 주기에 맞춰 그 발현 양상이 바뀌기도 한다. 하지만 소화를 돕는 침은 하루를 주기로 그 양상이 달라져야만 의미가 있다. 잠잘 때는 음식물을 먹지 않기 때문이다. 아니나 다를까, 1972년 캐나다 마니토바 대학 도스 Dawes는 여러 명의 피험자를 대상으로 귀밑샘에서 나오는 침의 속도와 그 성분이 일주기 리듬을 따르는지 분석했다. 어떤 자극도 하지 않은 피험자들의 침이 나오는 속도는 일주기 리듬을 따랐다. 마찬가지로 침 속에 든 나트륨이나 염소 등 염류도 그랬다. 침이 나오는 속도는 5분당 1.5~3밀리리터였으며 잠을 자는 동안* 가장 느리게 침이 분비되었다. 하지만 활동하기 시작하면서 오후 6시경이 되면 침의 분비속도가 최고조에 이르렀다. 신 레몬즙을 몇 방울 떨어뜨려 침샘의 분비를 자극하더라도 침 안에 포함된 몇 가지 염류와 단백질은 일주기리듬에 따라 그 양이 변했다. 음식이 들어오기를 기대한 우리 뇌가 소화효소를 합성하고 침과 함께 분비했을 가능성이 크다.

2005년 일본 히로시마 대학 연구진들은 턱밑샘 조직에서 일주기 리듬에 관여하는 유전자들이 발현됨을 분자생물학 기법을 동원하여 밝혔다. 특히 탄수화물 소화효소인 아밀레이스 유전자 발현이 하루 주기로 오르락내리락했다. 그러나 점액 단백질**은 유전자 발현이 온종일 일정하게 유지되었다. 자궁 점액과 마찬가지로 침도 분비하는 물의 양을 조절하여 전체적인 점도를 결정하는 것이다.

---

* 도스는 잠을 잘 때 실험을 진행하지 않았다. 신 레몬즙을 입안에 떨구는 자극 실험을 하려면 피험자의 잠을 깨워야 했기 때문이었다. 일주기 리듬 실험할 때 가장 힘든 일은 실험동물이 잠을 잘 때조차 실험자가 잠을 잘 수 없다는 점이다. 실제 잠을 잘 때 귀밑샘에서는 더 적은 양의 침이 나올 것이라고 도스는 예상했다.

** 한의학에서는 물기가 많은 멀건 침을 연(涎)이라 하고 끈적이는 침을 타(唾)라고 한다. 지금까지 살펴본 바에 따르면 아밀레이스를 포함한 귀밑샘에서 나오는 침은 연이 맞다. 그리고 그 침은 음식물이 입안으로 들어왔을 때 힘차게 분비된다. 장액과 점액이 섞인 턱밑샘, 혀밑샘의 침은 타다.

남녀가 유별하거늘

1984년 미국 루이지애나 주립대학 부저Boozer 박사는 사람들의 벌린 입 크기를 기록한 데이터를 공개했다. 남녀 구분 없이 평균 입 크기는 16~20세에 가장 컸고 나이가 들면서 점차 줄어들었다. 하지만 같은 나이대 남녀의 차이는 두드러지게 났다. 가령 16~20세 백인 남성 입 크기는 50.02밀리미터인 반면 여성은 46.50밀리미터였다. 흑인은 각각 50.70, 48.56이었다. 1년 동안 치과에 들른 약 2천 명이 넘는 방문객을 대상으로 측정한 결과였으니 믿을 만한 결과라고 볼 수 있다. 전체적으로 보면 흑인 남성이 입을 가장 크게 벌렸고 나이에 따른 변화 폭은 흑인 여성에서 가장 작았다.

입을 크게 벌린다고 더 많이 먹지는 않겠지만 밥을 올려 얹힐 수 있는 혀도 남성이 더 크다. 일본 연구진들이 발표한 결과이다. 하지만 미각을 담당하는 돌기는 여성의 앞쪽 혀에 더 조밀하게 채워져 있다. 생물학적으로 여성들이 더 미식가일 가능성이 크다는 뜻이다. 그렇지만 알코올이나 캡사이신처럼 자극이 센 물질에 손상을 입기도 쉽다.

결론적으로 말하면 여성들은 미각이 섬세하고 부피가 작은 혀를 가졌으며 남성보다 혀의 힘도 약하다. 소녀보다 소년들이 성숙한 입과 혀의 구조를 먼저 갖춘다. 침은 여성들이 덜 분비하고 중탄산과 나트륨 이온의 양도 다르다. 침 안의 나트륨은 여성이 적지만 산성 물질을 중화할 수 있는 중탄산 이온은 남성이나 경구피임약을 사용하는 여성의 침에 적게 들어 있다.

임신한 여성들은 거의 위궤양을 앓지 않는다. 생물학적으로는 프로게스테론이라는 성호르몬의 양이 증가하기 때문이지만 진화적으로는 아마도 자손의 몸집을 키우려고 안간힘이 작용한 게 아닌가 생각된다. 프로게스테론은 궤양 위협 요소인 위산의 분비를 줄이는 반면 위 점막을 강화시킨다. 산으로부터 위 벽을 보호하기 위해 중탄산을 더 많이 분비한다는 증거도 있다. 요즘은 흔히 잊고 살지만 얼마 전까지만 해도 인류의 절반은 임신과 출산을 여러 차례 반복하는 생활을 영위했다. 진화적으로 여성의 몸이 생식에 적응을 마친 상태로 살아간다는 뜻일 것이다. 하지만 현대 여성들은 피임제를 쓰거나 생식 기술의 도움으로 자신의 '의지'를 좇을 수 있게 되었고 거뜬히 생물학적 굴레를 벗어났다.

그렇기는 하지만 임신과 출산이 어찌 생식기관에만 국한되어 적응했겠는가? 여성의 여러 기관을 주저리주저리 열거하느니 극명한 한 예를 들어보겠다. 정상적인 여성의 간에 들어가는 혈액의 양은 1분에 약 1.5리터다. 이는 심장 박출량의 34퍼센트에 해당하는 양이다. 임신하면 그 양이 28퍼센트로 준다. 혈장의 부피나 심장 박출량이 늘어나기 때문이다. 또 태아에 영양분을 보내느라 그렇기도 할 것이다. 만삭일 때는 임신하지 않았을 때 비해 혈액의 양이 40~45퍼센트 정도가 증가한다고 한다. 따라서 임신하면 점차 혈액이 희석되는 효과가 생기는 것이다. 혈액의 양이 늘어나는 데 비례하여 혈장 성분의 양이 늘어나는 경우가 거의 없는 까닭에 알부민의 양은 정상보다 4분의 1정도가 줄어든 것처럼 상황이 바뀐다.

	젊은 여성		노인		젊은 남성
	배란 전기*	황체기	여성	남성	
에스트로겐	105.7	123.2	0	19.1	18.8
프로게스테론	0.5	8.9	0.2	0.2	0.3
테스토스테론	63.2	52.7	35.5	779.9	633.7

* 증식기 또는 난포기라고도 한다. 생리가 끝나고 자궁 내막이 증식하기 시작하다 배란을 계기로 황체기에 접어들며 배란 후기라고도 부른다. 임신 주기를 막론하고 젊은 여성의 에스트로겐 수치는 비교적 일정하지만 폐경기에 접어들면 그 양이 0으로 떨어진다. 그에 반해 남성의 에스트로겐 값은 늙어도 별 차이가 없다. 에스트로겐 수용체가 있는 조직은 생식 조직 외에도 풍부하다. 폐경기 여성에게서 흔히 나타나는 혈관 질환, 편두통, 골다공증 현상을 보면 짐작이 간다.

오줌 누기 21초
똥 누기 12초

*

브리스톨 대변 형태 차트는 현수교와 아스팔트, 콩코드와 함께 브리스
톨 대학교에서 인류에게 선사한 수많은 선물 중 하나입니다.

_스테판 게이츠, 《방귀학 개론》

머리에 변기 뚜껑을 쓰고 시상식에 나타나다

우선 웃겨야 하지만 그다음엔 생각할 거리를 주는 연구를 골라 주는
상이 있다. 하버드 대학 과학잡지인 《황당무계 연구 연보》•편집자들
이 하는 일이다. 노벨 평화상과 노벨 문학상 말고는 수상한 적이 없
는 한국인들도 지금까지 네 차례나 이그노벨상을 받았다. 360만 쌍
의 대규모 합동결혼식을 성사시킨 한 종교지도자는 경제학상, 세계
종말을 '열정적으로 예언한' 어떤 목사는 수학상을 받았다. 수학 추정

• 인터넷 사이트 https://www.improbable.com/에 방문하면 흥미로운 정보를 얻을 수 있다. 2021년
9월, 온라인으로 개최된 시상식에는 10명의 과학자가 상을 받았다. 페트리샤 양도 24/7 강의를 했
다. 24초간 말하고 그것을 7단어로 요약하는 짧은 강연이다. 사람-고양이 의사소통(생물학상), 씹
다 버린 껌 세균유전체(생태학상), 두려움의 냄새 또는 날숨의 방향성 화합물 연구(화학상), 소련을
망친 비만 정치인(경제학상), 성행위가 후각 기능을 높일까(의학상), 주먹질로부터 얼굴을 보호하는
수염의 효과(평화상), 보행인끼리 서로 부딪치지 않는 현상(물리학상), 보행인끼리 가끔 부딪치는 현
상(역학상), 잠수함에서 바퀴벌레 퇴치(곤충학상), 코뿔소 거꾸로 운반하기(운송학상)를 다룬다.

을 할 때 조심해야 함을 널리 세상에 알려준 공로를 인정받았다고 한다. 향기 나는 방귀 연구로 환경보호상을 받았는가 하면 잔을 들고 걸을 때 커피가 쏟아지는 현상을 설명한 고등학생이 2017년 유체역학상을 받았다.

보스턴에 있는 하버드 대학 샌더스 극장에서 열리는 이그노벨상 시상식장에 변기 뚜껑을 쓰고 나타난 사람도 있었다. 조지아 공과대학의 데이비드 후David Hu 박사가 주인공이다. 선정되었다고 해서 누구나 시상식에 참여하지는 않겠지만 데이비드 후는 기꺼이 보스턴으로 향했다. 〈소변보는 시간은 몸의 크기와 무관하다Duration of urination does not change with body size〉는 논문으로 상을 받았으니 저 정도 액세서리는 충분히 용납할 만했다. 데이비드의 기예는 그뿐만이 아니었다. 2019년, 책《물 위를 걷고 벽을 기어오르는 법How to walk on water and climb up walls》으로 미국 물리학회 과학 커뮤니케이션상을 탄 데이비드 후는 짐작하다시피 중국계 미국인이다. 그는 이 책에서 개미가 빗방울을 맞고도 죽지 않는 이유가 강력한 외골격을 가지고 힘을 분산시키기 때문이라고 추정했다. 파리가 다리를 비비는 까닭은 몸에 묻은 흙을 터는 행위임을 밝히기도 했다. 그는 이 기전을 밝힐 수 있다면 태양광 패널을 깨끗하게 유지할 수 있으리라고 확신했다. 개나 고양이 혀 구조를 연구해서 털을 소제(掃除)하는 방법을 알 수 있음은 물론이다. 물 묻은 개가 좌우로 몸을 털어서 어떻게 털을 말리는지 연구하고 그 공학적 쓰임새를 생각하느라 데이비드는 늘 바쁘다.

최근 들어 데이비드는 유대류 웜뱃이 어떻게 큼지막한 주사위 모양의 육면체 똥을 누는지 알아내 잡지 《연성물질Soft Matter》에 논문을 발표하고 두 번째로 이그노벨상을 받았다. 자세한 내용은 뒤에서 (289쪽) 좀 더 자세히 살펴보겠다. 매년 가을 국내에도 이그노벨상 소식이 찾아오고 사람들은 손뼉을 치며 즐거워한다. 우리는 아니, 최소한 나는 인류의 저 무애(無碍)한 창의력에 기꺼이 박수를 보낸다. 하지만 이그노벨상 후보에 오를 만한 연구에 딴지를 거는 사람이 전혀 없는 것은 아니다. 한때 영국의 과학 기술청장 로버트 메이Robert May는 영국인 과학자들이 이그노벨상을 거부해야 한다고 목소리를 높였다. 하지만 그는 넘치는 비웃음만을 샀을 뿐이다.

"즉각적인 성과로 나타나지 않는 경우가 많은 것 같다." 하면서 혈세로 운영되는 연구 과제는 질병을 치료하는 획기적 방법이나 일자리 창출을 가능케 하는 확장성 높은 발명품 개발에 써야 한다고 주장하는 사람은 어디든 있게 마련이다. 2002년 미국으로 떠나기 전 1년 정도 머물렀던 서울의 모 국립병원 임상의들도 내게 이렇게 말했다. "임상으로 직접 연결되지 못할 기초 연구는 아예 시작조차 할 필요가 없지요."

대서양 건너 미국에서도 데이비드 후를 물고 늘어진 사람이

- 두 차례의 이그노벨상 연구를 직접 수행한 데이비드 후 연구실의 페트리샤 양은 수상 후 논문의 인용 횟수가 10배 늘었다고 자랑했다. 그러면서 웜뱃의 연구가 혹시 대장암의 조기 진단에 적용할 단서가 될지 궁금해 한다. 임상에서 암세포가 퍼진 대장이 딱딱해진다는 연구 결과가 발표되었기 때문이다.

있었다. 2016년 미국 애리조나주 상원의원이었던 제프 플레이크 Jeff Flake는 정부의 지원을 받아 수행된 연구 중 하등 '쓰잘머리 없는 (wasteful)' 연구 20개를 골라 발표했다(아래 그림). 연방에서 거둬들인 세금을 중복 투자하지 말 것은 물론 목표 지향적이고 투명하게 사용 해야 한다며 정부 관계자가 뽑은 과제가 어떤 것인지 간단히 제목이 나 살펴보자.

왜 어떤 사람들은 토스트에서 예수의 얼굴을 보는가? (350만 달러)
지저귈 때 술 취한 새들도 혀가 꼬이는가? (500만 달러)
코카인에 취한 꿀벌은 춤을 출까? (24만 달러)
원숭이와 침팬지가 좋아하는 음악 유형은? (100만 달러)

왜 하품은 전염되는가? (100만 달러)

벌에 쏘였을 때 가장 아픈 곳은 어디인가? (100만 달러)

커피잔 들고 걸을 때 흘리는 까닭은? (17만 달러)

치어리더 팀 소녀들은 왜 매력적인가? (110만 달러)

미국의 최고 모델은 누구인가? (290만 달러)

금붕어가 매력적인 까닭은? (390만 달러)

연구자가 제안한 목표를 요목조목 살피면서 제프는 이런 주제를 연구하는 일에 왜 세금을 낭비하는 것인지 자신의 철학을 설파하는 작업을 지성으로 하고 있다. 문제는 자신이 상원의원으로 있는 동안 거의 매해 이런 일을 했다는 점이다. 아마존에 가면 2017년에 발간된 제프의 책자도 살 수 있다. 아마도 그는 자신이 세금을 요긴한 데 쓴다고 확신하는 게 분명해 보인다. 어쨌든 벌에 쏘였을 때 가장 아픈 부위가 어디인지, 아귀가 아니라 금붕어가 매력적인 까닭은 나도 궁금하기는 하다. 금붕어 연구는 아마도 인간과 '수족관' 동물이 관계 맺어 온 진화적 역사를 파헤치는 일이라고 짐작이 되지만 그런 연구에 거금을 쾌척하는 환경이 참 부러운 건 사실이다. 실패할 가능성이 큰 '모험 연구'는 나도 해 본 적이 있다. 겨울잠 자는 동물 실험이었다. 동면하는 동안 동물들이 뇌에 일으킨 상처를 원상에 가깝게 회복하고 손상을 덜 입는 현상의 기전을 확인하고 싶었기 때문이다. 하지만 실험은 초반부터 난항에 부딪혔다. 야생 실험동물을 구하기가 어려웠던 까닭이다. 겨울에 산야에서 동면하는 뱀이나 개구리 혹은 다람쥐를 구할 수 있을지 여기저기 수소문하느라 동물원에 연락도 해보고 다람쥐 유전체를 연구한 수의대 교수에게 문의도 했지만 부질없었다. 교통사고로 죽은 다람쥐를 한 마리 한 마리 구해서 어떻게 동면 실험을 진행할 수 있을까 좌절감이 들었지만 결국 실험실에서 추위에 고생한 햄스터 덕분에 간신히 실험을 마무리했다. 그 생각만 하면 지금도 얼굴이 화끈거린다. 하지만 실험실에서 동면하는 환경을 조성하는 데 드는 비용을 감당할 수 없었다는 평계에 기대고 싶은 생각이 든다.

가장 쉬운 질문에 대답하기가 여전히 가장 어렵다 —세금 제대로 쓰기

나는 우연히 동물의 배뇨 시간에 관한 데이비드 후의 논문을 읽고 신문에 칼럼의 소재로도 썼었다. 누구나 흥미를 느낄 만한 데다 곰곰이 생각할 거리를 주는 생물학적 현상을 두고 제프 플레이크가 세금을 낭비한 연구로 콕 짚어 지목한 사실은 나도 좀 의아하긴 했다. 하지만 제프가 지적한 쓸데없는 연구 스무 개 중 셋은 데이비드의 연구를 거론한 것이었다.

데이비드도 가만있지는 않았다. 그는 "동물의 행동 대부분은 과학자들에게 완벽한 미스터리"라며 말문을 열었다. 개가 어떤 근육과 인대 혹은 힘줄을 이용해서 걷고 뛰는지 확실하게 알지 못한다. 그런 까닭에 개 닮은 로봇이 아직도 개처럼 뛰지 못하는 것이다. 개가 물기를 털어 내는 방법을 알면 빨래를 쉽게 말릴 방도를 찾을지도 모른다. 속눈썹 움직임을 연구하여 알레르기 항원이 눈으로 들어가지 못하게 막을 수도 있다. 데이비드가 열성적으로 연구했던 이런 종류의 실험은 딱 떨어진 답이 없는 질문이기도 하지만 사실 어떻게 접근해야 할지 막막한 질문이기도 하다. 얼굴의 어떤 부위에는 속눈썹처럼 털이 남아 있고 그렇지 않은 곳에는 거의 보이지도 않는 잔털만 남은 것일까? 나는 이런 질문이 왜 해면은 암에 걸리는가 또는 해면의 암을 일으키는 발암 유전자가 인간의 그것과 얼마나 유연관계가 있는가라는 질문과 다른 이유를 찾지 못하겠다.

먹이를 찾는 데 드는 에너지 소모량이 전체 에너지 소비량의 10~20퍼센트라는 퓨마의 에너지 소모량 측정 실험도 도마 위에 올랐다. 이 실험이 가능했던 것은 '있는 듯 없는 듯' 동물의 행동과 탐지기 사이를 연결할 수 있게 한 '스마트 목줄' 개발에 있었다. 아프리카 평원에서 멸종의 날을 기다리고 있는 다양한 야생 동물의 생태를 이해하는 일이 굳이 인간의 복지와 직접 연결되지 않는다손 치더라도 이런 실험 결과는 운동 능력의 최대 효율성을 추구하는 포유동물의 몸통 설계를 설명하는 핵심 주제다. 제프처럼 세금이 어디에 쓰이는지 눈을 부라리는 코번Coburn 상원의원도 퓨마의 실험을 '쳇바퀴 위의 산 사자(mountain lions on a treadmill)'라고 조롱했다. 2014년 퓨마의 운동 능력을 정리한 논문은 당당히 《Science》지에 실렸다.

플레이크도 그렇지만 대개 정책입안자들이나 상당수 과학자는 암이나 치매 정복과 같은 현실적이고 구체적인 사안을 해결하는 데 국민의 세금이 쓰여야 한다는 생각을 고수한다. 나도 그의 시각이 온전히 틀렸다고는 생각하지 않는다. 하지만 우리는 '왜'라는 질문에도 답을 해야 한다. 내가 아는 한 인간은 결코 암을 정복할 수는 없다. 암은 시간과 함께하는 생물학적 숙명이기 때문이다. 이 말이 미흡하다고 느낀다면 열역학 제2 법칙에 따라 거꾸로 '되돌릴 수' 없게 세포의 손상이 누적되고 그 정도가 시간에 비례한다는 사실만을 언급하고 싶다.《노화의 종말Lifespan》에서 데이비드 싱클레어David Sinclair는 인간의 최대 수명이 늘고 있으며 줄기세포를 적절하게 제어할 수 있다면 오래 살 뿐만 아니라 건강도 유지할 수 있다고 말한다. 매우 희망적인 바람이지만 나는 그렇게 생각하지 않는다. 생물학이 그리 간단하지 않기 때문이다. 집단으로서 인간의 활동은 지구를 인간이 살 만하지 못한 공간으로 내몰고 있다. 최근에 발표된《슬로다운Slowdown》이라는 책에서는 인간의 최대 수명이 더 늘지 않으며 다음 세대에 평균수명이 지금보다 짧아지리라 예측한다.《사람은 어떻게 죽음을 맞이하는가How We Die》에서 노인병 학자 셔윈 B. 눌랜드Sherwin B. Nuland는 이렇게 말한다.

노인병 학자들은 노력 여하에 따라 생을 연장할 수도 있다고 믿는 사람들로부터 손가락질을 받고 있다…. 생존 가능성이 없는 환자의 기관지에 튜브를 삽입하는 폐 전문가들, 심지어 그대로 놔 두는 것이 평화로운 죽음일 수도 있는 복막염 환자에게 칼을 대는 외과의사들…. 우리의 희망은 노인들의 삶의 질을 높이는 데 있을 뿐, 그 길이를 연장하는 데 있지 않다.

질병에 걸리지 않아도 우리 인간은 계속 늙는다. 시간을 되돌릴 수 없다는 말은 생물학적으로도 화학적으로도 세포 과정이 끊임없이 다치고 효율성이 떨어질 뿐만 아니라 나아지지 않는다는 엄정한 경향성을 내포한다. 우리에게 필요한 것은 왜 그런지 혹은 어떻게 그런 일이 벌어지는지 이해하고 그것을 줄이기 위한 것일 뿐이다. 운이 좋은 몇 사람들이 오래 살기 기록을 경신하는 노력에 나는 하등의 관심이 없다.《바디》에서 빌 브라이슨은 동료의 말을 빌려 이렇게 말했다. "80세까지 인간의 수명은 건강한 생활 습관에 좌우되지만 그 이후로는 거의 전적으로 유전자에 달려 있다." 그것 말고도 더 있다. 과학자들이 발설하길 꺼리는 명제 중 하나는 건강이 바로 사회경제적 지위와 상관성이 가장 크다는 점이다. 들어가는 말이 길어졌지만 이제부터 본격적으로 오줌 누기에 대해 살펴보자. 오줌 누는 평균 시간은 과연 사람마다 비슷할까?

오줌의 대차대조표

우리가 물을 마시면 그 물은 어떤 운명을 겪게 될까? 캐나다 몬트리올 대학 프랑수아 페로네Francois Peronnet는 36명의 피험자에게 중수

300밀리리터를 먹이고 그 물이 몸속에 어떻게 퍼지는지 조사했다. 화학적으로 물은 산소 원자 1개에 수소 원자 2개가 미키마우스 귀처럼 붙어 있는 모양이다. 중성자가 1개 더 있어서 수소보다 2배 가까이 무거운 중수소 2개가 붙은 물이 중수(重水)다. 말은 쉽지만 혈액과 오줌을 모아 그 안에 든 중수의 양을 측정하고 계산하는 일은 결코 만만치 않다. 약물의 분포를 측정하는 임상 시험을 떠올린다면 그것과 크게 다르지 않으리라 생각해도 큰 무리는 없을 것이다. 피험자들은 실험이 진행되는 동안 운동도 하지 않았고 물의 흡수와 배설에 영향을 끼치지 않도록 술도 마실 수 없었다. 경험으로 알다시피 알코올은 콩팥더러 물을 보존하라는 신호를 보내는 호르몬 기능을 억제한다.

그러니까 이와 같은 실험은 온대 지방에서 별로 땀을 흘리지도 않는 아주 평범한 사람들이 콜라 한 병 정도의 물을 마셨을 때 어떤 일이 일어나는지 확인한 것에 불과하다고 볼 수 있다. 그렇지만 드물고 귀한 실험인 것도 사실이다. 물은 아주 빠르게 흡수되었고 혈액과 혈장 내 최대치로 오른 다음 서서히 배설되기 시작했다. 마시고 약 5분이 지나지 않아 피험자 혈액과 혈액 세포 안에서 물이 발견된다. 약 12(11~13)분이면 물 절반이 그리고 75~150분이면 물 대부분이 몸 안으로 흡수된다.

실험 데이터를 참고하면 실험 시작 후 약 20분이면 혈액에서 가장 높은 농도의 중수가 발견되었다가 서서히 줄어드는 양상을 보인다. 혈액에서 빠져나온 물이 조직이나 간충 조직으로 퍼져 나간다는 뜻이다. 물이 쉽게 스며드는 뇌나 간, 콩팥, 지라 등이 그런 장소가 될 것이지만 만일 운동을 하고 있다면 흡수한 물은 심장이나 피부로 움직인다. 체내로 들어가기 전 물 대부분은 소장 윗부분에서 삼투압에 따라 세포막을 건너간다. 배추 안의 물이 바깥에 뿌린 소금을 향해 움직여 시들해지는 것과 같은 원리다. 소장에서 나트륨 이온을 흡수한 장 상피세포는 이들을 세포 사이로 바쁘게 펌프질한다. 삼투압 기울기를 따라 세포 밖 공간으로 들어간 물은 곧장 융모 모세혈관을 지나 혈류에 몸을 싣는다.

이런 식으로 계산한 바에 따르면 물의 회전율은 하루 약 4.6리터이다. 몬트리올 연구진들은 피험자들에게 하루 2리터 정도의 물을 먹도록 권장한 탓에 회전율이 다른 데이터들보다 좀 높게 나왔다고 말했지만 그 정도의 속도로 물이 들어오고 나간다면 불과 열흘이 되지 않아 우리 몸 안의 물은 전부 새것으로 교체될* 것이다. 몸 밖으로 나가는 물의 60퍼센트는 오줌의 형태를 띤다. 나머지는 날숨이나 땀 그리고 똥에 섞여 배설된다. 만일 운동을 격하게 하는 사람이라면 마시는 물의 양도 땀으로 배출되는 물의 양도 덩달아 늘 것이라고 예상할 수 있다. 하지만 지극히 기초대사량에 가까운 이 실험 조건에서는 1분에 약 1밀리리터의 오줌이 만들어진다(258쪽 그림). 이

● 체중이 70킬로그램인 성인의 6할이 물이라면 무게는 대충 40킬로그램이다. 몬트리올 대학 팀 실험에서 피험자들이 먹은 300그램의 중수는 약 열흘이 지나자 오줌에서 거의 발견되지 않았다. 여기저기 분포된 물이 다 빠지고 새것으로 교체되었다고 가정하면 이런 추정이 크게 틀릴 것 같지 않다. 생각해 보니 우리 몸 안의 물이 어디에 분포하는지 잘 모른다는 생각이 든다. 하지만 조직별 수화 정도는 알려져 있다. 뇌(75), 피부(72), 혈액(83), 심장과 폐(79), 간(68), 비장(76), 콩팥(83), 소장(75), 지방(10), 근육(76), 뼈(22). 단위는 퍼센트다. 조직의 무게를 참작하면 역시 물은 근육에 가장 많다.

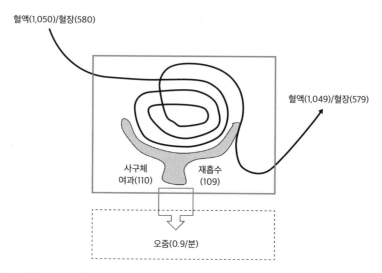

혈액(1,050)/혈장(580)

혈액(1,049)/혈장(579)

사구체
여과(110)

재흡수
(109)

오줌(0.9/분)

젊고 건강한 성인의 콩팥 주변에서 1분 동안 벌어지는 일. 심장이 분당 방출하는 혈액의 약 21 퍼센트가 콩팥에 도달한다(1,049밀리리터). 이 혈액의 약 45퍼센트는 적혈구 등이며 이들은 혈관을 통과하지 못한다. 따라서 혈관을 통과하는 혈장은 나머지 혈액의 약 55퍼센트가 된다(579밀리리터). 사구체를 지나는 동안 혈장의 약 19퍼센트가 여과된다(110밀리리터). 물은 대부분 재흡수되고(109밀리리터) 만들어지는 오줌은 1밀리리터가 되지 않는다(0.9밀리리터). 이렇게 하루에 약 1,300밀리리터의 오줌이 생성된다.

는 사구체를 통과하는 혈액량의 1퍼센트 정도에 해당하는 양이다. 나머지 99퍼센트 이상은 다시 몸 안으로 재흡수된다.

약 30분이면 모든 혈액이 한 번은 걸러진다. 혈구를 제외한 혈액의 양(약 3리터)이 얼추 그 정도이기 때문이다. 잠잘 때도 오줌은 걸러지지만 잠잘 때 분비되는 항이뇨 호르몬 덕에 만들어지는 소변의 양이 줄어들므로 화장실에 자주 들락거릴 필요는 없다. 어쨌든 이렇게 따지면 우리 혈액은 하루에 40번 이상 정화되는 셈이다. "참 대단하다."라는 말밖에 할 말이 없다.

방광의 용적은 500~600밀리리터* 정도라고 흔히 알려졌다. 예상과 달리 방광 벽의 두께는 나이와는 별 관련이 없다. 오줌이 비워졌을 때 방광 벽의 두께는 2.76밀리미터였고 꽉 찼을 때는 1.55밀리미터였다. 약 400여 명의 캐나다인을 대상으로 한 실험에서 방광 벽 두께의 상한값은 비웠을 때 및 채웠을 때 각각 5, 3밀리미터였다. 맥주를 잔뜩 먹고 화장실 가야 할 시간을 놓친 뒤 친구의 짓궂은 발길질에 방광을 터뜨려 본 적이 있는 나는 엄지와 검지로 팽팽하게 늘어난 방광의 두께, 1.55밀리미터를 실눈 뜨고 가늠해 보곤 한다. 아, 방광은 얼마나 취약한 기관인가? 하지만 한평생 사는 동안 방광을 터뜨린 사람은 내 보기에 그리 많지는 않다.

하지만 방광의 부피는 나이와 상관이 있다. 캐나다 온타리오 병원의 연구 사례를 들면 한 살보다 적은 아이들의 방광 용적은(밀리리터) 나이(달)에 2.5를 곱한 다음 38을 더하면 된다. 한 살 이상인 아이들은 나이(년)에 2를 더한 다음 30을 곱한다. 하지만 아이들은 예측값보다 더 많은 양의 오줌을 방광에 채울 수 있었다. 너무 이르거나 혹은 늦지 않도록 아이들 배뇨 훈련에 주의를 기울여야 한다는 말이다. 오줌을 누는 일은 곧 방광을 비우는 일이다. 그러나 대개 방광이 어느 정도 채워지면 신호가 오고 우리는 화장실로 달려간다. 데이비드 후는 자신의 첫째 아이 일회용 기저귀를 갈면서 오줌을 누는 데 시간이

● 비정상적으로 오줌이 가득 찼을 때 약 1,500밀리리터였다고 한다. 신장 내과의사에게 직접 들은 말이다.

얼마나 걸리는지 궁금해졌다고 말한 적이 있다. 참 사소한 듯 보이지만 그의 관심사의 폭은 무척 넓다.

오줌은 노랗다

오줌의 물리적 특성을 살펴보기 전에 오줌의 색깔에 대해서 좀 알아보자. 비타민을 먹고 난 뒤 샛노란 오줌을 누었던 기억이 있을 것이다. 비타민 B$_2$ 계열에 속하는 과량의 리보플래빈(riboflavin)이 흡수되지 못하고 밖으로 나온 것이니 그리 염려할 일은 아니다. 오줌은 대개 노랗고 투명하다. 아침에는 색이 더 진하다. 오줌의 노란색은 헤모글로빈 분해 산물인 유로빌린(urobilin)에서 비롯된다.

유로빌린은 헴(heme)의 분해 산물이다. 미국에 있는 동안 주로 연구했던 것이어서 헴은 나도 잘 아는 물질이다. 오로지 산소를 운반하는 게 업인 적혈구 안에는 약 8억 개의 글로빈 단백질이 같은 수의 헴과 1:1로 결합하고 있다. 헴 분자 가운데에는 철 이온이 있어서 산소와 결합한다. 운이 나쁘면 그 자리에 일산화탄소가 끼어들어 산소와 결합을 방해하기도 한다. 그러다 상황이 나빠지면 적혈구 주인이 죽을 수도 있다. 지금은 드물지만 연탄가스 중독으로 사람이 죽었을 때 정확히 이런 일이 벌어진다.

수명을 다한 적혈구의 주된 단백질인 헤모글로빈 안의 헴 대사체, 빌리루빈(bilirubin)은 몇 차례 변신을 거듭하고 유로빌린으로 변한다. 이 물질이 노란 색깔 오줌의 주범이다. 교과서를 보면 우리 인간은 하루에 약 250~350밀리그램의 빌리루빈을 생산한다. 쓰임새를 다한 적혈구에서 비롯된 빌리루빈이 전체 오줌의 약 80퍼센트를 차지한다. 나머지는 근육세포에 든 미오글로빈이나 간세포의 시토크롬(cytochrome) 단백질들이다. 짐작하다시피 이들 단백질 안에도 헴이 있어서 산소를 보관하거나 산소를 전달하는 화학 반응에 관여한다. 미토콘드리아 전자 전달계의 핵심 단백질도 헴을 함유한다. 단백질이 깨지고 새로 만들어지는 동안 헴도 떨어져 나와 분해되고 또 새로 만들어진다. 나는《산소와 그 경쟁자들》이란 책에서 이 과정을 자세히 설명했다.

헴이 깨지면서 만들어지는 첫 번째 화합물은 빌리버딘(biliverdin)이다. 이 물질은 효소의 도움을 받아 비로소 빌리루빈으로 변신을 치른다. 물에 잘 녹지 않는 빌리루빈은 알부민에 찰싹 달라붙어 간으로 향한다. 간에서 다른 화합물과 결합하여 물에 잘 녹는 물질로 바뀐 빌리루빈은 담즙으로 배출된다. 담즙은 지방의 소화를 돕는 것으로 알려져 있으며 이들이 활동하는 장소는 십이지장이다. 담즙을 따라 빌리루빈도 십이지장으로 향할 것은 자명한 이치다. 이 물질은 회장이나 대장에서 유로빌린으로 변하고 그중 10~20퍼센트가 다시 회수되어 간으로

• 헴 산화효소가 고리 모양의 헴 한쪽을 열어 선형의 빌리버딘을 만드는 동안 철과 일산화탄소 한 분자가 부산물로 나온다. 빌리버딘은 곧장 빌리루빈으로 변한다. 그러므로 산술적으로 헴의 숫자는 빌리루빈과 철 및 일산화탄소의 숫자와 다를 까닭이 없다. 빌리루빈의 숫자를 계산하면 헴과 일산화탄소의 개수도 저절로 알게 된다. 그 수는 하루에 3×10^{20}개이며 500마이크로몰에 해당한다.

갔다가 일부는 다시 담즙으로 일부는 콩팥을 거쳐 오줌으로 배설된다.

빌리루빈 움직임을 추적하면 이 물질의 약 90퍼센트 정도는 똥으로 약 10퍼센트는 오줌을 통해 몸 밖으로 배설됨을 알 수 있다. 똥이 오줌보다 노란색이 더 진한 이유가 바로 이 수치에서 비롯되는 것이다. 여기까지는 문제가 없다. 하지만 화학적으로 빌리루빈의 행적을 보면 괴이쩍은 구석이 없지 않다.

앞에서 말했듯이 물에 잘 녹지 않는 빌리루빈은 알부민과 결합하지 않으면 간으로 향할 수 없다. 하지만 헴을 바로 쪼개서 만들어진 빌리버딘은 물에 잘 녹는 편이다. 간으로 갈 때 알부민과 결합할 필요가 없는 빌리버딘이 힘들게 에너지를 써 가며 빌리루빈을 만드는 까닭은 무엇일까? 이런 질문에 대한 답에는 빌리루빈이 배설하는 수단이어야 한다는 전제가 깔려 있다. 독성 물질을 간에서 대사한다는 말은 곧 독성 물질의 수용성을 높여 배설하기 쉬운 형태로 바꾼다는 뜻이다. 버리기로 마음먹는다면 빌리버딘을 빌리루빈으로 만들 까닭이 전혀 없다. 하지만 그 전제가 틀렸다면? 빌리루빈이 우리 몸에서 수행하는 중요한 어떤 역할이 있다면 효소와 에너지를 써서 빌리버딘을 빌리루빈으로 치환하는 작업은 의미를 띠게 된다.

상황을 좀 들여다보자. 신생아의 약 60퍼센트는 태어난 첫 주에 황달 증세가 나타난다. 피부가 누렇게 변하는 현상이다. 만기를 채우지 못한 조산아는 거의 80퍼센트가 이런 증세를 보인다. 정도가 심하면 뇌 발생에 문제가 있을 수 있으므로 의사들은 보통 광선 치료를 권한다. 그러면 증세는 대개 금방 사라진다. 간 대사 효소 대신 빛이 빌리루빈을 신속히 처리하는 것이다.

엄마의 혈액에서 더 효율적으로 산소를 조달하기 위해 태아의 헤모글로빈은 성인의 그것과 약간 달라° 산소와 잘 결합한다. 태어나는 즉시 신생아들은 이제 필요 없는 적혈구를 새로 바꾸어 태반 건너편이 아니라 지구의 대기권과 직접 대면해야 한다. 핵이 없는 적혈구는 이미 최종 분화를 마친 상태이기 때문에 골수에서 새롭게 만드는 것 외에 별다른 방도가 없다. 이 말은 자궁에 있었을 적에 소용이 닿았던 태아의 적혈구 전부를 분해해야 한다는 의미이다. 이런 일이 빠른 속도로 진행되고 그에 따라 태아의 간에서 미처 처리하지 못한 빌리루빈이 혈액에 오래 머물게 된다. 바로 이런 까닭에 '신생아 황달'이 나타나는 것이다. 그렇다면 과연 우리 몸은 태아 적혈구를 처리하는 방식을 진화시키지 못한 채 어설프게 오늘날에 이르게 된 것일까?

진화 의학에 관심이 있는 과학자들은 아직 방어체계가 온전히 갖추어지지 않은 신생아들이 활성 산소에 대응하기 위한 방책으로 빌리버딘-빌리루빈 회로를 사용하는 것이라는 가설을 세웠다. 헴의 분해 산물이 생리적으로 어떤 역할을 하는지 연구하는 과학자들이 빌리루빈의 항산화 효과를 연거푸 밝힌 것도 이 가설을 뒷받침하는 근거가 되었다. 2018년《*Scientific Reports*》에 실린 논문을 보면 이 체계는 패혈증에도 도움을 주는 것 같다.

• 글로빈 단백질은 4개의 아형으로 이루어진 복합체이며 태아는 알파글로빈 2개, 감마글로빈 2개로 구성된다. 태어나면 감마글로빈이 사라지는 대신 베타글로빈이 그 자리를 차지한다. 그러므로 태어나면 감마글로빈은 분해되어야 한다.

간단히 말하면 패혈증은 혈액에 세균이 자라는 상황에서 벌어지는 증상이다. 영국 애버딘 대학 산부인과에서 기록관으로 일하던 리처드는 마침 소화기 미생물학 박사학위를 준비하는 학생이었다. 마침 패혈증에 시달리던 신생아를 보던 리처드는 이 환자가 심한 황달 증세를 보이는 것을 알았다. 눈으로 보면 바로 알 수 있는 증세이니 쉽게 알아챘을 것이다. 바로 이 순간에 리처드는 빌리루빈이 소아 염증 반응과 관계가 있을지도 모른다는 생각이 들었다고 한다. 아마 그도 내가 읽었던 《미국국립과학원회보》에 실린 솔로몬 스나이더Solomon Snyder의 논문을 읽고 빌리루빈의 항산화 효과를 짐작했을 것이다. 하지만 그는 신생아 곁에서 다른 생각을 했다. 항산화 효과라고 단정하기에는 뭔가 타이밍이 잘 맞지 않는다고. 옛날 동굴에서 애를 낳는 상상을 하던 그는 초기 신생아들을 괴롭히는 가장 큰 걸림돌은 감염일 거라고 확신했다. 태어난 지 일주일이 되지 않는 동안 감염의 위험을 잘 넘길 수 있다면 아이의 생존율은 높아질 것이다. 그리고 마침맞게 그 시간대에 신생아 혈중 빌리루빈 농도가 올라갔다. 이제 실험이 남았다.

다시 실험실로 돌아간 리처드는 빌리루빈이 신생아 패혈증을 일으키는 세균의 성장을 억제함을 증명했다. 연쇄상구균, 포도상구균 및 대장균의 증식을 효과적으로 억제함을 실험적으로 살펴본 것이다. 상황이 그렇다면 안전한 병원에서 세균의 감염 우려 없이 태어나는 아이들에게 더 이상의 빌리루빈은 별 도움이 되지 않을 것이다. 하지만 현대적인 의미의 의료체계가 갖추어지지 않은 곳에서는 언제든 빌리버딘-빌리루빈 순환이* 제대로 작동하리란 것도 추론이 가능하다. 산파의 도움을 얻어 출산하는 경우라면 광선 치료는 개발에 주석편자일지도 모른다. 그리고 그땐 아이의 피부색이 노랗게 변하는 과정을 안도의 눈으로 바라볼 수 있을 것이다.

더는 회수할 필요가 없는 혈액 폐기물은 이제 방광으로 내려간다. 왜 그런지 모르지만 좌우 2개의** 콩팥에서 아래에 있는 방광으로 내려가는 요관은 2개이다. 방광이 수동적인 역할을 한다고 알려진 까닭은 여기에서 만드는 호르몬이 없다는 데서도 짐작할 수 있다. 그렇다면 방광은 단순히 보관 장소에 불과한 것일까? 오줌이 줄줄 새어나가 포식자를 끌어들이는 냄새를 은닉하기 위한 장치라든가 삼투 조절 장치라든가 가설은 몇 가지 있지만 과연 그렇겠구나 하고 고개를 끄덕일 만큼 눈에 띄는 것은 실상 별로 없다. 게다가 타조를 제외한 조류들은 방광조차 없다. 타조는 까마귀처럼 아무 때나 공중에서 오줌과 섞인 똥을 배설하지 않는 대신 일부 사람처럼 노상 방뇨를 서슴치 않는다.

- 최근 적혈구의 단백질체학을 연구한 논문을 참고하면 이 세포 안에도 빌리버딘을 빌리루빈으로 바꾸는 효소가 상당히 많다. 연구자들은 핵도 없이 120일을 사는 적혈구가 갖춘 항산화제라는 결론에 이르렀다. 적혈구는 참 볼수록 매력적인 세포임이 틀림없다.
- 폐는 양쪽에 2개라고 말할 수 있을까? 어쨌든 심장과 간, 방광은 하나이지만 콩팥은 뚜렷하게 2개다.

오줌의 물리학

돼지의 방광에 든 물을 빼고 입으로 공기를 불어 넣어 축구를 했다는 얘기를 들어 본 적이 있는가? 오줌을 보관하는 장소라 지린내가 남은 탓인지 먹지도 않고 "옜다." 하고 버리듯 동네 아이들에게 던져지면 한동안 아이들의 장난감 노릇이나 하는 천덕꾸러기 기관은 방광이 유일할 것이다. 얼음골에서 스승 유의태의 몸을 해부했던 조선 시대 명의 허준도 위와 심장, 간을 읊었을망정 방광에 대해서는 함구했다. 아이들이 배꼽 인사를 할 때 두 손을 공손히 모으는 곳에 방광이 있다. 공기나 액체를 채우면 부푸는 풍선처럼 탄력성이 좋은 기관이다.

애틀랜타 동물원에서 동물의 오줌 누는 시간을 쟀던 데이비드 후 연구진의 논문은 2014년 《미국국립과학원회보》에 실렸다. 그들은 3킬로그램이 넘으면 큰 동물, 1킬로그램 이하면 작은 동물로 구분했다. 큰 동물들은 인간과 비슷한 양상으로 오줌을 배설했지만 작은 동물들은 방울방울 떨어뜨렸다. 동물원에서 직접 비디오로 촬영한 장면을 관찰한 것이다. 썩 아름다운 모습은 아니라 해도 논문에 첨부된 영상을 볼 수 있다.

흥미로운 점은 3킬로그램이 넘는 동물의 배뇨 시간이 일정했다는 사실이다. 코끼리나 고양이 모두 오줌 누는 시간은 약 21초에 수렴했다. 그 값은 체중이나 방광의 크기와는 무관하다는 뜻이다. 하지만 작은 동물들은 0.01~2초 정도로 훨씬 빠르게 배뇨를 완결지었다.

이렇게 큰 차이는 무엇을 의미할까?

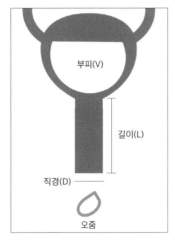
데이비드 후의 배뇨 시간 모델링

데이비드가 이용한 모델링 방식을 따라가 보자. 실제 그렇지는 않겠지만 모델은 어떤 부피(V)의 방광에 요도가 수직으로 연결된 단순한 모양이다. 요도의 길이는 남녀 차이가 있어서 남자는 평균 20센티미터이고 여자는 3~4센티미터라고 한다. 요도는 구멍이 있는 굵은 관이며 안과 밖의 지름이 변함이 없는 것으로 간주한다. 쉽게 말하면 방광과 요도는 수도관이 아니라 독일식 1갤런짜리 맥주캔에 콕이 달린 일종의 탱크에 가까운 구조라고 생각하면 된다. 시간이 지나 탱크 내부의 수위가 내려감에 따라 꼭지에서 나오는 오줌의 양이 줄어들고 속도가 느려진다는 사실은 누구나 경험적으로 잘 안다.

처음 뜸 들이는 시간이 있고 방광이 비어 갈 무렵 오줌 줄기가 약해지지만 어쨌든 오줌●의 속도가 일정하다고 가정하자. 하지만 우

● 오줌의 쓰임새는 다양하다. 2013년 《세포 재생Cell Regeneration》의 한 논문을 보면 중국 연구진들은 오줌 안에 든 세포를 (유전자 조작하여) 줄기세포로 만든 후 이것을 이빨 조직과 섞어 쥐의 콩팥에 이식하고 거기서 이빨이 자라는 현상을 목격했다. 연약하고 턱에 잘 붙지 않아 효용 가치는 떨어지지만 3주 정도면 이빨이 재생된다고 한다. 똥이나 오줌을 통해 방광이나 요로에서 비롯한 살아 있는 세포와 대장에 사는 세균들이 함께 세상 구경을 나온다. 냄새는 나지만 오줌이 창의적으로 쓰일 가능성이 열린 것이다. 누런 이빨을 하얗게 할 때도 간혹 오줌을 쓴다고 한다. 2012년 나이지리아의 몇 여학생들은 오줌 성분을 재료로 수소 가스를 발생시켜 발전기를 제작했다. 폐경기 여성의 오줌에는 난임 여성에게 부족한 생식 호르몬이 풍부하다는 사실도 알려졌다. 어린아이 오줌을 받아 타박상 환자의 어혈을 푼다던 기억도 있다. 피부 재생을 촉진하는 어떤 의약품에는 임신한 말

(표12) 상대성장 식

	단위	상대성장 식	상관계수(R^2)
요도 길이	밀리미터	$35M^{0.43}$	0.9
요도 지름	밀리미터	$2M^{0.39}$	0.9
방광 부피	밀리리터	$4.6M^{0.97}$	0.9
방광 압력	킬로파스칼	$5.2M^{-0.01}$	0.02

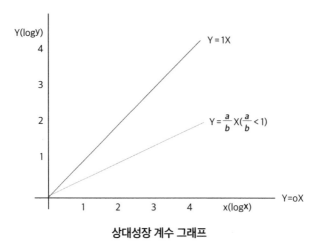

상대성장 계수 그래프

선 13종[*] 약 100여 마리의 개체를 조사하고 배뇨와 관련된 생리학 값을 체중과 비교한 상대성장 식(표12)을 잠시 살펴보자.

의 오줌이 들어가기도 한다. 속담을 보니 우리 조상들은 '언 발에 오줌을 누기'도 한 모양이다.

● 마우스, 랫, 개(치와와, 그레이트 데인), 고양이, 염소, 재규어, 고릴라, 판다, 사자, 돼지 비슷한 테이퍼(tapir), 엘크(elk), 얼룩말, 백마, 경주마, 들소, 코뿔소, 코끼리 등이다. 같은 종이라도 무게가 다른 동물도 여럿 포함되었다. 여성과 남성도 포함되었다.

요도의 길이와 지름은 체중이 큰 동물일수록 크다. 하지만 두 변수 모두 상대성장 계수가 3분의 1에 가깝다. 옛날 그래프 그리던 시절을 잠시 떠올려 보자. x축으로 3단위만큼 갈 때 y축으로 1단위가 증가하면 기울기가 3분의 1이다. 하지만 조심, 여기서 단위는 로그로 간주한다. 예컨대 체중이 1,000배 무거우면 요도의 길이와 지름은 얼추 10배 늘어난다는 뜻이다. 두 변수의 계수가 같다고 치면 길이와 지름의 비율(가로세로 비, aspect ratio)은 몸무게와 상관없이 약 18(35 나누기 2)에 이른다. 요도 지름의 약 18배 정도가 음경의 길이가 된다는 뜻이다.

0.97로 상대성장 계수가 거의 1에 가까운 방광 부피는 각 동물의 무게에 거의 정비례한다는 점을 알 수 있다. (표12)에 따르면 체중 10킬로그램인 동물의 방광 부피는 43밀리리터($4.6 \times 10^{0.97}$) 정도이다. 마찬가지로 무게가 70킬로그램인 성인의 방광은 약 300밀리리터($4.6 \times 70^{0.97}$)가 되어야 한다. 하지만 앞에서 말했듯이 사람의 방광 부피는 600밀리리터 정도로 예측값보다 2배 큰 편이다.

참고로 몸무게가 3킬로그램인 고양이의 방광 부피 측정값은 5.4밀리리터다. 무게가 28.8킬로그램인 개의 방광 부피 측정값은 45.5밀리리터였다. 이는 체중 10킬로그램인 동물의 방광 부피를 계산한 값(약 43밀리리터)과 비슷하다. 체중 500킬로그램인 말의 실제 방광 부피는 4.25리터 정도다. 체중을 참작해서 상대성장 식에 대입하면 이 말의 방광 부피는 2리터가 조금 안 된다($4.6 \times 500^{0.97} = 1,909$). 말 방광의 측정값과 예측값 사이에 2배 넘는 편차가 있지만 다양한 방식으로 살았거나 죽은 동물에서 어렵게 측정한 수치에서 연역한 식이라는 점도 잊지 말자. 정리하자. 어림짐작 법에 따라 자세한 숫자의 차이를 무시하고 말하면 체중이 10배가 늘 때 방광의 부피는 10배 증가한다. 반면 요도 길이는 체중이 1,000배 느는 동안 고작 10배 늘어날 뿐이다. 바로 이런 자릿수가 의미하는 것이 크기를 다루는 생물학자들이 흔히 사용하는 상대성장 지수이다.

자신의 요도 모양을 유심히 들여다본 사람이 있을지 의문이지만 일부 생리학자들은 죽은 동물의 음경을 절단하고 그 단면이 골판지처럼 '골이 진(corrugated)' 모양이라고 묘사했다. 가뭄이 심해 논바닥이 쩍 갈라진 모양의 요도를 정량적으로 나타내기 위해 사람들은 형상계수(shape factor)[•]를 도입했다. 불규칙한 이미지를 정량화하기 위한 수단으로 도입된 이 값은 얼마나 구과 비슷한가를 나타내는 구형도(sphericity), 원과 비슷한 척도인 원마도(roundness)와 볼록성(convexity), 이완도(elongation), 편평도(flatness) 등을 수치화한다. 데이비드 후는 오줌이 흐르지 않을 때 얻은 이미지를 분석하여 단면적을 얻고 요도 장축의 길이를 지름으로 하는 원의 면적으로 나누어 0.2라는 원마도 형상계수를 도입했다(271쪽 그림). 이제 어떤 동물 요도의

● 모난 정도를 나타내는 원마도는 $4A/\pi d^2$로 정의된다. A는 우리가 보고 있는 이미지의 면적이다 (271쪽 그림). 이해하기 쉽게 원을 떠올리자. 강가나 해안가의 돌의 둥근 정도를 원형도라고 한다. 하천에서 이동되는 퇴적물 입자들이 움직일 때 서로 부딪혀 깎이거나 모서리가 둥글게 마모된다. 상류층일수록 원마도가 낮으며 하류 쪽으로 갈수록 높다. 원마도가 높아 둥글한 역이 많으면 원역암으로, 각이 진 역이 많으면 각력암으로 분류한다. 원마도는 하천이나 해안 퇴적물의 구별, 기후 환경의 차이 등을 추정하는 수단으로 이용된다. 각상, 아각상, 약간 둥근, 둥근, 매우 둥근의 5단계로 구분할 수 있다.

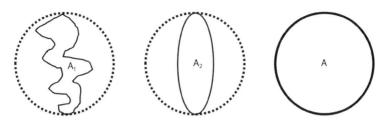

모양은 달라도 형상계수는 같다. 세 원 모두 지름을 10이라고 가정하면 형상계수(σ) = $4A/\pi d^2$ 이다. 점선 안의 두 이미지의 형상계수가 0.2로 같다면 σ = 0.2 = $4A/100\pi$ 이므로 A_1과 A_2의 면적은 5π로 똑같다.

장축의 길이를 알면 요도의 단면적을 예측할 수 있게 된다. 또 여러 종의 동물에서 얻은 형상계수가 비교적 일정하게 나타난 것으로 보아 요도 단면적의 약 20퍼센트에 해당하는 구멍을 통해 오줌이 나오리라는 점도 예상된다. 야생에서 진행되는 현장 실험이 아니라도 무척 힘든 실험이었을 테지만 요즘은 카메라로 찍어서 컴퓨터로 분석하는 일이 일상적으로 진행되고 있으니 그나마 다행이라 할 것이다.

방광에 오줌이 채워지면 비우라는 신호가 전달되고 배출근이 이완하면서 오줌이 분출된다. 연구자들은 바로 이 순간의 압력을 측정하고 대부분 동물에서 오줌을 밀어내는 힘이 비슷하다는 결론에 이르렀다. (표12)에서도 그 경향을 바로 알 수 있다. 체중이 얼마든 방광 압력 값은 거의 5.2킬로파스칼이다. 계수가 −0.01이라 '거의'라는 표현을 썼다.

압력은 단위 면적(제곱미터)당 걸리는 수직 방향의 힘을 일컫는다. 단위는 파스칼이다. 제곱미터에 1뉴턴의 힘으로 내리누르면 1파스칼의 압력이 걸린다고 말한다. 1뉴턴은 질량이 약 100그램인 물체

에 작용하는 중력이다. $^{•}$ 공기가 우리를 내리누르는 압력인 1기압(atm)
은 10만 파스칼, 100킬로파스칼이 넘는다. 그렇다면 '절박한 오줌'의
압력은 얼마나 클까?

코끼리 발바닥의 넓이와 무게를 고려하여 코끼리가 내리누르는
압력을 계산하는 사례를 그대로 가져와 보자. 코끼리의 질량은 6톤이
고 발바닥 한 개의 넓이는 1,500제곱센티미터다. A4용지 두 장 반 좀
안 되는 넓이다. 질량에 중력가속도를 곱한 코끼리의 힘(무게)을 전체
발바닥 넓이로 나누면 $(6,000 \times 10)/(4 \times 1,500) = 10$뉴턴/제곱센티미
터가 된다.

코끼리가 지구를 누르는 압력이 이 정도다. 이제 하이힐을 신은
여성이 등장할 순간이다. 여성의 몸무게는 60킬로그램이고 계산하기
편하게 하이힐 바닥 면적은 각각 3제곱센티미터, 2개 합해서 6제곱
센티미터라고 하자. 위에서 했던 계산을 반복하면 여성은 100뉴턴/
제곱센티미터의 압력으로 지구를 누른다. 거대한 코끼리 몸무게의
100분의 1에 불과한, 하이힐을 신은 여성이 코끼리보다 10배나 더
지구를 핍박한다. 이런 예에서도 하이힐은 여성 자신이나 지구에조차
그리 호의적인 발명품은 아닌 것처럼 보인다.

앞으로 돌아가 오줌을 밀어내는 방광의 압력, 5.2킬로파스칼을
다시 생각해 보자. 5.0킬로파스칼이라고 하고 다시 정리하면 다음과
같다.

• 같은 힘이 걸리더라도 작용하는 면적이 좁으면 압력은 커진다. 압정 끝에 걸리는 압력을 상상해 보자.

272

$$5,200\text{N/m}^2 \fallingdotseq 5,000\text{N}/10,000\text{cm}^2 = 0.5\text{N/cm}^2$$

순전히 계산상으로 이 정도면 코끼리가 지구를 내리누르는 만큼
은 아니라도 우리가 500킬로그램짜리 암퇘지가 올라탄 1제곱미터인
나무판을 들고 있는 압력과 같은 셈이다. 물론 나무판의 무게는 무시
해야 한다. 어쨌든 이 모습을 떠올리면서 이제 오줌을 누라는 압박이
들어와 화장실로 뛰어가 오줌을 눌 때의 느낌을 떠올려 보자. 어째 좀
더 절박해졌는가?

생소한 분야이긴 하지만 동물들이 물을 먹는 방식을 연구하는
사람들도 있다. 인간은 물을 마실 때조차 그릇이나 컵 혹은 빨대 같
은 도구를 쓴다. 두 손이 결박되었거나 도구가 없을 때 우리는 어떻게
물을 마실까? 상상하는 바 그대로다. 개나 늑대 입이 앞으로 길게 튀
어나온 데는 다 이유가 있다. 유체역학 연구자들은 코끼리가 코로 물
을 들이켜는 힘이 약 10킬로파스칼에* 육박한다고 보고했다. 날달걀
에 구멍을 내고 홀라당 삼키려 할 때 우리 호흡기에서 공기를 빨아들
이는 힘도 그 정도다. 이런 힘도 오줌 누는 시간처럼 체중과 무관한
일종의 상수처럼 나타난다는 사실은 물리학적으로 흥미롭기 그지없
다. 좀 우스꽝스러운 비교이기는 하지만 오줌 줄기를 내보내는 힘보

• 2021년 5월 신문에는 코끼리가 코로 물을 흡입하는 속도가 시속 540킬로미터라는 기사가 등장하
기도 했다. 이화여자대학 물리학과 이공주복 교수님이 직접 논문을 읽고 계산을 정정했다. 그에 따
르면 코끼리 코는 초속 150미터 속도로 공기를, 물은 2.7미터 속도로 빨아들인다. 조지아 공대에서
수행한 연구이다. 오줌과 똥을 누는 속도 연구도 같은 학교에서 수행되었다.

다 날달걀을 들이켜는 힘이 거의 2배쯤 더 세다. 고개를 갸웃하게 되지만 이런 관찰 결과를 보면 싸는 일보다 먹는 일이 생물학적으로 중요한가보다 고개를 주억거리게도 된다.

한데 재미있는 사실은 모기가 침을 빨아들이는 속도도 그에 못지않다는 점이다. 유체역학 저널에 발표되었으며 현재 서강대 재직 중인 김원정 박사가 제일 저자로 참여한 논문의 제목은 '야생에서의 마시기 전략(Natural drinking sterategies)'이다. 정말 '별걸 다' 연구하는 사람들이 한국에도 생겨나야 한다.

오줌의 유체역학

물 깊은 곳에서 우리 몸이 수압을 견딜 수 있는 까닭은 세포 안에 물이 잔뜩 들어 있기 때문이다. 물처럼 오줌도 압축할 수 없는 액체로 밀도 ρ, 점도 μ 그리고 표면 장력이 σ인 유체라고 하자. 요도의 단면적과 길이를 바탕으로 이러한 물리적 특성과 관련한 에너지 방정식을 데이비드 후는 상상했다. 방광에 든 오줌이 가진 에너지는 요도가 열리기 전까지는 저장된 형태로 숨어 있는 상태다. 댐에 갇힌 물과 다를 바 없다. 요의를 느껴 근육을 이완하면 이제 오줌은 흐르는 유체의 에너지로 변환되어야 한다. 수문을 연 댐에서 아래로 물이 콸콸 쏟아지듯.

방광 압력 + 중력이 주는 압력 = 관성력 + 점성력 + 모세관 압력

복잡하고 용어도 어렵지만 눈치껏 통에 든 유체가 수직으로 매달린 관을 따라 내려오는 상황을 연상해 보자. 위 식은 요도 입구와 출구의 압력 차를 표현한 것이다. 수도꼭지를 틀면(비유적으로) 오줌은 일정한 속도로 흐를 테지만 요도를 따라 흐르는 동안 마찰력 때문에 줄어들지도 모를 에너지 손실량을 먼저 염두에 두어야 한다. 물을 포함하여 점성이 있는 유체는 점성력이 생긴다. 이 점성력은 유체 내부에서 발생한다. 요도의 벽과 가까울수록 흐름을 방해하는 경향이 커진다는 뜻이다. 꿀을 젓는 일을 상상해 보자. 아무리 열심히 저어도 그릇 가운데만 소용돌이가 돌 뿐, 벽에 붙은 꿀은 꼼짝달싹도 하지 않는다. 이런 마찰 손실은 달시-바이스바흐(Darcy-Weisbach)˙ 방정식으로 표현된다. 무수한 실험을 거쳐 달시는 마찰계수를 구할 수 있었으며 이는 레이놀즈 수의 방정식으로 표현되었다.

드디어 레이놀즈 수 개념이 등장했다. 영국의 물리학자 오스본 레이놀즈Osborne Reynolds, 1842~1912는 흐름이 느린 곳과 빠른 곳에서 흐름의 형태가 다르다는 사실을 깨달았다. 그는 관에 액체를 흘려보내고 거기에 파란 잉크를 몇 방울 떨어뜨려 흐름의 양상을 파악하는 일을 직접 실험했다. 유속을 달리한다거나 관의 지름 또는 액체의 점도를 바꿔 가면서 실험하는 동안 관성력과 점성력의 비율로 흐름의 형태를 파악할 수 있음을 알게 되었다. 그게 레이놀즈 수다.

● 일정량의 유체가 일정한 속도로 흐를 때 액체의 점도와 관의 물리적 특성에 따라 줄어드는 에너지양을 나타낸다. 관이 가늘고 길며 표면이 거칠수록 잃는 에너지양은 커진다. 이는 결국 에너지 보존 법칙을 뜻하는 것이다.

이 수를 정의하는 식이 있지만 두 가지만 기억하자. 하나는 레이놀즈 수에는 단위가 없다. 둘째 레이놀즈 수가 작으면 점성력이 지배적이다. 걸쭉하다는 뜻이다. 유속이 빨라 관성력이 커지면 그에 따라 레이놀즈 수도 커진다. 그렇다면 단위가 없는 레이놀즈 수는 어떤 의미를 띨까? 레이놀즈는 유속이 빠르거나(분자인 관성력이 크다) 관의 지름이 클 때(마찰력이 적고 점성력이 줄어든다) 유체의 흐름이 격하게 혼합되고 잉크의 흐름이 어지럽게 변함을 알게 되었다. 일정한 방향으로 흐르는 층류(laminar flow)와 우당탕 흐르는 난류(turbulent flow)는 레이놀즈 수 약 2,300을 경계로 확연히 나뉘었다. 나중에 물리학자들은 기체든 액체든 점성이 있고 흐르는 유체에는 층류와 난류가 있음을 알게 되었다. 하긴 담배 연기도 처음에는 한 줄기 흐름을 보이다 좀 지나면 어지럽게 흩어지곤 한다.

관을 채워 흐르는 오줌의 흐름은 요도의 굵기에 따라서도 영향을 받는다. 모세관을 가늘게 만들어 시료를 취하는 실험을 하다 보면 모세관의 지름이 작을수록 용액이 더 높이 솟아오르는 현상을 목격하게 된다. 모세관 압력의 힘이다. 이런 현상은 요관이 좁은 생명체일수록 더 적나라하게 드러날 것이다. 마우스 오줌이 요도 끝에 방울져 있는 모습은 오줌의 흐름을 저지하는 또 다른 힘이 작용하고 있음을 여실히 보여 준다. 요도가 너무 가늘면 중력보다 표면장력의 힘이 우세해지는 것은 누구나 잘 아는 사실이다.

여기서 더 나가지는 않겠지만 데이비드는 요도를 둘러싼 에너지 관계식을 여섯 종류의 무차원 숫자로 치환했다. 누구나 쉽게 접근할 수 있는 데이터를 보면 레이놀즈 수는 관찰한 동물의 체중이 증가할 수록 커져서 체중이 어느 정도를 넘으면[*] 오줌발이 난류일 것이라고 예상할 수 있다. 말이 오줌 누는 모습을 떠올려 보자.

오줌의 속도와 관련된 값은 물론 요도의 지름과 길이 그리고 요관을 타고 흐르는 유체의 양과 속도를 반영하고 있다. 다시 말하면 방광의 크기와 근육을 수축하여 오줌을 밀어내는 동물체의 개별성을 표현하고 있다. 한 걸음 더 나아가 데이비드는 운동량 보존 관계식을 변형하여 오줌의 속도가 일정해지는 시간을 추정하고 이를 실험값과 비교했다. 이에 따르면 100킬로그램이 안 되는 동물들은 4초가 지나기 전에 최대 배뇨 속도의 90퍼센트에 도달한다.

아마 감각 능력이 예민한 성인이라면 자신의 경험을 빌어 이런 오줌발의 속도를 느낄 수 있을지도 모르겠다. 전화기 화면을 들여다보는 대신 오줌 줄기를 보면서 하나둘셋 세는 일도 시간을 때우는 좋은 방법이 될 것 같다.

- 데이비드 후의 데이터를 참고하면 체중 약 10~100킬로그램 사이의 동물군에서 층류에서 난류로 오줌 흐름의 양상이 변한다. 오줌의 속도와 요도의 길이, 지름을 고려하면 나이에 따라 인간의 오줌도 층류에서 난류로 전이하는 현상을 볼 수 있을 것이다. 데이터를 보면 수치를 바로 제시하지 않고 그래프로 나타냈기 때문에 추정할 수밖에 없지만 레이놀즈 수는 체중에 비례하여 증가한다. 10~100킬로그램의 체중을 가진 오줌발의 레이놀즈 수는 약 5천에서 1만 사이이고 그보다 크면 거의 3만에 육박한다. 레이놀즈 수가 1만을 넘으면 층류에서 난류로 바뀐다고 데이비드는 진단했다.

오줌 누는 시간 21초

몇 명의 현장 과학자들이 연구한 결과를 참고하면 체중이 30그램인 생쥐는 오줌 누는 데 1.5초가 걸린다. 같은 무게의 박쥐는 0.32초다. 체중이 5킬로그램인 고양이는 18초, 18킬로그램인 염소는 8초, 100킬로그램 고릴라는 20초다. 체중이 8톤에 육박하는 코끼리 수컷도 기껏해야 35초에 불과하다. 다양하지만 체중 로그값을 취하면 오줌 누는 시간의 차이는 그리 크지 않으리라 짐작할 수 있다. 이제 데이비드가 어떻게 오줌 누는 속도를 계산했는지 간단히 살펴보자. 특히 대형 동물들의 오줌 누는 시간이 어떤 특정한 값에 수렴하는지 가만 지켜보자.

대형 동물에서는 방광의 압력과 중력이 상대적으로 크고 그에 따라 요도를 흘러내리는 오줌 유체의 운동(관성력)이 압도적인 요인이라고 볼 수 있다. 앞에서 말했듯 체중이 무거운 동물의 방광에 든 오줌의 점성은 무시할 정도이기 때문이다. 또 요도의 지름이 충분히 크기 때문에 표면장력과 모세관 효과도 무시할 수 있다. 그러면 식이 한결 단출해진다.

방광 압력 + 중력이 주는 압력($\rho g L$) = 관성력($\rho u^2/2$) → 가)

질량 대신 밀도를 쓰는 것과 마찬가지로 유체역학에서는 단위 시간당 흐르는 유체의 양을 부피 대신 사용한다. 1초에 흐르는 오줌의 양을 구하고 이를 방광을 채운 오줌 부피로 나누게 되면 오줌 누는

278

시간이 나온다. 오줌 속도에 방광의 표면적을($u \times \alpha \pi D^2/4$) 곱하면 1초에 움직이는 오줌의 양이 될 것이다.

먼저, 가)식에서 속도를 구하려면 양변을 밀도로 나누고 양변에 루트를 씌워야 한다. 위에서 단위 시간당 흐르는 유체의 양을 의미하는 부피가 직접 체중에 비례한다는 점을 고려하면 방광을 비우는 시간은 동물 체중의 1/6승에 비례한다는 결론에 이른다. 이렇게 계산한 값은 얼추 실험값과 일치하는 경향을 보인다. 여기서 1/6이라는 상대성장 지수에 대해 생각해 보자. 앞에서 살펴보았듯 이는 체중이 10^6배 늘 때 오줌 누는 속도가 10^1배 길어진다는 뜻이다. 10그램짜리 마우스와 10톤짜리 코끼리의 몸무게는 정확히 1백만 배의 차이가 있지만 오줌 누는 시간은 단지 10배 다를 뿐이다. 그러므로 개나 소처럼 동물의 왕국에서 우리가 흔히 보는 대형 동물 집단들의 오줌 누는 속도는 거의 차이가 없으리라는 점을 가)식은 보여 준다.

수식이 그렇고 실제 측정 시간이 동물의 일정한 배뇨 시간을 지목하고 있다고 수긍하자. 그렇지만 정말 그것이 의미하는 바는 무엇일까? 그런 일은 어떻게 가능할까? 다시 식으로 돌아가자.

$T = V/Q$ (일정한 시간 = 방광의 부피/초당 배뇨량)

T가 일정하게 유지되려면 V가 커지는 만큼 Q가 늘어나면 된다. 방광이 크면 그에 걸맞게 빠르게 오줌을 분출하면 되는 것이다. 코끼리가 오줌을 누는 모습에 '콸콸'이라는 부사어를 쓸 수 있다면 고양이

에게는 '쫄쫄'이 어울린다는 뜻이다.

암컷 포유동물의 요도는 항문과 가깝고 똥을 누는 자세로 오줌을 누기 때문에 오줌 줄기는 수평으로 날아간다. 중력의 영향을 무시할 수 있다는 뜻으로 읽힌다. 수컷보다 암컷들의 오줌 누는 속도가 체중에 더 민감하다는 뜻이지만 누가 저걸 확인하겠다고 정글을 누비겠는가?

방광을 비우는 일

오줌이 방광을 비우는 일이라면 오줌을 누는 속도를 결정하는 가장 중요한 요소는 무엇일까? 방광의 부피? 비뇨기과 전문가들은 배설기관의 효능을 쉽고 빠르게 알아보기 위해 오줌 누는 속도를 검사한다. 나이 든 남성들의 전립샘이 커지면(꼭 비대해졌다는 용어를 쓴다) 그것이 요도를 눌러 오줌을 찔끔거리는 증세가 흔하게 나타난다. 이 틈을 노려 건강식품을 판매하는 사람들은 남성의 자존심을 운운하며 지갑을 두둑이 챙긴다. 살이 쪄 복강의 압력이 커져도 요실금 증세가 찾아온다.

우리는 어느 정도까지는 오줌을 참을 수 있다. 하지만 다리를 꼬며 진저리를 칠 정도가 되면 의식은 멀리 가고 자율 신경계가 급하게 작동하기 시작한다. 1984년 옥스퍼드 대학 시블리Sibley 박사는 수축할 때 깔때기처럼 오줌을 모아 요도로 나가게 하는 방광 삼각(trigone)

지역의 배뇨근(detrusor) 절편을 잘라 자율 신경계를 활성화하거나 반대로 억제하는 물질을 투여하고 이들이 수축하는 패턴을 관찰했다. 그 결과 시블리는 다른 부위와 달리 이 근육이 거의 전적으로 콜린성 신경계의 조절을 받는다는 결론에 이르렀다. 부교감 신경의 지배를 받는다는 뜻이다. 하지만 상황이 그리 단순하지만은 않다. 저장 기능을 하는 방광은 요관을 타고 오줌이 내려오면 근육이 적절히 늘어나야 한다. 요도 조임근도 잘 닫혀 있어야 한다. 교감 신경계가 이 기능을 조절한다. 요도 조임근을 열고 배뇨근을 수축해 밀어낼 때는 반대로 부교감 신경계가 가동된다.

경험적으로 알겠지만 오줌 누기 학습을 마치면 우리는 의지로 오줌의 저장과 배뇨를 조절할 수 있다. 하지만 스트레스를 받아 긴장하게 되면 자율 신경계의 조화가 깨진다. 오줌이 차지도 않았는데 오줌이 차 있다는 느낌이 드는 것이다. 그렇게 우리는 짧은 오줌을 눈다. 아마 호랑이에 쫓길 때도 교감 신경계가 풀가동될 것이고 오줌을 찔끔거리며 친구보다 빠른 속도로 도망쳐야 할 것이다.

사회생활에 지장을 줄 정도로 자주 오줌이 마렵거나 밤에 소변을 참지 못하고 금세 지려 버리는 증상이 있다면 상당한 스트레스를 받겠지만 한편으로는 중추 신경계이건 자율 신경계이건 방광의 근육을 제대로 조율하지 못한다고 판단할 수 있을 것이다. 개인의 의지로 조절되지 않는 과민성 방광 증후군 환자는 어쩔 수 없이 약물의 도움을 받아야 한다. 이때는 배뇨근의 수축을 직접 억제하거나 콜린성 신경계의 기능을 제어하는 약물을 첫 번째로 떠올릴 것이다. 특허청 자료를 참고하면 21세기 첫 10년 동안 국내에 출원된 이들 치료제(125건)는 항콜린제(22건/125건, 18퍼센트)와 평활근 이완제(21건, 17퍼센트)가 많았다. 그 외에도 근세포 수축에 필요한 칼슘 채널 길항제(11건, 9퍼센트), 칼륨 배출을 증가시켜 평활근을 이완시키는 칼륨 채널 개방제(7건, 6퍼센트)가 뒤를 이었다. 민들레나 범부채 등 식물을 추출한 약물들도 방광의 긴급함을 해소할 수단으로 특허 출원되었다. 하지만 약물이 꼭 방광에만 가라는 법이 없으므로 입안이 마른다거나 변비 등의 부작용도 불가피하다. 이럴 때마다 사람들은 방광 배뇨근에만 선택적으로 작용하는 약물을 개발해야 한다고 말한다. 노인병 의사인 눌랜드도 슬픈 어조로 늙어 신축성이 떨어진 방광이 오줌을 많이 담지 못해서 밤잠을 설친다고 애통해 했다. 게다가 나이 든 남성은 전립샘이 비대해지면서 오줌을 누는 시간도 덩달아 늘어난다. 그에 따라 행복 지수도 떨어진다.

배뇨 현상에 대해 지금껏 잘못 생각했던 것 중 가장 대표적인 것은 방광 압력이 오줌 누는 속도를 결정하는 거의 유일한 요소라는 점이었다. 하지만 양서류를 실험 모델로 한 실험에서 오레곤 주립대학 연구자들은 콩팥에서 총배설강으로 여기서 다시 방광으로 오줌이 움직이는 데 중력이 중요한 역할을 한다는 연구 결과를 발표했다. 배뇨의 유체역학에서 중요한 점은 몸통이 클수록 중력의 효과가 커진다는 사실이다. 그러나 요도의 지름과 길이가 함께 변하기 때문에 방광의 크기가 동물에 따라 다르더라도 오줌을 누는 시간이 비슷하다는 결론에 이르게 된다.

소변기에 앉은 파리

남성용 소변기에 검은색 파리 한 마리를 그렸더니 과녁을 벗어나 밖으로 튀는 오줌양이 80퍼센트나 줄었다는 뉴스가 화제가 되었던 적이 있었다. 물리학자들은 액체 방울이 액체나 고체 표면에 부딪히는 현상을 연구한다. 가령 우유 방울이 떨어지면서 생기는 왕관 모양의 방울을 만드는 현상을 역학적으로 설명하려 드는 예가 그런 것이다. 오랜 세월을 두고 떨어진 빗방울이 댓돌에 구멍을 내는 일도 곧 에너지와 관련되는 현상임이 분명하다. 수면을 응시하던 새가 먹잇감을 찾아 잠수하는 일도 관점을 달리하면 고체와 액체가 부딪히는 물리적 현상으로 돌변하는 것이다.

네덜란드 시키폴 공항 소변기에 파리 무늬를 그려 넣은 사람은 애드 키붐Ada Kieboom이다. 그는 남자들이 오줌 줄기를 가지고 화살 쏘듯 뭔가 맞추려고 장난한다는 사실에 착안하여 저런 변기를 고안했고 회사를 운영하기도 했다. 물리 현상을 살펴보기 전에 왜 이 사람들이 다른 생명체도 아닌 파리를 선택했는지 알아보자. 무의식적으로 사람들은 싫어하는 뭔가에 더 오줌발을 갈기는 경향이 크다고 한다. 파리가 아니라 나비 혹은 무당벌레를 그려 놓았다면 적중률이 줄었을 것이란 말이다. 흥미로운 사실은 좀 징그러운 동물인 바퀴벌레나 거미 무늬에도 오줌발이 자주 향하지 않았다는 점이다. 좋아하지는 않지만 그렇다고 무서움을 자아내지도 않는 만만한 동물로서 파리가 단연 으뜸이었나 보다.

또 다른 이색적인 연구 결과도 나왔다. 2013년 미국 유타주 브리검 영 대학 연구원들은 초고속 카메라를 이용해 물줄기가 변기 표면을 맞고 물방울이 튀는 장면을 촬영하고 분석한 결과, 속도나 자세 등의 요인보다 '각도'가 더욱 중요하다는 사실을 발견했다. 남자라면 누구나 경험적으로 다 아는 것이다. 하지만 설명하기는 힘들다. 왜 그럴까?

실험 방식은 레이놀즈의 그것과 비슷하다. 요도 같은 관 그리고 잉크를 섞은 물을 준비한다. 다른 점이 있다면 고속 카메라가 있었다는 점이다. 결론을 서둘러 말하면 연구원들은 오줌 줄기가 밖으로 나가 어느 순간에 이르면 표면장력 때문에 구형의 오줌 방울로 떨어진다는 것이었다. 솔직히 말하면 이 결론도 우리는 이미 알고 있다. 레일리 불안정성(Rayleigh instability)이라고 멋진 이름이 붙은 이런 현상의 내막은 이렇다. 이를테면 소변은 15~18센티미터를 진행한 뒤 물방울로 흩어진다. 문제는 이 물방울이 여기저기 튄다는 것이고 요관의 주인이 장난삼아 오줌 줄기를 이리저리 흔든다는 점이다. 네덜란드 공항 소변기는 바로 요관의 과녁을 마련해 소일거리를 준 셈이었다. 한국 화장실 소변기에 파리가 그려진 지가 언제인지 모르겠지만, 하여간 무척 오래되었다고 생각된다. 과연 그 위치가 브리검 영 연구진들이 밝힌 45도 위치에 있는지 한번 확인해 보자.

차원과 차원 없음

우리는 3차원 공간이라는 말은 무람없이 쓰고 거기에 시간이라는 변수를 보태 4차원이라는 표현도 가끔 쓴다. 하지만 물리학으로 들어와 역학을 다룰 때는 질량(M)과 길이(L) 및 시간(T)을 기본 단위로 물리적 성질을 드러내는 값(물리량)을 표현한다. 온도가 일정하다면 모든 물리량을 이 세 기본 단위의 조합으로 표현하겠다는 의미이다. 일정한 시간 동안 얼마나 이동했는지를 나타내는 속도는 킬로미터/시간, 미터/초, 미터/시간 등의 단위를 쓴다. 하지만 이를 기본 단위로 표현하면 모두 [L/T, 즉 LT^{-1}]가 된다. 이렇게 기본 단위를 조립하여 차원(dimension)으로 물리량을 표현하기도 한다. 여러 종류의 단위로 표현되던 것이 단출한 차원으로 환치되는 것이다.

간혹 질량 대신 힘을 써서 중력 단위계로 표현하는 분야도 있다. 다들 알다시피 힘($F=ma$)은 질량을 포함하는 기본 단위로 쓸 수 있고 그 차원은 [MLT^{-2}]이다. 단위 면적당 작용하는 힘을 나타내는 압력은 N/m^2이다. 뉴턴은 힘의 단위이고 이를 기본 단위로 표현하면 [FL^{-2}]이다. 여기에 힘을 질량 단위로 바꾸면 [$FL^{-2} = MLT^{-2}L^{-2} = ML^{-1}T^{-2}$]이다.

온도가 4℃일 때 물은 가장 무겁다. 밀도가 크기 때문이다. 어떤 물체가 물에 뜨는지 혹은 가라앉는지 판단하기 위해 우리는 비중이라는 개념을 도입했다. 비교하려는 물체의 밀도를 물의 밀도로 나눈 값이다. 따라서 단위가 약분되면서 사라진다. 물에 뜨는 나무의 비중은 0.2이고 유리는 2.45이다. 이런 예에서 볼 수 있듯이 단위가 없는 무차원수 값을 알면 바로 그 물체의 물리적 특성을 짐작할 수 있다. 비중이 2.45인 유리는 물에 가라앉는다. 물의 밀도가 거의 1 정도이기 때문이다.

앞에서 언급했듯 레이놀즈 수는 무차원(dimensionless)수다.

혈관의 크기에 따라 달라지는 주기적인 혈액의 흐름은 워머슬리(Womersley) 수로 표현된다. 이것도 무차원수다. 다시 말하지만 무차원수는 물리 현상에 관여하는 변수들 사이의 상관관계를 간단히 나타내기 위해 고안된 값이다. 아래 표는 인간의 워머슬리 값이다.

혈관의 종류	지름(cm)	워머슬리 수
대동맥	2.5	13.83
모세혈관	8×10^{-4}	4.43×10^{-3}
대정맥	3	16.60

워머슬리 값은 혈관의 지름에 비례하고 점도에 반비례한다. 혈액이 끈적한 데다 혈관마저 좁으면 워머슬리 값이 적다.

타조의 방광

타조는 오줌을 한바탕 먼저 누고 다음에 콩알 모양의 똥을 흩뿌리듯 한 줌 눈다. 오줌을 누는 시간은 아무리 길게 잡아도 5초를 넘기지 않고 똥을 누는 시간도 3초가 채 되지 않아 보인다. 뜸을 들이는 시간과 똥오줌이 나오는 시간 다 합해 1분이 채 되지 않는 타조의 은밀한 행위를 유튜브로 엿볼 수 있다. 요지경 속이다.

1979년이니 꽤 오래되긴 했지만 뉴욕 대학 마운트 시나이 병원의 벤틀리 박사는 척추동물의 방광이 최소한 두 번 독립적으로 진화했다고 말했다. 삼투압을 조절하는 기관으로 출발한 방광이 모든 척추동물에 고르게 분포하지 않는다는 점은 명백하다. 인터넷을 뒤져 보면 새가 방광을 가지지 않았다는 사실을 금방 알 수 있다. 어릴 적 집에서 키우던 닭을 잡을 때 모래주머니라고도 불리는 똥집이나 칼로 반을 갈라 내용물을 소금으로 박박 씻던 가느다란 소화기관을 보긴 했지만 방광을 본 적은 없다. 이런 점에서 타조는 예외다. 총배설강을 통해 한 통로를 쓰기는 하지만 분명 타조는 똥과 오줌을 구분해서 눈다.

날 때 체중의 부담을 줄이기 위한 방편으로 물을 보관하는 방광을 없앴으리라 짐작하지만 사실 새들의 방광에 대해 우리가 아는 정보는 극히 적다. 이런 때는 비교 생물학 정보를 동원해서 추론하는 게 우리가 할 수 있는 일이긴 하지만 방광에 대해서라면 알려진 것이 거의 없는 편이다. 타조를 뺀 모든 조류가 방광을 포기했다면 과연 조류의 조상들은 방광을 가지고 있었을까 아니면 우연히 타조만 방광을 갖는 방식의 수렴 진화를 거쳤을까? 이런 경우조차 진화생물학자들은 조류의 공통 조상이 방광을 가지고 있다는 가설을 선호한다. 일군의 현생 파충류가 방광을 지니고 있기 때문이다. 따라서 살아 있는 공룡의 현신으로 조류를 취급하는 분류에 충실하면 새들의 조상은 방광을 가지고 있어야 한다. 새들은 언제부터 방광을 버리게 되었을까? 타조는 왜 대세를 따르지 않은 것일까? 아니 처음부터 타조는 날 생각이 없었던 것일까? 모른다.

2002년 척추동물 고생물학 연례회의에서 맥카빌McCarville과 비숍Bishop은 공룡이 타조처럼 오줌을 누었을 것이라 강조하면서 타조가 오줌 누는 사진을 게재했다. 브라질에서 공룡의 발자국을 좇다 움푹 팬 자국을 여러 개 발견한 맥카빌과 비숍은 높은 곳에서 위치에너지를 듬뿍 장착한 액체가 흩뿌려진 것이 범인이라고 추정했다. 공룡을 관찰할 수 없었던 과학자들은 타조에서 공룡의 행동 특성을 발견하고 그것이 공룡의 오줌임이 분명하다는 결론에 이른 것이다. 논문으로 발표된 것이니까 하나의 가설로 보면 별

일은 없을 것 같지만 공룡도 없는 상황에서 발자국과 함께 찍힌 액체 폐기물 흔적에서 짐작한 단서만으로는 새들의 조상이 방광을 가졌는지는 누구도 단정할 수 없는 것이다.

현생 파충류에는 방광이 있기도 하고 없기도 하다. 거북이 종류는 방광이 있고 악어는 없다. 이구아나 비슷한 옛도마뱀은 방광이 있지만 현생 도마뱀은 종에 따라 있기도 하고 없기도 하다. 분기 시점이 파충류보다 오래된 양서류는 방광이 있지만 어류는 없는 종이 더 많다.

복잡하다. 하지만 이런 계보에서 뭔가 일관된 결론에 이르기는 힘들 것 같다. 벤틀리는 발생 과정에서 알을 낳는 양막류와 나머지 사지동물을 구분해서 척추동물 방광의 계보를 추적했다. 네발 동물 방광은 총배설강이 웃자란 것이며 내배엽 기원이다. 기원을 따지면 총배설강은 소화기관의 뒤쪽 부분이다. 하지만 발생 단계에서 양막을 갖는 네발 동물인 양막류 방광은 폐기물을 보관하던 요막이 그대로 성체 방광이 된다. 반면 물고기의 방광은 기원이 이들과 확연히 다르다. 발생 단계에서 콩팥 관이 팽창한 것이기 때문이다. 해부학적으로 보아 물고기의 방광은 중배엽성인 콩팥과 연결된 셈이다. 단순하지만 벤틀리는 이런 관찰로부터 사지동물의 방광이 최소 두 번 진화했다는 결론에 도달할 수 있었던 것이다. 좀 더 자세히 방광의 내막 상피세포를 관찰하면서 벤틀리는 이 조직이 바닷물과 민물을 오가던 생물의 삼투압을 조절하는 장치라고 생각했다. 사람을 포함하는 포유동물은 콩팥을 떠난 고농도 액체 폐기물에 관한 관심을 점차 줄여 간 것으로 판단된다. 물에서 점차 독립성을 키워 가는 대신 새끼를 키우느라 알을 낳는 습성도 동시에 버렸기 때문이다. 먹고 마실 물이 인간 집단의 중요한 한 '내적' 구성요소가 된 것은 어쩌면 생물학적 필연인 셈이다.

똥 누기

여물 많이 먹은 소, 똥 눌 때 알아본다.

_〈한국 속담〉

유달리 힘을 주거나 눈썹 주변의 얼굴이 빨개지는 등의 표정과 행동
이 나타나는 똥 눌 때 모습은 만고 불변이다. 강보에 싸인 젖먹이나
고양이가 똥 누는 순간도 표정으로 바로 알 수 있다. 동물의 오줌 누
는 속도를 쟀던 데이비드 후 교수 실험실에서 훈련을 받은 또 하나의
과학자가 정육각 메주 모양의 똥을 누는 호주의 한 동물 배설 생리학
을 파고들었다. 바로 패트리샤 양 박사가 그 주인공이다.

메주 모양의 똥

코알라, 캥거루와 함께 호주를 대표하는 유대류 동물인 웜뱃은 햄스
터를 닮은 귀여운 외형을 하고 있지만 실제로는 몸길이가 70~120센
티미터, 무게가 25~40킬로그램이나 되는 커다란 동물이다. 웜뱃은
몸길이의 10배가 넘는 약 9미터 길이의 소화기관을 갖는다. 입으로
들어간 음식물이 소화기관을 통과하는 시간은 인간의 약 4배로 거의
2주가 소요된다. 주식인 풀에서 영양소를 추출하는 데 공력을 들이는
데다 물마저도 최대한 재흡수한다는 뜻일 것이다. 바위나 통나무 위

에 쉽게 굴러가지 않아 무너지지 않는 똥을 쌓아 영역을 표시한다고
한다. 그렇다면 웜뱃의 똥에서는 독특한 냄새가 날 것이라는 유추가
가능하다. 호주 사람들은 바짝 마른 이들의 똥을 땔감이나 작물을 살
찌우는 거름으로 사용한다. 웜뱃이 왜 정육면체 모양의 똥을 누는지
는 모른다. 하지만 패트리샤 양 박사는 2018년 애틀랜타에서 열린 미
국 물리학회에서 어떻게 그런 모양의 똥이 만들어지는지 연구한 결
과를 발표했다.

호주 너른 땅에서 풀을 먹고 사는 웜뱃은 한 번에 약 4~8개의 똥
을 누는데 하루치를 계산하면 100개 정도의 똥을 눈다. 모양은 다르
지만 검은콩 모양의 똥을 누는 토끼나 염소가 얼핏 떠오르기는 한다.
연구의 주제로 똥이나 오줌과 같은 배설물을 선택하는 사람들은 참
드물다. 대장 안에 사는 세균을 연구하기 위해서 똥을 모으고 세균이
나 바이러스의 유전체를 조사하는 일이 빈번해졌다고는 하지만 본격
적으로 똥을 연구하는 일은 여전히 꺼린다. 사소한 데다 누군가 이미
연구했을지도 모른다고 지레 단정을 하기 때문일지도 모르겠다. 공기
나 물을 연구하는 사람이 드물 듯 흔하고 평범한 현상을 연구하는 일
은 바로 그 '보편성' 때문에 어렵고 흔히 간과된다.

어쨌든 양 박사는 항문이 네모 모양인지 혹은 소화기관에서 물
을 최대한 뽑아내느라 그런 기예를 웜뱃이 터득했는지 조사했지만
그 가설은 들어맞지 않았다. 대신 이들 연구 팀이 제시한 가설은 소화
기관의 모양과 신축성이 주사위 모양의 똥을 만든다는 것이었다. 호
주에서 얼린 채 공수해 온, 진드기 감염으로 죽은 웜뱃의 소화기관을

직접 관찰하면서 패트리샤가 조사한 내용을 보면 소장에 가까운 쪽 대장의 똥은 일반적인 포유동물과 마찬가지로 원통형 모양이다. 그러니까 시작은 모두 같았다는 뜻이다. 따라서 영양소 대부분이 흡수되는 소장에서 초기 배설물은 물기가 촉촉하고 형체가 없는 모습이 역력했고 별다른 차이점을 발견할 수 없었다. 장 길이의 17퍼센트에 달하는 마지막 1.5미터 길이의 대장을 지날 때 뭔가 일이 벌어진 것이었다. 무슨 일어 벌어지는지 알아보기 위해 패트리샤는 대장을 비우고 긴 풍선을 불어 소화기관의 탄력성을 조사했다. 돼지의 소화기관과 달리 웜뱃의 조직은 균일하게 팽창하지 않았다. 사진으로 보면 웜뱃의 대장은 길게 이어진 화물 기차 모양이다. 대장의 둘레를 따라 첫 두 부위는 매우 신축성이 있는 반면 그 뒤로 이어지는 두 부위는 두껍고 딱딱했던 것이다. 이런 경향이 반복되었다. 부위에 따른 탄력성의 이런 차이가 육각 모양의 똥을 빚는 것이라고 연구진들은 생각한다. 긴 거리를 가는 동안 딱딱한 부위는 물기가 다 빠진 똥 덩어리를 빠르게 수축하고 뒤로 밀어 대지만 부드러운 부위는 천천히 수축하면서 구석을 각지게 만든다. 10번 정도 수축하는 동안 메주 모양의 똥 덩어리가 만들어진다고 연구진들은 결론을 내렸다. 이들은 약 5일에 걸쳐 진행되는 수축 현상이 10만 번을 넘는다고 계산했다. 그 결과 정육면체 모양의 똥이 만들어진다는 것이다.

패트리샤 양과 데이비드 후 연구진은 처음에는 돼지의 장을 사다 정육면체 모양의 똥을 만드는 방법이 있을지 알아보았다고 한다. 나중에는 헝겊으로 대장 모양을 흉내 내고 바느질선을 따라 딱딱한 부위를 만드는 법을 터득했다고 한다. 균일하게 탄력적이지 않은 웜 뱃의 대장을 흉내 내고자 했던 것이다. 알아듣기는 난감하지만 요점은 헝겊의 어떤 부위는 딱딱했고 어떤 부위는 부드러웠다고 한다. 그들은 점토 같은 물체가 딱딱한 부위 네 곳을 지나는 동안 입방체 네 면이 편 평해지는 현상을 발견했다. 중간의 부드러운 부위를 지날 때는 모서리 가 만들어진다고 보았다. 꿰맨 소매 모델에서 나온 가설이다. 다른 연 구원들은 이 현상을 설명할 수학 모델을 만들고 있다. 똥 만드는 일은 실험적으로나 수학적으로 모델링하는 일이나 이해하기는 어렵다.

하루 100개 정도의 똥이 2주를 거쳐 오려면 매일매일 그만큼 먹 어야 할 것이고 소화기관에는 각기 다른 도정에 있는 거의 2주일 치 분량의 음식물 찌꺼기들이 뱃속에 동시에 들어 있어야 한다는 결론 에 이른다. 하지만 왜 이런 모양의 똥을 만들어 내는지 정말 궁금하 다. 과학자들은 낟가리처럼 쌓은 똥이 사방으로 냄새를 잘 풍기게 하 는 효과가 있다는 말도 하지만 화학적인 방식 대신 웜뱃이 이처럼 물 리적 접근을 한 진화적 이유와는 영 동떨어진 것으로 보인다.

똥 누기 네 단계

똥 누기는 직장(anorectum)과 결장(colon, 잘록창자), 골반바닥근(pelvic floor musculature) 그리고 신경계의 조화로운 작업이 필요한 인간의 보편적인 행동이다.

모두 형태학적으로 온전한 위장관과 다음을 포함한 여러 생리학적 시스템의 조정 및 통합에 따라 달라진다. 신경(기본적으로 소화기 신경계, 말초 체성 신경계, 자율 신경계, 중추 신경계), 근육(평활근, 가로무늬근), 호르몬(내분비 및 측분비[●]). 인지(행동 및 심리사회적) 요소 모두 중요하다.

미국에서 변비는 세 번째로 흔한 위장 증상이며 매년 평균 250만 명이 병원을 찾는다. 살면서 누구나 한 번쯤은 변비를 경험한다. 요실금 못지않게 변실금도 흔하다. 가끔 두 가지가 동시에 찾아오기도 한다.

대장은 약 1,500시시(cc)의 액상의 음식물 찌끼(chyme)를 받는다. 이 찌끼가 대장에 머무르는 시간은 평균 24시간이다. 물론 상황에 따라 편차가 심해서 4~50시간에 걸쳐 분포한다. 소화기관 전체로 보아도 대장 머무름 시간이 가장 길어 70~80퍼센트를 차지한다. 맹장에서 항문을 향하는 찌끼는 시간당 1센티미터를 움직인다. 앞으로 가긴 하지만 닭목 앞뒤 오가듯 간다고 보면 된다.

기본 단계, 밀어내기 전 단계, 밀어내기, 정리

생리적으로 그리고 시간적으로도 구분이 확연하다. 기본 단계에서 직장은 비어 있으며 밀기 전 단계가 되면 채워지기 시작한다. 그렇기에 대장의 나머지 부분에서는 바쁘게 일하고 있을 것이다. 찌끼 내용물

● 내분비 화합물은 만들어진 기관에서 혈액을 따라 움직이지만 측분비(paracrine) 화합물은 이웃하는 세포에서 분비되어 목표 지점에 작용한다.

을 잘 섞는 일이 주된 일이다. 이 내용물은 항문을 향해 아주 천천히 움직인다. 세균들은 탄수화물을 발효할 것이고 물은 다시 체내로 흡수된다. 그러므로 대장 아래쪽으로 갈수록 물의 양은 점차 줄어들고 똥의 모습이 본격적으로 드러난다. 전해질과 세균이 만든 짧은 사슬 지방산도 서둘러 흡수된다. 단단한 똥을 만들기 위한 작업이 차질 없이 진행되는 것이다.

그러려면 근육이 조화롭게 움직여야 한다. 대장 평활근은 근육 자체는 물론 호르몬과 신경의 통합된 작용에 조응하여 부드럽게 움직인다. 하지만 상세한 사항은 잘 모른다. 항문관 조임근(괄약근)이 단단히 수축한 상태라 항문관 공간의 압력이 직장압보다 크다. 그러다 직장의 내압이 커지면 똥 마려운 느낌이 든다. 직장 근육이 불수의적으로 수축하고 내항문조임근이 이완되면 똥이 항문관으로 밀려간다. 이와 동시에 의지로 조절되는 외항문조임근이 이완되면서 최종적으로 똥이 몸 밖으로 나온다.

하지만 아직은 때가 멀었다. 대장 안에서 찌끼 내용물의 움직임은 일정하지 않다. 한 곳에서 한동안 머물다 갑자기 옆으로 움직이기도 하는 것이다. 낮은 진폭의 수축과 높은 진폭의 수축이 어떤 유형을 이루고 있기 때문이다. 긴 대장 분절 혹은 전반적인 대장압은 식사 중에 증가하고 식후에 줄어든다. 그에 따라 일시적으로 항문조임근이 이완된다. 항문조임근은 대장관 찌끼 내용물을 그야말로 '샘플링' 한다. 그러다 보면 대장 끝부분에 기체를 모아 방귀가 나오는 일이 벌어진다. '방귀가 잦으면 똥이 마려운 법'의 생물학이 바로 이런 데 바탕을 둔다. 근신경 말단에서 부교감 신경 전달 물질인 아세틸콜린의 양을 늘리는 네오스티그민(neostigmine)을 투여했을 때도 이런 현상이 목격된다. 하지만 대장에서 가장 흔히 관찰되는 운동 유형은 주기적인 근육 활성이다. 분당 2~8회 주기로 짧은 영역에 걸쳐 벌어지는 이런 움직임을 통해 우리는 음식물을 고루 섞고 물과 전해질, 지방산을 흡수한다. 밥 먹은 후 또는 잠을 잘 때 활성을 띠는 이런 움직임을 관장하는 것은 천골(sacral) 신경이다. 주기적 순환 운동의 또 다른 의미는 찌꺼기 내용물의 제자리에 묶는 일종의 브레이크 역할이다. 밥을 먹자마자 화장실의 부름을 받는 때도 없지는 않다. 정방향 추진력을 제공할 만큼 근육이 큰 폭으로 수축하는 순간이다. 하지만 대개 밥을 먹으면 주기적 근육 운동이 활성화되면서 오히려 직장의 찌꺼기 내용물을 S상 결장으로 거꾸로 돌려보낸다. 물론 설사할 때는 이런 일이 벌어지지 않는다. 이런 복잡다단한 과정을 거쳐 단단하고 윤기 넘치는 똥이 빚어진다.

밀어내기 전 단계

똥 누기 60분 전이면 슬슬 밀어내기 전 단계로 접어든다. 대장의 진행성 수축이 일어나 직장을 채우고 팽창시키는 일이 벌어진다. 하지만 우리는 그런 일이 벌어지는지 알지 못한다. 캡슐 자석을 대장에 넣어 실험한 연구에 따르면 똥 누기 약 30~60분 전 하행결장에서 S상 결장으로 내용물이 움직인다.

직장이 채워지면 물리적 신호가 직장 신경절, 골반의 부교감 신경을 거쳐 척수로 전해진다. 골반 바닥에 있는 조직의 감각 수용체도 이 변화를 감지한다. 직장을 제거한 환자들은 이 경로를 통해 변의를 느낀다. 어쨌든 직장이 채워지면 직장항문 억제 반사가 일어나 안쪽 항문조임근만을 느슨히 푼 상태에서 항문 점막 안 내용물이 고체인지, 액체인지 또는 기체인지 시료 확인에 나선다.

장근육층 신경얼기(mysenteric plexus)에서 이 억제 반사를 조율한다. 이 신경얼기가 대장에 연결되지 않은 허쉬스프렁씨병 환자들은 이런 기능이 없다. 그렇기에 이들 환자의 대장에 똥이 나가지 못하고 차곡차곡 쌓인다. 안쪽 항문조임근은 한 시간에 약 일곱 차례 이완된다. 우리는 그중 40퍼센트 정도를 의식한다. 근육이 이완되면서 항문관 위쪽의 내압이 직장압과 비슷해진다. 반사가 진행되는 동안 확보한 감각 정보는 척수 똥 누기 중추와 뇌간 그리고 대뇌피질에 전달된다. 척수 반사궁은 바깥쪽 항문조임근을 수축 상태로 유지할 수 있다. 대뇌피질에 입력된 정보는 좀 참아야 하는지 아니면 바로 화장실로 직행해야 하는지 결정하는 데 무척 중요하다. 하지만 그 외 여러 곳 신경계에서 똥 누기를 간섭한다. 똥 누기 15분 전이 되면 앞으로 밀어내려는 압박이 점차 세진다. 하지만 모든 일이 꼭 순조롭게 진행되지는 않는다. 만약 상황이 똥 누기에 적절하지 않으면 무슨 일이 벌어질까?

먼저 바깥쪽 조임근을 힘차게 닫아야 한다. 강한 의지로 말이다. 그러면 S상 결장으로 똥을 되돌릴 수 있다. 힘주어 기본 단계로 돌아가면 일단 안심이다. 다시 신호가 오기 전까지는 아쉬운 대로 몇 번은 참을 수 있겠지만 거기에도 한도가 있다.

밀어내기

밀어내도 아무런 문제가 생기지 않을 때와 장소에 있게 되면 우리는 모든 조임근을 풀어 버린다. 안쪽 조임근과 골반바닥근을 이완하고 바깥쪽 조임근도 힘을 뺀다. 또한 로댕의 생각하는 사람처럼 허리를 굽히고 허벅지를 올려 똥이 직선에 가까운 상태로 진행할 수 있도록 돕는다. 똥을 눌 때는 대장 전체에 걸쳐 진행성 고진폭 수축 현상이 확대된다. 맹장에서 직장에 걸쳐 안을 비우려는 의도이다. 그러나 의식적으로 복벽을 수축해도 똥 누는 데는 문제가 없다. 당연한 말이지만 똥을 누는 동안 주기적이고 순환적인 장의 움직임은 억제된다. 마찬가지로 직장압이 항문관 압력을 가뿐히 넘어선다. 앞에서 설명했지만 모든 일이 순조롭게 진행되면 똥이 나와서 지구 중력의 손길로 넘어가는 데는 약 12초 정도면 족하다. 그러므로 너무 오래 화장실에 앉아 있는 습관은 어쨌든 좋지 않다.

어떤 실험 생리학자들은 항문관이 반사적으로 열리는 것만으로는 배변이 원활하게 이루어지지 않는다고 주장하기도 한다. 이들에 따르면 항문 직장의 내부 지름이 늘어나는 일도 병행되어야 한다. 실제 직장과 항문관의 내부 지름 비율은 평상시 4:1에서 똥 눌 때 2:1로 줄어든다. 주변 근육이 협조하면서 이완되기에 가능한 일이다. 똥을 다 누고 나면 원상으로 회복되는 것은 당연하겠지만 수치로 볼 때 직장과 전체 대장의 부피는 각각 44퍼센트, 19퍼센트가 줄어든다. 흥미로운 사실은 대장 내 기체의 양도 줄어든다는 점이다. 하긴 모든 조임근을 이완시키면 나가는 것이 어디 고체 덩어리뿐이겠는가?

똥 누는 행위를 검사하는 기계들도 암암리에 발전을 거듭하고 있다. 항문 직장 압력계나 형광 또는 자기공명 장치로 인공 똥이 움직이는 모습을 기록하기도 한다. 황산바륨, 귀리와 물 혼합물이 항문 밖으로 나가는 모습을 여러 차례 기록한 영상을 분석하고 과학자들은 똥 누기 양상을 세 가지로 구분하기도 했다.

1. 단 한 번의 빠른 밀어내기
2. 주기적으로 박동하듯 소량의 똥을 여러 번 누기
3. 느리고 지속적으로 쭉 밀어내기

거의 하루 한 번씩은 치르는 행사이니 굳이 설명을 덧붙이지 않아도 경험적으로 모두 이 세 유형에 익숙하리라 생각한다. 이제 똥을 다 누었으면 대장의 부피도 줄고 모든 것이 다시 원상으로 돌아가야 할 것이다. 이른바 '닫기 반사(closing reflex)' 과정이 진행된다. 내부 압력 기울기도 회복되고 항문조임근도 굳건히 닫힌다. 골반바닥근도 수축된다. 반면 항문관으로 길게 놓인 근육이 이완되면서 항문 혈관 벽도 넓어진다. 치골직장근이 수축하면서 항문 직장 각도 원래대로 돌아가 중력 방향으로 뭔가 내려가지 못하게 원천적으로 봉쇄한다. 회음부도 올라간다.

똥 누는 일의 통계학

믿기 힘들겠지만 똥은 대개 물로 이루어진다. 여기서 설사를 연상하지는 말자. 그건 평균에서 벗어나는 예외적 현상이니까. 똥을 이루는 물의 중간값은 75(63~86)퍼센트이다. 나머지는 세균, 단백질, 탄수화물과 지질이다. 똥의 무게 중간값은 128그램이다. 51~796그램 범위에 걸쳐 있다. 부피는 물의 양이 많을수록 늘어난다. 콜레라에 걸린 환자들은 하루 10리터가 넘는 묽은 똥을 누기도 한다.

아마 사람들에게 가장 익숙한 똥 수치는 브리스톨(Bristol) 똥 유형 지수일 것이다. 1997년 루이스와 히튼이 제시한 지수가 널리 알려진 것이다. 《스칸디나비아 소화기 내과학 저널》에 실린 이 논문의 제목은 '소화기 통과 시간의 유용한 지표가 될 똥 유형'이다.

제1형: 견과류처럼 단단한 덩어리, 서로 분리되어 있다.
제2형: 소시지 모양으로 울퉁불퉁하다.
제3형: 소시지 같지만 똥 표면에 금이 있다.
제4형: 소시지 또는 뱀 같고 매끈하며 부드럽다.
제5형: 깔끔하게 잘린 작고 부드러운 덩어리들
제6형: 가장자리가 울퉁불퉁한 부드러운 조각, 무른 똥
제7형: 건더기라곤 없는 물똥, 전부가 액체

건강한 사람일지라도 똥 유형은 일정하지 않다. 특정한 한 개인

도 생활양식과 먹는 것에 따라 편차가 있을 수 있다. 하지만 똥의 형태는 이들이 대장에서 머무른 시간을 대변한다. 콩자반 염소똥 같은 제1 유형의 똥은 소화기관에 오래 머물면서 물기를 죄 빨린 모습이다. 여러 데이터를 비교 분석한 결과 과학자들은 장내 머무름 시간이 똥의 견고함과 가장 연관이 크고 다음으로 똥의 부피와 똥 누는 횟수라고 결론지었다. 하지만 이를 반박하는 연구 결과도 없지는 않아서 장내 머무름 시간과 똥의 견고함이나 횟수는 별 관련이 없다고도 한다. 하지만 최근에는 대장 통과 시간과 똥의 견고함이 대장 상주 세균의 구성과 다양성 그리고 대사와 관계가 있다는 연구 결과까지 등장했다. 한 가지 예를 들면, 탄수화물 위주 식단에서 단백질 식단으로 바뀌면서 장내 머무름 시간이 길어졌다. 짧은 사슬 지방산의 양이 줄어들어도 메탄 생성 세균이 늘어나도 대장 통과시간이 늘어났다. 단백질 섭취가 늘고 식이 섬유를 덜 먹으면 자연 세균의 분해 산물인 짧은 사슬 지방산의 양이 줄어들겠지만 대장에 오래 머물면서 흡수량이 늘어나도 결과는 서로 다르지 않을 것이다. 어쨌든 장내 세균이 똥 생리학과 밀접한 관련이 있음은 자명하다. 그렇지만 결론을 내리기엔 데이터가 부족하거나 일관성이 부족한 것도 사실인 것처럼 보인다.

어린아이 똥은 성인 것보다 무르다. 장 통과시간도 짧고 물의 흡수 효율도 낮아서 그럴 것이다. 모유를 먹는 아이들보다 분유를 먹는 아이들의 똥이 더 굳고 물기가 적다는 데이터는 흥미롭다. 신생아 911명을 조사한 한 연구자들은 모유 수유를 하는 아이 1.1퍼센트가 굳은 똥을 누지만 분유를 먹는 아이들 집단에서 이 수치는 9.2퍼센트로 늘었다. 왜 그럴까? 장 운동을 억제하는 성분이 분유에 있다거나 또는 소화되지 않고 대장으로 곧장 내려가는 단백질이나 올리고당의 양이 모유에 많다는 점을 들어 그 이유를 설명하고 있지만 이 질문도 아직은 그럴싸한 답이 없다.

기체를 내보내다

우리 소화기관은 밖에서 들어온 공기를 가만두지 않는다. 왜냐하면 소화기관이 저절로 움직여 기체들을 밀어내기 때문이다. 이런 현상은 소장의 중간께인 공장에 연결한 관을 통해 집어넣은 공기의 행방을 추적한 실험에서 발견되었다. 바닥에 등을 대고 편히 누워 있을 때보다 오히려 서 있을 때 위로 뜨려는 성질을 가진 기체가 훨씬 효과적으로 아래로 내려간 것이다. 소화기관을 따라서 기체가 움직이는 방식도 음식물이 그러듯 반사 기제에 따른다. 소화기관 내강 안에 음식물, 특히 지방질 성분이 있으면 통과시간이 지체되듯 기체도 흐름이 느려진다. 하지만 기체가 있다고 해서 액상이나 고형 음식물의 통과시간은 거의 영향을 받지 않았다. 마땅히 그래야 할 것이다. 어쩌다 소화기관에 문제가 있는 사람들은 기체가 쉽게 머무르고 복통을 호소하는 일이 잦았다. 좀 더 세밀하게 실험해 보니 복부 증세를 호소하는 횟수는 장의 연동운동 활성과 기체가 소화기관 어디에 있는지에 따라 달라졌다. 소화기관이 이완되었을 때 또는 기체가 소장보다 대장에 있을 때 피험자들은 훨씬 덜 불편함을 느꼈다.

반면 소화불량이 있거나 과민성 장 증후군 환자들은 장내 기체가 머무르는 현상이 자주 확인되었다. 기체를 순탄하게 밀어내지 못하는 사람은 액체나 고체도 마찬가지로 밀어내는 데 어려움을 겪으리라 예상할 수 있고 실제로도 그랬다. 그것 외에도 소화기관에 지방의 양이 많으면 기체를 아래로 미는 힘이 떨어졌다.

공기를 먹는 일에도(aerophagia) 이름이 있다. 먹는 만큼 잘 빼내면 문제가 없겠지만 그렇지 않고 트림을 과하게 한다거나 날숨에 냄새가 심하면 생활하는 데 지장이 생길 수도 있다. 상복부 불쾌감 때문에 위가 기체로 가득 찼다고 느낀 환자가 헛트림을 하면 공기가 더 들어가 힘들어 할 수도 있다. 가끔 냄새가 고약한 방귀를 뀌는 사람들도 있다. 콩과 같은 음식물이 소화가 덜 된 채로 대장에 이르면 장내 세균이 이들을 발효하면서 기체를 대량으로 생산하기 때문이다. 개인마다 다른 장내 세균의 구성도 대장 기체를 만드는 데 기여한다. 평소 방귀 냄새가 심한 사람들이라면 음식물을 조절해서 세균을 슬슬 달래는 방법을 시도해 볼 만하다.

어쨌든 소화기관 내 기체는 부차적인 문제로 보인다. 오히려 음식물을 다루는 소화기관의 능력이 떨어진다거나 과도하게 민감할 때 기체가 문제가 되는 것처럼 보일 수 있는 것이다. 구절양장에서 일어나는 일들은 복잡하기도 하다.

똥 누는 시간 12초

코끼리가 똥을 누는 속도는 초속 6센티미터다. 똥은 어떻게 누는 것일까? 뱃심을 써서? 아니다. 사실 고체인 똥은 '물리학적으로' 액체인 점액 강보에 싸여 미끄러져 내려온다. 어린이들이 관처럼 생긴 미끄럼틀을 타고 내려오는 광경과 크게 다르지 않다. 갓 눈 똥을 밟으면 미끄러질 수 있는 까닭도 바로 점액 때문이다. 동물의 몸집이 클수록 점액층도 두껍다. 침을 발라야 음식이 식도를 무난히 넘어가듯 점액으로 덧칠해야 똥도 미끄덩 직장을 쑥 잘 빠져나온다. 코끼리는 하루 250킬로그램의 풀을 먹고 50킬로그램의 똥을 눈다. 똥 한 덩어리가 700그램이라니 얼추 70덩이는 퍼덕여야 그 정도가 되지 않겠는가? 관측 결과 약 10초에 걸쳐 코끼리는 빠른 속도로 똥을 방출한다.

참고로 말하면 동물이 진행하는 방향은 늘 항문과 반대 방향이다. 항문의 반대 방향에 입과 입으로 들어갈 것들을 잡거나 집어넣는 장치가 있다는 뜻일 것이다. 입으로 들어가는 시간보다는 훨씬 길지만 실험 결과에 의하면 똥을 누는 시간은 오줌 누는 시간보다 평균적으로 짧다. 아침에 그것도 나처럼 일어나자마자 방광과 직장을 비우는 사람들은 약 1분 정도를 투자하면 얼추 몸 안 소제 작업을 마친다. 한때 신문을 들고 화장실에 간 적도 있었지만 지금은 가능하면 변기에 앉아 있는 시간을 적게 쓰려고 한다. 항문에 헛심 쓰는 일이 항문 주위 근육에 좋아질 일이라곤 전혀 없는 부질없는 행위이기 때문이다.

우연인지 모르지만 오줌 누는 시간, 똥 누는 시간을 측정한 사람들은 모두 데이비드 후 연구진들이다. 특히 패트리샤 양은 학위 과정 내내 이 일을 직접 실험한 것처럼 보인다. 이들은 미국 애틀랜타 동물원에 사는 포유동물의 똥을 모으고 사진을 찍어 분석했다. 흥미로운 사실은 똥의 길이에서 나왔다. 평균적으로 동물의 똥은 직장 길이의 2배였던 것이다. 그러니까 나오기 직전 똥은 직장을 지나 결장에까지 걸쳐 있다.

오줌 누는 시간을 결정한 실험과 마찬가지로 데이비드 후 연구진은 똥 누는 시간도 체중과 상관없이 평균 12초에 수렴한다는 사실을 발견했다. 노파심에서 하는 얘기지만 이 시간은 항문으로 빼꼼히 고개를 내민˙ 똥이 땅에 떨어질 때까지의 시간이다. 변비가 있어서 한참을 끙끙거리고 미간과 입꼬리에 힘을 주고 울그락불그락 얼굴색이 변하더라도 똥 누는 시간에 들어가지는 않는다.

똥 나오는 시간이 비슷하다면 초당 나오는 똥의 양은 체중이 많이 나갈수록 많다. 배변 물리학에서 보듯 골반바닥근을 이완하고 복강 내압을 올리도록 근육이 힘을 써야 함은 분명하지만 그 모든 일이 충족되고 나면 이제 똥 누는 데 필요한 것은 대장 벽 점액층뿐이다. 아주 얇게 도포한 이 점액층은 대변보다 100배는 미끄럽다. 고양이와 코끼리처럼 몸무게가 약 1,000배 차이가 난다고 해서 복강 압력이

˙ 말미잘은 꽃처럼 보인다. 그래서 영어로 말미잘은 바다 아네모네(sea anemone)다. 꽃이 화사한 아네모네는 지중해가 원산인 미나리아재비과 식물이다. 우리말 말미잘은 '말미주알'을 줄여 부른 것이라고 한다. 미주알은 똥구멍이다. 그중에서도 비교적 큰 말 똥구멍처럼 생긴 말미잘 이름이 '말미주알'로 줄여서 말미잘로 정착했다는 것이다. 그렇다면 '미주알'고주알'에서 고주알은 어디서 온 말일까? 모른다. 다만 '눈치'코치'라고 말할 때처럼 일종의 추임새라고 한다.

그 정도 차이가 나지는 않을 것이기에 데이비드 팀의 연구 결과는 똥을 누는 데 점액의 역할이 중요하다는 점을 충분히 대변한 것으로 여겨진다. 다시 말하면 점액을 잘 만들지 못하는 분자생물학적 변화가 변비를 유도할 수 있다는 말이다. 인공적으로 점액을 만들어 직장에 바를 수 있다면 쉽게 변비를 치료할 수 있겠다는 생각이 고개를 든다.

참고문헌

단행본

김홍표,《먹고 사는 것의 생물학》, 궁리, 2016
로이 밀스,《우리는 어떻게 움직이는가》, 해나무, 2024
빌 브라이슨,《바디》, 까치, 2020
허먼 폰처,《운동의 역설》, 동녘사이언스, 2022
바이바 크레건리드,《의자의 배신》, 아르테(arte), 2020
매슈 D. 러플랜트,《굉장한 것들의 세계》, 북트리거, 2021
마이클 L. 파워/제이 슐킨,《비만의 진화》, 컬처룩, 2014
최강신,《왼손잡이 우주》, 동아시아, 2022
모토카와 다쓰오,《코끼리의 시간, 쥐의 시간》, 김영사, 2018
앨리스 로버츠,《뇌를 비롯한 신체기관에 숨겨진 진화의 비밀》, 소와당, 2017
매튜 F. 보넌,《뼈, 그리고 척추동물의 진화》, 뿌리와이파리, 2018
로돌포 R. 이나스,《꿈꾸는 기계의 진화》, 북센스, 2019
룰루 밀러,《물고기는 존재하지 않는다》, 곰출판, 2021
마이클 D. 거숀,《제2의 뇌》, 지식을만드는지식, 2013
앤드류 스틸,《에이지리스》, 브론스테인, 2021
닐 슈빈,《내 안의 물고기》, 김영사, 2009
최낙언,《내 몸의 만능일꾼, 글루탐산》, 뿌리와이파리, 2019
호머 W. 스미스,《내 안의 바다, 콩팥》, 뿌리와이파리, 2016
앤드루 젠킨슨,《식욕의 과학》, 현암사, 2021
사이먼 레일보,《동물의 운동능력에 관한 거의 모든 것》, 이케이북, 2019
제임스 네스터,《호흡의 기술》, 북트리거, 2021
A. S. 바위치,《냄새, 코가 뇌에게 전하는 말》, 세로북스, 2020
옌스 쾬트겐/아르민 렐러,《이산화탄소》, 자연과생태, 2015
론 마일로/론 필립스《숫자로 풀어가는 생물학 이야기》, 홍릉과학출판사, 2018
로버트 마틴,《우리는 어떻게 태어나는가》, 궁리, 2015
스테판 게이츠,《방귀학 개론》, 해나무, 2019
데이비드 싱클레어/매슈 러플랜트,《노화의 종말》, 부키, 2020
대니 돌링,《슬로다운》, 지식의날개(방송대출판문화원), 2021
셔윈 B. 눌랜드,《사람은 어떻게 죽음을 맞이하는가》, 세종서적, 2020
김홍표,《산소와 그 경쟁자들》, 지식을만드는지식, 2013
임익강,《당신의 하루가 가벼웠으면 좋겠습니다》, 다산북스, 2023

논문

〈산토리오 산토리오의 저울 의자 재현The weighing chair of Sanctorius Sanctorius: A Replica〉, *NTM International Journal of History & Ethics of Natural Sciences, Technology & Medicine*, 제26권, 121, 2018. 외과의사 산토리오의 유명한 책《의학 통계》를 보면 이론적인 고찰보다는 연속적인 무게 재기 실험의 실질적 결과가 수록되어 있다. 산토리오가 저울 의자에 앉아 몸 밖으로 나가는 것(그는 '감지할 수 없는 땀'이라고 표현했다)의 무게를 오랫동안 측정한 것이다. 그는 반복적인 실험을 통해 정량적 생리학 실험의 기틀을 마련했다. 새로운 의과학을 개척한 선구자로 소개되지만 그의 저울 의자 자체에 관심을 기울이는 사람은 없었다. 독일 막스 플랑크 연구소와 베를린 기술대학 공동으로 산토리오의 저울 의자를 재현하고 그가 수행한 실험을 반복했다.

〈살을 뺐을 때 지방은 어디로 가는가?When somebody loses weight, where does the fat go〉, *BMJ*, 제349권, g7257, 2014. 과체중과 비만 비율이 급속히 늘고 이 주제에 관심이 크지만 사람들은 체중 감소의 대사 과정에 대해서는 거의 알지 못한다. 사람들 대부분은 지방이 에너지 혹은 열로 변환된다고 생각하지만 이는 질량 보존의 법칙에 어긋난다. 이런 식의 오해는 대학 생화학 수업 시간에 강조하는 '들어가는 에너지/나오는 에너지' 주술에서 비롯된다. 또 다른 오해는 지방의 대사산물이 똥으로 배설되거나 혹은 근육으로 저장된다는 믿음이다. 어떻게 체중이 줄어들까? 예상하다시피 답은 이산화탄소(84퍼센트)와 물(16퍼센트)이다.

〈골격근 근섬유의 위성세포Satellite cell of skeletal muscle fibers〉, *Journal of Biophysical and Biochemical Cytology*, 제9권, 493, 1961. 지금까지 4,000번 넘게 인용된 논문이다. 전자 현미경 이미지를 분석하여 개구리 골격근 근섬유 외곽 지역에서 위성세포를 최초로 찾아냈다. 아직 기전이 밝혀지지 않은 골격근 재생 문제 해결에 도움이 될지도 모르겠다.

〈*SPRY1*의 후성유전학적 가공 및 유전자 발현 억제를 통한 늙은 마우스 줄기세포 보존 능력 상실Age-associated methylation suppresses *SPRY1*, leading to a failure of re-quiescence and loss of the reserve stem cell pool in elderly muscle〉, *Cell Reports*, 제13권, 1172, 2015. 우리는 노화가 줄기세포의 수와 기능에 어떤 영향을 주는지 잘 모른다. 설치류 데이터는 세포의 노쇠가 늙은 쥐 근육 줄기세포 소실과 관련이 깊다고 말한다. 분열 횟수를 엄밀히 측정한 뒤 우리는 노인의 근육에서 줄기세포의 자기 재생 능력이 떨어지는 현상을 목격했다. 근육세포 휴지기를 조절하는 스프라우티1 유전자(*SPRY1*)의 메틸화는 노화에 비례한다. 메틸기를 제거하거나 이 유전자 자체 결실 실험을 수행함으로써 줄기세포의 풀을 조절할 수 있었다. 이렇게 나이 들면 줄기세포 풀이 채워지는 일이 제대로 일어나지 않아 문제가 생긴다고 생각한다. 노화 자체는 줄기세포의 노쇠에 영향을 끼치지 않는다. 유전자 네트워크를 조사했다. 2022년 영국 케임브리지 대학의 피터 캠벨Peter Campbell은 나이가 들면서 조혈모세포의 가짓수가 줄어든다는 결과를 《*Nature*》 제606권(343~350)에 실었다. 나이 들면 줄기세포도 다양성을 잃게 된다.

〈성인 골격근 줄기세포가 사라지면 근신경 접합부가 퇴행한다Loss of adult skeletal muscle stem cells drives age-related neuromuscular junction degeneration〉, *eLife*, 제6권, e26464, 2017. 근신경 접합부 퇴화가 근육 총체성의 상실인 근감소증의 현저한 특성이다. 신경 연결이 끊어졌을 때 근신경 접합부를 재생하는데 근육 줄기세포가 핵심역할을 한다. 근신경 접합부가 퇴화해도 신경 연결은 끊어지지 않는다. 대신 근육 줄기세포의 기여도가 떨어진다. 사실 근육 줄기세포가 줄면 젊어서도 근신경 접합부가 퇴화한다. 근육 줄기세포와 연접 후 근육 신생이 부족한 탓에 나이가 들면서 근신경 접합부가 망가지고 골격근이 위축된다는 점을 밝혔다.

〈미토콘드리아 기능이 위축되면 근신경 접합부가 망가지고 근육이 줄어든다 Genomic and proteomic profiling reveals reduced mitochondrial function and disruption of the neuromuscular junction driving rat sarcopenia〉, *Molecular and Cellular Biology*, 제33권, 194, 2013. 노화와 관련하여 골격근의 양과 기능이 소실되는 특징을 규정짓는 근감소증의 분자 기전은 모호하다. 6, 12, 18, 21, 24 및 27개월 된 랫의 근육 유전자 목록을 조사했다. 약 21개월부터 랫의 근감소증이 나타났다. 근감소증의 서명 유전자군과 노화의 그것은 서로 달랐다. 특히 미토콘드리아 에너지 대사(TCA 회로와 산화적 인산화) 경로의 유전자가 가장 발현이 떨어졌고 근감소증과 관련이 깊었다. 다음으로는 근신경 접합부와 관련된 신경 연결 소실, 단백질 분해, 염증 유전자가 근감소증과 관련이 있었다. 단백질 발현에서도 이런 경향이 반복되었다. 미토콘드리아를 재생하고 염증 혹은 근육 단백질 분해를 억제하는 일이 중요하다.

〈근육 감소를 줄이기 위해서 건강한 근신경계가 필요하다A robust neuromuscular system protects rat and human skeletal muscle from sarcopenia〉, *Aging*, 제8권, 712, 2016. 근육의 양이 줄고 기능이 떨어지는 현상은 노인의 독립성을 심각하게 저해한다. 세포와 내분비계 교란이 근감소증과 관련이 있다고 하지만 그러한 변화가 근감소증의 원인인지 치료 목표인지는 좀 더 연구해야 한다. 나이가 들면 특정한 근육이 더 빨리 쇠퇴한다. 늙은 랫은 뒷다리 근육의 양이 줄고 기능이 떨어졌지만 앞다리는 그렇지 않았다. 그리고 이러한 차이는 근신경 접합부의 단절, 운동 신경의 절연, 흥분성 감소와 관련이 깊었다. 노인의 대퇴부 가쪽넓은근과 앞정강근도 근육량이 달랐고 근신경 기능 저하와 관련 있었다. 근신경 기능을 떨어뜨리는 근신경 접합부 관련 단백질을 발견했다. 말초 신경계 분자 수준에서 콜레스테롤 생합성 경로의 이른 변화가 눈에 띄었다.

〈좌우대칭 동물 평활근과 골격근의 진화적 기원The evolutionary origin of bilaterian smooth and striated myocytes〉, *eLife*, 제5권, e19607, 2016. 골격근과 평활근의 이분법은 좌우대칭 동물 근육의 기본이지만 둘의 진화적 기원은 아직 해결되지 않았다. 특히 내장 평활근과의 관계는 명확하지 않다. 파리와 선충(선형동물)에는 평활근이 없다. 소화기 근육을 포함하여 실질적으로 모든 근육이 골격근 계통이다. 게다가 척추동물 평활근을 제외하고는 분자 수준에서 알려진 것도 없다. 연구자들은 해양 환형동물인 갯지렁이 근육의 유전자 발현 양상, 미시구조, 수축력 및 근육 신경계를 연구했다. 중장, 후장 및 심장 근처에서 척추동물의 그것과 분자 지표가 비슷하고 닮은 평활근을 확인했고 수축 속도와 신경 조절도 살펴보았다. 이들 데이터는 선구-후구 동물의 조상인 갯지렁이에 내장 평활근과 체절 골격근 세포가 존재함을 암시한다. 그리고 평활근이 나중에 수축하는 골격근으로(골격근과 심장) 되풀이하여 선택되었음을 알게 되었다. 평활근에서 골격근으로 진화하는 동안에도 근육세포가 가진 핵심 조절 전사인자 단백질은 변하지 않았다. 이는 세포 유형 진화의 일반적 원칙을 반영하는 것이다. 갯지렁이 중장과 후장은 평활근, 전장과 체절 근육은 골격근이다. 골격근과 평활근은 수축 속도가 다르다(골격근이 약 8배 정도 빠르다). 갯지렁이 내장에는 소화기 신경계가 분포한다. 좌우대칭 조상 동물에서 평활근과 골격근이 공존한다.

〈인간 및 흔히 사용하는 실험동물 소화기 해부학, 생리학 및 생화학 비교Comparison of the gastrointestinal anatomy, physiology, and biochemistry of humans and commonly used laboratory animals〉, *Biopharmaceutics & Drug Disposition*, 제16권, 351, 1995. 대사의 차이뿐만 아니라 소화기관의 해부학, 생리학 및 생화학적 차이는 경구로 투여한 약물의 흡수에 커다란 영향을 끼친다. 생리적 요소, 산성도(pH), 담즙산, 췌장액과 점액, 용액의 부피 및 내용물들은 약물의 용해 속도에 영향을 주고 용해도, 이동 시간, 세포막 투과 정도도 달라진다. 소화기관에 든 미생물들은 환원적 대사에 영향을 주고 약물의 장간 순환, 직장 제재에도 마찬가지다. 이동 시간도 종마다, 소화기관 구조마다 달라진다. 내장 상피세포막 지질/단백질 조성은 약물의 능동, 수동 수송에 중요한 요소다. 페이어 반점(patch)도 큰 분자와 입자 물질의 흡수에 변수가 된다. 소장과 대장을 합한 장의 길이는 몸통보다 몇 배 더 길까? 다음 나오는 숫자 뒤의 배는 생략한다. 말은 12, 소는 20, 양과 염소는 27, 돼지는 14, 개는 6, 고양이는 4, 토끼는 10이다. 《바디》에서 빌 브라이슨은 인간 소화기관 총면적이 2,000제곱미터라고 말했다. 소화기관에서 소화된 음식물은 1분에 약 2.5센티미터씩 앞으로 나아간다.

〈식단과 소화기관 특화Correlating diet and digestive tract specialization: examples from the lizard family Liolarmidae〉, *Zoology*, 제108권, 201, 2005. 이구아나 식단과 소화기관의 특화를 연구했다. 식물을 가공하기 위해 초식동물의 소화기관이 더 복잡하다. 한편 초식동물이 진화적으로 더 큰 신체를 선호한다는 가설도 짚고 넘어간다. 식단과 대 장 선충류의 관계도 고찰한다. 곤충이나 잡식인 이구아나보다 초식성의 몸집이 더 크다. 소화기관도 마찬가지다. 잡식이나 곤충식보다 초식 이구아나 소화기관에 선충 이 훨씬 많다. 소화기관과 몸집을 키워 식물에서 최대한 에너지를 뽑고 소화기관 효 율을 높인다. 정온성이 초식동물에서 시작되었다는 말은《생명의 도약: 진화의 10대 발명》에서 닉 레인이 한 말이다. 탄소보다 질소의 비율이 적은 식물을 먹는 초식동 물이 하루 질소 요구량을 충족시키려면 먹어야 하는 탄소의 양이 늘어날 수밖에 없 다. 남는 탄소를 없애려고 몸집을 키우거나 정온성을 진화시켰다는 가설이다.

〈왜 인간은 정서적 눈물을 흘리는가Why only humans shed emotional tears〉, *Human Nature*, 제29권, 104, 2018. 정서적 눈물을 흘리는 일은 인간만의 독특하고 보편적 인 행위이다. 최근까지 과학자들은 눈물을 심각하게 다루지 않았다. 소아의 울음이 특히 그렇다. 과학자들은 고통을 호소하고 사람끼리 친사회적(prosocial) 행동을 불러 일으키는 신호로서 눈물이 정서적 표현으로 진화했다고 생각한다. 사회적 결속을 다 지는 기능도 있다고. 눈물 가득한 늑대를 무리 뒤로 보내 쉬게 한다. 낙타도 운다. 하 지만 자연계에서 정서적 울음은 드물다. 아니 극도로 예외적이다. 동물계를 통틀어 인간의 신생아가 가장 약하고 무력하다. 1998년 핀란드 투르쿠 대학 버피 루마Virpi Lummaa는 아기가 왜 우는지 서로 배타적이지 않은 네 가지 가설을 소개했다. 1) 엄 마와 물리적으로 분리되었을 때 아기는 운다. 2) 신생아 사망을 줄이기 위한 아이의 기력, 건강 혹은 적응도를 드러내는 표식이다. 조산아가 더 자주 운다. 3) 위급상황, 에너지 소실 등 위험한 상태에서 벗어나기 위해 진화한 일종의 양치기 소년의 외침 같은 것이다. 4) 형제간 경쟁에서 자원을 독점하기 위해 운다. 그러면 부모가 동생을 낳는 기회를 줄이거나 시기를 늦춘다고도 한다. 그렇다면 눈물은 왜 흘릴까? 눈물샘 의 기원과 연결된다. 슬프다고 눈물을 빨리 흘리지는 않는다. 눈물은 '보인다'; 〈눈물 과 눈물샘Tears and the lacrimal gland〉, *Scientific American*, 제211권, 78, 1964. 인간은 쉼 없이 눈물을 흘리지만 감정이나 화학물질 또는 다양한 자극 물질에 따라 유도되 기도 한다. 눈물샘 연구는 눈물의 분비 과정을 설명할 수 있을 것이다.

〈수정체를 통해 선명하게: 계통분류학과 발생Through the lens clearly: phylogeny and development〉, *Investigative Ophthalmology & Visual Science*, 제45권, 740, 2004. 시각 분야에서 눈의 적응 방사는 19세기 이후 오래도록 과학자들의 관심거리였다. 물고 기의 수정체 광학 논문이 출간된 해는 1816년이다. 여기서 스코틀랜드 과학자 데이 비드 브루스터David Brewster는 "자연사 주제 중 동물 눈의 구조와 기능보다 흥미로 운 주제는 아마도 없을 것이다…… 무한한 지성이 필요한 작업을 거쳐 자연철학자들은 이 완벽한 모델을 흉내 내는 광학적 도구를 개선하기를 진심으로 바란다."고 기술했다. 브루스터는 자연사의 기본적인 관심사로 눈을 언급했을 뿐만 아니라 그것의 응용 가치가 크다는 것도 짐작하고 있었다. 얼마 뒤 20세기에 접어들며 덴마크 생리학자이자 노벨상을 받은 아우구스트 크로그August Krogh는 비교 동물학 연구의 전반적 가치를 언급했다. "대부분 생리학적 과제는 동물들의 비교 연구를 통해서 가장 명확히 해결된다."고 강조했다. 거대한 오징어 축삭(axon)을 연구한 호지킨과 헉슬리는 신경 펄스 전도 기전을 밝혔고 투구게 겹눈(compound eye)의 신경 반응 연구는 측면 억제 과정을 설정할 수 있었다. 측면 억제는 특정 세포에 빛을 주었을 때 주변 세포의 반응이 억제되는 현상이다. 그러면 대비가 커져서 감각 지각이 향상되는 효과가 생긴다. 눈의 광학 특성은 비교 생물학의 관심사였지만 단연 압권은 고든 월스Gordon Walls의《척추동물 눈과 적응 방사The Vertebrate Eye and its Adaptive Radiation》에서 엿볼 수 있다. 살아 있는 생물 조직을 광범위하게 연구함으로써 그는 다양한 논의 부속 기관과 이들 각막, 수정체 일반적인 구조와 기능, 기전 연구를 화려하게 기술했다. 외부 목표물을 감지하고 망막이 정확한 상을 맺는 과정을 알게 된 것이다. 물고기, 두족류, 경골어류, 새. 섬모체근은 새를 언급하는 쪽에 등장한다.

〈심장, 골격, 평활근 미토콘드리아 호흡: 모든 미토콘드리아는 같은가?Cardiac, skeletal and smooth muscle mitochondrial respiration: are all mitochondria created equal?〉, *American Journal of Physiology-Heart and Circulatory Physiology*, 제307권, H346, 2014. 심장과 골격근과 달리 혈관 평활근 미토콘드리아 호흡에 대해선 알려진 바가 거의 없다. 건강한 성인 동맥 평활근의 미토콘드리아 호흡 속도를 심장과 골격근의 그것과 비교했다. 산화적 인산화의 척도인 전자 전달계 복합체 I과 II 호흡 속도는 심장, 골격근, 평활근 순서였다(54, 39, 15pmol/s/mg). 미토콘드리아 밀도의 척도로 측정한 시트르산 합성효소 활성은 심장, 골격근, 평활근 순서대로 각각 222, 115, 48(μmol/g/min)였다. 미토콘드리아 양(시트르산 합성효소)으로 전자 전달계 효율을 나눈 결과 세 세포에서 차이를 발견할 수 없었다. 흥미롭게도 보정한 복합체 I의 활성은 평활근 세포로 갈수록 더 증가했다. 산화적 인산화의 효율과 활성 산소의 생성이라는 두 척도에서 비교해야 한다. 심장 조직의 약 35퍼센트는 미토콘드리아가 차지하고 기저 상태에서 약 90퍼센트 정도의 ATP를 지방산의 베타 산화에 의해 합성한다. 골격근 부피의 3~8퍼센트는 미토콘드리아가 차지한다. 하지만 이 비율은 운동 능력에 비례한다. 평활근의 미토콘드리아 부피 비율은 3~5퍼센트 정도다.

〈기니피그 결장끈 평활근 정량 형태학Quantitative morphological study of smooth muscle cells of the guinea-pig taenia coli〉, *Cell and Tissue Research*, 제170권, 161, 1976. 기니피그 결장끈 근육세포의 정량적 연구 논문이다. 전자현미경과 역상 광학 현미경의 입체 방식을 사용했다. 길이가 515마이크로미터이고 무게가 1그램인 결장끈 평활근 세포를 고정했다. 근육세포의 부피는 3500세제곱마이크로미터, 표면적은 5,300제곱마이크로미터였다. 약 168,000개의 캐비올래가 각 평활근 세포 표면에서 발견되었고 이는 표면의 29퍼센트를 차지했다. 동굴 모양의 세포막 부위인 캐비올래는 평평한 표면에 비해 세포막이 약 73퍼센트 증가하는 효과를 보인다. 세포막을 늘렸다 줄였다 할 수 있는 것이다. 호흡하는 동안 폐 부피가 늘었다 줄어드는 동안 세포도 막을 늘렸다 줄인다. 미토콘드리아의 부피는 전체의 약 3.5~4퍼센트였다. 평활근 세포끼리 혹은 평활근 세포와 사이세포 사이에 몇 연결 고리가 있었다. 평활근세포 다발은 결장끈에서 아래쪽 환형 근육을 지나는 것 같다. 이들 단면적은 0.14제곱밀리미터와 0.39제곱밀리미터 사이였다. 제곱밀리미터당 526개의 혈관이 보였다.

〈골격근 무게와 품질: 근감소증 측면에서 바라본 근대적 측정법의 진화Skeletal muscle mass and quality: evolution of modern measurement concepts in the context of sarcopenia〉, *Proceedings of the Nutrition Society*, 제74권, 355, 2015. 골격근 질량을 정확히 측정하는 최초의 보고가 나온 때는 근감소증이라는 개념이 소개된 1980년대다. 그 이후로 CT 및 MRI가 옛날 방법(인체측정, 오줌 검사) 그리고 국소적, 전체 골격근의 질량을 측정하려는 최신의 방법에(초음파, 생체저항법, X-선 흡수스펙트럼) 식견을 더하기 위해 차용된다. 근감소가 관찰되는 다양한 질병들, 예컨대 근감소 비만, 영양 불균형 소모성 질환(cachexia), 허약 골절(fragility)을 다룬다. 대부분 성인에서 가장 커다란 조직인 골격근의 질량, 구성을 여러 기법으로 측정하고 근감소증과 결부된 흥미로운 임상적 내용을 소개한다.

〈젊은 쥐, 늙은 쥐 사이 근육 이식: 이식받은 쥐의 나이가 회복력을 결정한다Muscle transplantation between young and old rats: Age of host determines recovery〉, *American Journal of Physiology*, 제256권, C1262, 1989. 나이가 비슷한 대조군에 비해 젊은 쥐에게 긴발가락폄근(장지신근)을 이식했을 때 근 무게의 회복과 재생이 빨랐다(1.8배). 늙은 쥐에 이식했을 때보다 근육 수축 강도도 마찬가지였다(2.6배). 나이 교차 이식 실험 결과 늙은 근육을 젊은 쥐에 이식한 것과 젊은 근육을 젊은 쥐에 이식한 것은 차이가 없었다. 반대로 젊은 근육을 늙은 쥐에 이식한 경우는 늙은 근육을 늙은 쥐에 이식한 경우보다 나을 게 없었다. 늙은 쥐에서 근육 재생이 더딘 까닭은 늙은 숙주가 제공하는 열악한 재생 환경 탓이다. 근육 신경 접합부의 총체성이 중요하다. 게다가 혈관 재생, 호르몬과 성장인자, 포식(phagocytosis) 작용, 생체 역학적 요소 등도 고려해야 한다.

〈근육의 질량을 유지하려면 자기소화가 필요하다Autophagy is required to maintain muscle mass〉, *Cell Metabolism*, 제10권, 507, 2009. 단백질과 소기관을 청소하는데 유비퀴틴-프로테아좀과 자기소화-리소좀 경로가 관여한다. 골격근에서 이 두 경로는

FoxO의 조절을 받는다. 이 단백질이 과도하게 활성화하면 심각하게 근육이 소실된다. 근육질환에 자기소화가 관여한다지만 골격근에서 어떤 특별한 역할을 하는지 알려지지 않았다. 자기소화 유전자7(*ATG7*)이 결실된 마우스는 심각한 근위축을 보였고 나이 들면서 강도도 떨어졌다. 비정상적 미토콘드리아가 쌓였고 소포체가 뒤틀렸으며 근섬유가 조직화되지 않았고 막 구조도 흐트러졌다. 신경이 끊어지거나 굶을 때 자기소화를 억제하면 근육이 더 많이 사라졌다. 자기소화 역동성은 근육량을 유지하고 근섬유의 총체성을 보존하는 데 중요했다: 〈운동, 자기소화 그리고 근육의 포도당 항상성Exercise-induced *BCL2*-regulated autophagy is required for muscle glucose homeostasis〉, *Nature*, 제481권, 511, 2012. 운동하면 특히 당뇨병 환자의 대사 질환에 도움을 줄 수 있다. 하지만 그 기전은 확실하지 않다. 리소좀 분해 경로인 자기소화는 소기관과 단백질의 품질을 조절하는 장치이다. 스트레스를 받으면 자기소화가 늘고 단백질을 분해하여 세포가 영양과 에너지 수요 변화에 적응하도록 돕는다. 운동이 골격근과 심장근에서 자기소화를 유도한다. 기전을 파악하기 위해 기저 상태일 때는 괜찮지만 자극을(운동 또는 굶주림) 주었을 때만 자기소화가 작동하지 않는 돌연변이 마우스를 사용했다. 운동해도 돌연변이 쥐의 포도당 대사는 나아지지 않았다. 더구나 고지방 식단을 소비하고 오래 운동한 쥐의 대사 항상성도 개선되지 못했다. 운동이 대사 이익을 드러낼 때 자기소화가 필수적이다.

〈가슴샘 출력 감소를 포함하는 면역 노쇠의 주요 특성이 운동으로 상쇄될 수 있다 Major features of immunesenescence, including reduced thymic output, are ameliorated by high levels of physical activity in adulthood〉, *Aging Cell*, 제17권, e12750, 2018. 늙으면 가슴샘이 위축되고 노쇠한 T세포 빈도가 증가하는 등 면역계 성능이 떨어진다고 알려졌다. 운동은 면역 기능에 영향을 주지만 나이 들어 줄어든 운동량의 효과는 잘 모른다. 125명의 노인을 두 군으로 나누어 운동(자전거 타기)을 시키거나 쉬게 했다. 운동한 피험자의 T세포, 가슴샘으로 들어오는 세포의 숫자도 많았다. 가슴샘을 보호하는 사이토카인인 인터류킨-7(IL-7)의 양은 늘었지만 그 반대의 기능을 하는 인터류킨-6(IL-6)의 양은 줄었다. 노화 관련 면역세포의 분포도 역전되었다. 나이 들어서도 꾸준히 운동하면 면역 노쇠의 특성이 줄어든다.

〈나이 들면 미토콘드리아 단백질인 OPA1이 소실되고 근육이 감소하며 대사 항상성 및 전신 염증, 상피 노화가 찾아온다Age-associated loss of OPA1 in muscle impacts muscle mass, metabolic homeostasis, systemic inflammation, and epithelial senescence〉, *Cell Metabolism*, 제25권, 1374, 2017. 나이 들면 미토콘드리아 기능이 떨어진다. 하지만 조직의 노쇠에 어떤 영향을 끼치는지 모른다. 나이 들어서도 계속 앉아서 생활하는 사람들은 *OPA1* 유전자에 의해 암호화되는 미토콘드리아 단백질인 OPA1의 양과 근육의 양이 줄었다. 참고로 *OPA1*의 돌연변이는 시신경 위축증 1형(optic atrophy 1)과 관련이 있다. 근육에서만 특이적으로 이 유전자를 없애면 일찍 노쇠하고 이르게 죽었다. *OPA1* 유전자가 없으면 미토콘드리아 유전체의 양은 줄지 않지만 미토콘드리아 형태와 기능이 달라진다. OPA1 단백질이 없으면 세포체 스트레스가 생기고 비접힘 단백질 반응, FoxO 매개 이화 반응이 일어나 근육이 소실되고 전신 노화가 찾아온다. 약물로 소포체 스트레스를 억제하거나 근육 특이적으로 섬유아세포 성장인자 21(FGF21)을 없애버리면 앞에서 언급한 여러 현상이 역전될 수 있다. 미토콘드리아 기능이 떨어지면 소포체에서 연속되는 신호 반응이 일어나 전체적인 대사와 노화에 영향을 끼친다.

⟨살찐 사람이 지속성 운동을 했을 때 마이오카인의 발현: 아펠린의 발견Effect of endurance training on skeletal muscle myokine expression in obese men: identification of apelin as a novel myokine⟩, *International Journal of Obesity*, 제38권, 707, 2014. 마이오카인이 육체 운동의 대사 이익을 매개한다고 알려져 있다. 인간 근육에서 마이오카인의 발현을 측정했다. 근육세포에서 이들 단백질을 발현하는 신호 전달 경로를 살폈다. 당뇨가 없는 비만 시험자 11명을 8주 동안 운동시켰다. 그 결과 호기 용량이 늘고 지방의 양도 줄었다. 근육 인터류킨-6, 섬유아세포 성장인자21, 마이오스타틴 또는 이리신(irisin)의 발현량은 변화하지 않았다. 혈중 마이오카인과 아디포카인의 양도 운동 전후 차이가 없었다. 흥미롭게도 아펠린의 양이 혈액과 근육세포에서 증가했다. 다른 마이오카인과 달리 이 과정에는 환형 AMP와 칼슘이 관여했다. 아펠린 발현량과 전신 인슐린 민감도는 양의 상관관계를 보였다. 비만 시험자를 운동시켜 근육 아펠린의 양을 늘릴 수 있다; ⟨운동할 때 분비되는 엑서카인인 아펠린은 나이 들어 생기는 근감소증을 역전시킨다The exerkine apelin reverses age-associated sarcopenia⟩, *Nature Medicine*, 제24권, 1360, 2018. 골격근의 양이 줄어드는 근감소증을 초기에 진단하거나 골절-장애로 전이하는 과정을 억제할 치료 약물은 개별 노인 의학에서 무척 중요하다. 근육이 수축할 때 생기는 내인성 펩타이드인 아펠린의 양이 나이 들면서 줄어든다. 사람, 쥐 모두 그렇다. 하지만 노인이 운동하면 이 증세가 역전될 수도 있다. 아펠린 혹은 그 수용체가 없는 마우스는 나이 듦에 따라 근육의 기능이 급격히 떨어진다. 노인의 아펠린 신호를 회복하는 몇 가지 전략을 보노라면 이 펩타이드는 근섬유 미토콘드리아 신생, 자기소화, 항염증 작용 및 근육 줄기세포 재생을 촉진하는 방향으로 그 효과를 나타낸다. 육체 운동과 아펠린, 근육 기능은 서로 양성 되먹임 작용을 한다; ⟨생물학과 의학에서 아펠린의 떠오르는 역할Emerging roles of apelin in biology and medicine⟩, *Pharmacology & Therapeutics*, 제107권, 198, 2005. 아펠린 펩타이드는 단일 유전자에서 발현되고 7차례 막을 관통하는 G 단백 결합 단백질(GPCR)이다. 아펠린은 심혈관 기능과 체액의 항상성을 조절하고 흥미롭게도 최근 레닌-안지오텐신-알도스테론 체계의 주요 효소인 카복시펩티데이스 ACE2의 기질이다. 아펠린 36과 더 짧은 C-말단 펩타이드는 조절 효과와 세기가 다르다. 심혈관 효과, HIV 공

동 수용체 차단 효과. 이런 결과를 보고 있노라면 저절로 코로나19가 떠오른다. 아펠린은 섬모 혹은 후각 기관과 관련은 없을까? 2022년 11월 광주과학기술원 연구진은 아펠린13을 코로나19 바이러스 치료제로 쓸 수 있다고 보고했다.

〈고강도 간헐 운동 중 인간 골격근 피로의 나이별 차이Age differences in human skeletal muscle fatigue during high-intensity intermittent exercise〉, *Acta Paediatr*, 제92권, 1248, 2003. 고강도 운동을 반복적으로 하는 동안 어른들보다 아이들이 상대적으로 피로에 높은 저항성을 보인다는 사실은 잘 알려져 있다. 근육의 무게, 근육의 형태, 에너지 대사 및 근신경 활성 등의 요소를 빌어 피로 저항성의 나이별 차이를 설명하려 든다. 고강도 간헐 운동에서 회복 기간은 피로를 억제하는 데 중요한 역할을 한다. 나이별 피로 저항성은 에너지 기질의 재합성 속도와 다양한 근육 대사산물의 제거와 관련이 깊은 것 같다. 이를테면 인산크레아틴의 생합성과 젖산 제거가 그런 것이다.

〈나이에 따른 '근육의 질' 변화 개념의 진화Evolving concepts on the age-related changes in 'muscle quality'〉, *Journal of Cachexia, Sarcopenia and Muscle*, 제3권, 95, 2012. 나이 듦에 따라 골격근이 약해지는 현상은 잘 알려졌으며 오래도록 인간의 관심사였다. 지난 몇십 년 동안 과학자들은 근무력증, 근육 협응(coordination) 부족 등의 골격근의 기능 저하가 노년기의 무기력을 유도하고 목숨을 위협하는 조건임을 알게 되었다. 예컨대 나이가 들수록 근육의 힘이 떨어지는 현상은 사망률 및 물리적 장애와 깊은 상관관계가 있다. 근육의 크기만이 맘대로근 힘의 생성에 영향을 미치지는 않는다. 대신 나이 들며 변화하는 신경학 및 골격근 요소의 전반적 조합도 중요하다.

〈심장 수술 후 근육 단백질 분해가 전신 근육 무력증에 영향을 끼친다Postoperative muscle proteolysis affects systemic muscle weakness in patients undergoing cardiac surgery〉, *International Journal of Cardiology*, 제172권, 595, 2014. 수술 후 골격근의 악화가 심각한 증세로 연결될 때가 있다. 연구자들은 수술 후 근무력증이 수술 직후 인터류킨-6의 생산과 관련이 있음을 밝혔다.

〈혈관 평활근: 동물의 세동맥 혈관 벽 두께Vascular smooth muscle: quantitation of cell thickness in the wall of arterioles in the living animal in situ〉, *Science*, 제159권, 536, 1968. 살아 있는 동물의 미세 동맥 두께를 해상도 6,500배에서 관찰했다. 기저 상태 평활근 세포 1개의 두께는 2회 실험에서 2.08, 2.78마이크로미터였다. 활동하는 동안 세포 두께의 변화도 측정했다.

〈만성피로증후군 대사Metabolism in chronic fatigue syndrome〉, *Advances in Clinical Chemistry*, 제66권, 121, 2014. 만성피로증후군은 잘 알려지지 않은 이유로 오랫동안

통증이 있고 전신이 민감해지는 등 신체적 정신적 피로가 지속하는 증상이다. 이 증세를 잘 이해하지 못하는 이유는 진단 기준이 불명확하고 여러 체계에 걸쳐 증세가 나타나는 까닭이다. 이들 환자의 대사를 연구한 결과 에너지 대사, 아미노산 대사, 핵산 대사, 질소 대사, 호르몬 대사, 산화 스트레스 대사에 문제가 있었다. 대체로 미토콘드리아 활성이 떨어져서 효율적인 에너지 생산에 차질을 빚는 것처럼 보였다. 이는 또한 아미노산과 질소의 배설이 줄어드는 결과로 나타났다.

〈젖산: 에너지 대사의 미운 오리새끼Lactate: the ugly duckling of energy metabolism〉, *Nature Metabolism*, 제2권, 566, 2020. 가장 잘 알려진 대사 폐기물인 젖산은 신맛 나는 우유에서 처음 발견되었다. 젖산균(lactobacillus)이 생산한 것이다. 세균은 알코올이나 아세톤과 같은 발효 산물을 만들기도 하지만 포유동물에서는 젖산이 가장 풍부하다. ATP 또는 산소의 요구량이 공급량보다 많을 때 젖산의 생산량이 늘어난다. 격하게 운동을 하거나 허혈증이 있을 때다. 스트레스를 받거나 허혈성 조직에서 축적된 젖산은 신체에 해롭다는 오명을 덮어쓰고 있다. 하지만 연구진은 젖산이 순환하는 탄수화물의 핵심 연료라는 사실을 강조한다. 편리한 원료이자 탄소 3개인 화합물을 포유동물 세포에 공급함으로써 젖산은 해당 과정과 미토콘드리아 에너지 생성 과정의 연결을 끊는다. 젖산과 피루브산은 세포 혹은 조직에서 NAD/NADH 비율의 평형을 조절하는 완충 효과를 지닌다. 연료로서 젖산의 역할을 재규명했다. 젖산이 미운 오리에서 아름다운 백조로 거듭났다고.

〈시스템 생물학에서 P4 의학까지: 호흡기 질환에 적용From systems biology to P4 medicine: applications in respiratory medicine〉, *European Respiratory Review*, 제27권, 170110, 2018. 인간의 건강과 질병은 인체라는 복잡하고 비선형적이며 역동적인 다단계 생물학적 체계의 창발적인 특성이다. 시스템 생물학은 이런 창발적 특성을 폭넓게 연구하는 전략이다. 이는 '오믹스'라는 의학적 진단과 컴퓨터 생물학 정보학의 발전에서 유래했고 P4(예측(predictive), 예방(preventive), 맞춤형(personalized), 참여(participatory)) 의학으로 가는 기틀을 다졌다. 건강을 지키기 위해 예방적으로 접근하고 질병을 치료하는 데 도움을 주는 기본 자료이다.

〈살찐 인간의 단백질 대사 조절 실패(Dys)regulation of Protein Metabolism in Skeletal Muscle of Humans with Obesity〉, *Frontiers in Physiology*, 제13권, 843087, 2022. 골격근 단백질체학 연구 논문을 분석했다. 비만인의 근육에서 단백질 대사가 변하고 근육의 질도 떨어진다. 근육량에 비해 근력이 시원치 않다는 뜻이다. 단백질의 양과 질을 결정하는 단백질 회전율을 결론지을 만한 일관된 데이터는 부족하다. 일반적으로 비만인의 근육에서 근섬유 및 미토콘드리아 단백질의 합성 속도는 더 느리다.

〈영양 및 운동 후 근육 단백질 합성Muscle protein synthesis in response to nutrition and exercise〉, *The Journal of Physiology*, 제590권, 1049, 2012. 영양소가 몸 안으로 들어오면 단백질 합성은 짧게 진행된다(약 1.5시간). 그 이후에는 아미노산이 더 있거나 근육 내부 동화 신호가 있더라도 단백질 합성 스위치를 꺼버린다. 근육 강화 운동을 해서 이 시간을 연장할 수 있다. 하지만 강도가 낮은 운동은 근육 단백질 합성에 큰 효과가 없다; 〈인간 근육 단백질 합성 조절Regulation of muscle protein synthesis in humans〉, *Current Opinion in Clinical Nutrition and Metabolic Care*, 제15권, 58, 2012. 단백질 합성 조절 연구는 단백질의 양이 어떻게 조절되는지 이해하는 핵심이다. 단백질 합성 속도는 활동 수준, 영양소 및 건강 상태에 따라 세밀하게 조절된다. 예를 들어 운동하거나 영양 상태가 좋으면 단백질 합성 속도가 늘지만 움직임이 둔하고 나이가 들면 합성 속도는 줄어든다. 암과 같은 근육 소모성 질환에서도 근육 합성은 줄어든다. 운동 후 근육 단백질 합성이 증가하는 일은 성장 호르몬이나 테스토스테론 농도와 무관하다. 운동과 관련 없이 먹어서 단백질 합성이 증가하는 일은 영양소가 풍부하더라도 일시적이다. 근육이 이미 '꽉 차' 있다는 사실을 감지하기 때문이다. 흥미롭게도 운동은 이런 '꽉 찬 근육(muscle-full)' 반응을 지연시키고 근육을 새로 만들거나 수선한다. 하지만 강도가 너무 낮으면 별 효과가 없다.

〈인간 단백질 대사: 측정 및 조절Human protein metabolism: its measurement and regulation〉, *American Journal of Physiology-Endocrinology and Metabolism*, 제283권, E1105, 2002. 단백질은 세포의 구조적 지지대일 뿐 아니라 신체의 기능과 생존에 중요하다. 전신 단백질 풀, 개별 조직의 단백질 풀은 단백질 합성과 분해의 균형에 의해 조절된다. 또 이 균형은 호르몬, 영양분, 신경, 염증 및 여러 요소의 상호작용을 거쳐 변할 수 있다. 합성 혹은 분해 과정이 지속되면 단백질이 소모되고 질병이나 죽음에 이를 수 있다. 단백질 합성과 분해에 관여하는 세포 내 신호 전달 경로의 활성과 추적자 동역학 기법을 적용하여 단백질 회전율에 대한 정보를 얻을 수 있다. 인슐린, 인슐린 비슷한 성장인자1, 성장 호르몬의 영향을 연구하는 일, 아미노산-매개 근육 조절, 전신 단백질 순환의 이해는 치료법을 개발하는 기회가 될 것이다. 류신 혹은 페닐알라닌을 표지하여 전신 단백질 합성을 추적한다.
또한 단백질은 산화 반응의 주연료로 사용되지 않는다. 대신 회전율은 무척 빨라서 에너지 소모가 크다. 기초대사율의 5퍼센트 정도를 단백질 합성과 분해에 사용한다. 아미노산의 15~20퍼센트, 지방산의 약 30퍼센트 그리고 포도당 50퍼센트 이상이 연료로 소모된다.

〈곁사슬 아미노산의 전신 대사 경로 정량Quantitative analysis of the whole-body metabolic fate of branched-chain amino acids〉, *Cell Metabolism*, 제29권, 417, 2019. 곁사슬 아미노산(류신, 이소류신, 발린)은 필수 아미노산이다. 이들은 근육 단백질을 이루

는 필수 아미노산의 35퍼센트나 되고 전체 아미노산의 21퍼센트를 차지한다. 크기가 작고 소수성이어서 곁사슬 아미노산은 단백질 구조에서 중요한 역할을 한다. 이들은 또한 신호 전달 역할도 담당한다. 과학자들은 정상 쥐와 인슐린 저항성 쥐의 곁사슬 아미노산 산화를 동위원소 추적법을 써서 접근한다. 근육이나 갈색지방, 콩팥, 간과 심장 등 대부분 조직에서 곁사슬 아미노산은 빠르게 산화되어 크레브스 회로로 넘어갔다. 심지어 췌장은 20퍼센트가 넘는 탄소원이 곁사슬 아미노산에서 비롯했다. 정상 쥐에서 곁사슬 산화는 여러 조직에서 균형을 이루고 있다. 이와 달리 인슐린 내성이 생겨(제2 당뇨병) 간과 지방 조직에서 이 과정이 억제되면 혈중 곁사슬 아미노산의 농도가 올라가고 이는 골격근으로 넘쳐 흐르게 된다. 평소 인슐린은 단백질 분해를 억제하지만 내성이 생기면 근육 단백질이 분해되는 속도가 빨라지는 것도 문제다. 이유야 어찌 되었든 전신에 곁사슬 아미노산의 양이 늘어나는 현상은 암과 당뇨병 그리고 심장 질환과 관련된다.

〈질소 회로 연구사A chronology of human understanding of the nitrogen cycle〉, *Philosophical Transactions of The Royal Society B*, 제368권, 2013. 질소는 18세기에 발견되었다. 다음 세기 농업에서 중요성이 밝혀졌고 기본적인 질소 순환 회로가 알려졌다. 20세기 들어 활성 질소(Nr, 질소 분자가 아닌 모든 질소 화합물)가 군(military)과 농업 등 산업계에 도입되었다. 화석 연료가 발견되고 광범위하게 사용된 때는 21세기이다. 활성 질소의 양은 자연계에 존재하는 것보다 2~3배가 넘는다. 질소 회로에 근본적인 변화가 찾아온 탓이다. 늘어나는 인구를 먹여 살릴 식량 생산 목표가 절실하기 때문이다. 인간이 합성한 활성 질소는 환경으로 돌아가 지구 환경에 해를 끼치는 연쇄 반응을 일으킨다. 산성비, 스모그, 부영양화, 온실효과, 성층권 오존층 상실 등 인간과 생태계가 커다란 충격을 받고 있다. 이 충격 효과는 계속 커진다. 하지만 여전히 활성 질소의 폐기량이 줄지 않는다.

〈줄어든 수면 시간이 에너지 소비, 심부 체온 및 식욕에 미치는 효과Effect of shortened sleep on energy expenditure, core body temperature and appetite: A human randomized crossover trial〉, *Scientific Reports*, 제7권, 39640, 2017. 에너지 대사 혹은 식성에 수면 제한이 어떤 영향을 끼치는지 논란이 있다. 저자들은 수면 시간을 줄인 후 에너지 대사, 심부 체온 및 식단의 구성을 조사했다. 매일 3.5시간 혹은 7시간을 사흘 연속으로 자고 나머지 하루는 회복 수면으로 7시간을 잤다. 수면 제한은 전체 에너지 대사와 식단 구성에는 영향을 끼치지 못했다. 그러나 매일 3.5시간을 잔 피험자의 심부 체온은 7시간을 잔 피험자들보다 현저히 내려갔다. 사흘 동안 수면을 제한한 피험자들의 식욕 억제 호르몬 PYY와 포만감은 줄어든 대신 식욕은 늘었다. 잠이 줄어 식욕은 늘었으나 에너지 대사는 변치 않았다는 점은 짧은 수면 주기 동안 열량의 흡수가 늘고 체중 증가의 위험이 커졌음을 뜻한다.

〈진화적으로 독특한 인간 근육과 뇌 대사체의 분기가 인간의 인지능력과 육체적 독자성을 이끌었다Exceptional evolutionary divergence of human muscle and brain metabolomes parallels human cognitive and physical uniqueness〉, *PLOS Biology*, 제12권, e10001871, 2014. 대사체 농도는 조직이나 세포의 생리적 상태를 반영한다. 그러나 종의 진화에서 대사 변화의 역할은 모른다. 연구진은 인간, 침팬지, 긴꼬리원숭이, 마우스를 대상으로 각기 세 종류의 뇌 부위, 뇌가 아닌 두 부위에서 10,000개의 친수성 대사체 진화를 연구했다. 침팬지와 긴꼬리원숭이, 마우스의 대사체는 종이 분기된 만큼 유전적 거리를 두고 있었지만 인간의 전두엽과 골격근에서는 대사체 진화가 빨라졌고 특히 신경과 에너지 대사 경로에 영향을 끼쳤다. 이러한 변화는 상응하는 효소의 발현으로 볼 때 환경 조건 때문이 아닌 듯했다. 근육의 강도도 시험했다. 인간의 지능은 월등했지만 근육 강도는 침팬지나 긴꼬리원숭이에 비해 형편없었다. 대사체 특이 클러스터의 비율은 근육, 뇌, 콩팥 순이다. 근육과 뇌가 압도적으로 많다. 인류가 진화하는 동안 이 두 조직에서 빠른 대사체 변화 그리고 인지 기능의 성장과 근육 성능의 약화가 함께 진행된 것으로 추정된다.

〈표지시약 확산법으로 결정한 기관의 모세혈관 투과성The permeability of capillaries in various organs as determined by use of the 'Indicator Diffusion' method〉, *Acta Physiologica Scandinavica*, 제58권, 292, 1963. 콩팥, 간, 폐, 뇌 및 뒷다리에서 이눌린과 설탕에 대한 모세혈관 투과계수를 보고한다. 기관마다 천차만별이다. 뇌와 폐 모세혈관의 투과계수가 거의 0이다. 물질에 따른 선택성이 크다는 뜻이다; 〈심장 및 여타 기관의 혈관 모세혈관Blood capillaries of the heart and other organs〉, *Circulation*, 제24권, 368, 1961. 전자 현미경 이미지로 보면 적어도 세 가지 유형의 모세혈관이 존재한다. 모세혈관 벽은 세 원심성 층(혈관 내피세포, 기저막, 외막(adventitia))으로 이루어졌다. 기저막은 모든 모세혈관에서 연속적인 층을 이룬다. 사구체 모세혈관은 불연속 혈관 내피세포를 갖는다. 빠르고 효과적인 혈액 투과가 필요하기 때문일 것이다. 히스타민이나 세로토닌을 투여하면 혈관을 불연속적으로 만들 수 있다.

〈기초대사량과 제지방 근육 사이의 관계Resting energy expenditure-fat-free mass relationship: new insights provided by body composition modeling〉, *American Journal of Physiology-Endocrinology and Metabolism*, 제279권, E539, 2000. 기초대사량과 제지방 질량의 관계는 체중 조절과 인간의 에너지 요구량의 생리적 측면을 연구하는 중요한 분야다. 기초대사율 = (21.7×제지방 질량) + 374 (단위는 킬로칼로리/하루). 제지방 질량이 40~80킬로그램이면 직선에 가깝다. 각 조직을 고려하면 핵심 기관의 대사율을 알아야 한다(심장과 콩팥은 440, 뇌는 240, 간은 200, 골격근은 13, 지방은 4.5이다. 단위는 단위 킬로그램당 킬로칼로리/하루이다). 대사 과정에서 생긴 에너지는 주로 기초대사, 체온 유지, 물리적 운동에 주로 사용된다. 그중 기저 대사에 사용되는 양이 60~75퍼센트로 가장 많다.

〈위 산성도의 진화 및 인간 상재균The evolution of stomach acidity and its relevance to the human microbiome〉, *PLOS ONE*, 제10권, e0134116, 2015. 위 산성도는 척추동물 소화기관에서 발견되는 미생물 집단의 구성과 다양성을 결정하는 중요한 요소다. 연구자들은 소장을 통과하기 전에 새로운 미생물을 제거함으로써 척추동물의 위가 소화기 미생물 군집을 유지한다는 가설을 확인하고자 체계적으로 문헌을 분석했다. 상한 고기를 먹는 청소동물 또는 계통적으로 비슷한 동물을 먹는 집단일수록 강력한 여과 장치를(산성도가 높다) 쓴다고 제안한다. 외부 미생물을 제거해야 하기 때문이다. 반면 영양가가 낮고 계통적으로 먼 생명체를 먹는 개체(초식동물처럼)의 여과 장치는 느슨하고 병원균으로부터의 위험성도 적다. 조류와 포유동물 영양 집단에서 위 산도를 비교하면 청소동물과 육식동물의 위 산성도가 높다. 초식동물 또는 유연관계가 먼 곤충이나 물고기 같은 피식자를 먹는 육식동물은 그렇지 않았다. 종 안에서도 나이에 따라 또는 지방 절제술을 시행한 환자의 위 산도가 변한다. 위가 생태학적 여과 장치라는 반증이다. 위의 pH를 측정하면 종 간에 걸쳐 소화기 미생물의 역동성을 짐작할 수 있다.

종	섭식	위의 산도	종	섭식	위의 산도
터키콘도르	청소동물	1.3	박쥐#	곤충	3.6
은꼬리매	청소동물*	1.8	아프리카코끼리	초식(후장)	4.1
닭	육식	2.2	콜로부스원숭이	초식(전장)	6.1
돼지**	잡식	2.9			

* 작은 동물은 다 먹는다고 보면 된다. 육식동물로 분류된 닭도 못 먹는 게 없다. 곡식을 쪼아먹던 기억을 떠올리면 닭은 인간처럼 잡식동물이어야 할 테지만 이 논문의 저자는 육식으로 분류했다.

** 돼지 위의 산도는 2.6이다. 2.9는 잡식동물의 평균값이다. 현대 인간의 위는 강한 산성으로 1.5이다. 왜 이리 높은지 확실히 모르지만 진화 과정에서 인간 조상이 시체를 쫓아다니던 청소동물이었을 가능성도 크다. 미성숙한 어린이의 산도는 4.0 정도로 장염에 걸리기 쉽다. 노인들은 그보다 더 높아서 위나 소화기관에 세균 감염의 빈도가 높아질 수 있다. 여러모로 늙는 일은 불편하다.

곤충을 주식으로 하는 종이다.

〈백악기-팔레오기 경계 이후 태반류 팽창과 태반 포유동물의 조상The placental mammal ancestor and the post-K-Pg radiation of placentals〉, *Science*, 제339권, 662, 2013. 현존하거나 화석으로 남은 태반포유류의 분류학적 관계와 K-Pg 경계(백악기가 끝나

고 신생대가 시작될 때인 약 6,500만 년 전) 즈음 태반이 기원한 시기를 찾기 위해 연구 팀은 86개 화석과 현생종 4,541가지의 형태학적 특성을 조사했다. 태반아강과 태반 목은 K-Pg 경계 이후에 시작된 것으로 드러났다. 태반포유류의 출현 시기가 좀 더 최근이다. 아울러 화석의 '이빨'이 종을 규정하기에는 근거가 미약하다는 점도 밝혀 졌다. 현생 태반포유류처럼 작은어금니 2개, 큰어금니 3개로 이루어져 포유류 조상 으로 간주했던 중생대 화석이 발견된 탓에 지금껏 태반포유류가 중생대에 기원했다 고 믿어 왔다. 그러나 분자 서열까지 분석을 마친 국제 공동연구진들은 태반포유류 가 백악기와 신생대 사이에 등장했다고 강조한다. 곤충이 주식이며 체중이 약 6~245 그램이고 쥐보다 조금 크고 긴 꼬리를 가진 털북숭이 생명체가 우리 인간의 먼 조상 이다.

〈비만: 풍요 증상의 기원Obesity: evolution of a symptom of affluence. How food has shaped our existence〉, *The Netherlands Journal of Medicine*, 제69권, 159, 2011. '음식은 인간을 어떻게 형상화했는가'라는 부제의 글이다. 얼추 200만 년 전 영장류 조상이 살던 곳 의 날씨가 변하면서 식생이 달라지고 뇌가 커졌다. 탄수화물 위주의 식단에서 생선 또 는 고기 위주의 식단으로 바뀌고 뇌가 커지는 데 충분한 연료와 화학물질을 공급할 수 있게 된 것이다. 이와 동시에 인슐린 저항성도 진화했을 것이다. 뇌가 저혈당에 빠 지지 않게 하기 위해서다(식단에서 탄수화물이 줄었다는 점에서). 불을 조절하고 도구를 제작할 수 있도록 인지능력이 발달하자 음식물에서 뽑아내는 에너지 수율이 증대했 고 포식자에 대한 방어도 쉬워졌다. 따라서 체중을 줄이려는(살이 쪄서 도망을 못 치는) 선택압도 줄어들었다. 그 뒤로 무작위 변이와 유전자 부동에 의해 체중이 늘어나는 유 전자 풀이 늘어났다. 수렵 채집 사회의 계절적 음식물 수급 변동은 인간 집단에서 절 약(thrifty) 유전자가 득세하고 먹을 것이 풍부할 때 에너지를 저장하려는 경향이 커 졌다. 농업과 산업 혁명이 찾아오면서 우리의 생활방식은 급변했다. 음식물의 공급 제한이 풀렸고 육체적 노동을 대체하는 기계가 등장했지만 인간 유전자는 크게 변한 것이 없다. 절약 유전자가 있고 체중의 제약이 느슨해진 사람들은 특히 비만에 취약 하게 되었다.

〈섭식 과반응을 촉발하는 과당과 요산: 충동 혹은 광기와 결부된 행동 장애의 단 서Fructose and uric acid as drivers of a hyperactive foraging response: A clue to be behavioral disorders associated with impulsivity or mania?〉, *Evolution and Human Behavior*, 제42권, 194, 2020. 주의력결핍 과잉행동장애(ADHD), 양극성 장애, 공격적 행동과 같은 행 동 장애는 설탕의 섭취 혹은 비만과 관계가 있다. 하지만 그 이유는 잘 모른다. 설탕 과 고과당 옥수수 시럽에 풍부한 과당 그리고 그것의 대사산물인 요산이 행동 장애 위험을 증가시킬 것이라는 가설이 등장했다. 과당의 섭취가 대사 증후군의 발달과 강한 상관관계가 있는 이유는 진화적으로 과당 섭취가 사냥 행위를 촉진하고 지방의 형태로 에너지를 저장하는 방식을 선호했다는 연구 결과도 있다. 적당량을 섭취하고 지방 형태로 저장하면 기근처럼 에너지가 부족한 상황에서도 동물이 견딜 수 있을 것이기에 설탕과 고과당 옥수수 시럽을 섭취하면 사냥 반응이 과도해지면서 눈이 번들거리면서 공격성이 커지고 모험을 감수하는 등 공격성이 드러나고 주의력결핍 과잉행동장애, 양극성 장애, 공격적 행동이 늘었으리라 가정한다.

〈기후변화, 식량 부족 및 가뭄에서 생존하기 위한 일반적 진화경로로서 과당 대사Fructose metabolism as a common evolutionary pathway of survival associated with climate change, food shortage and droughts〉, *Journal of Internal Medicine*, 제287권, 252, 2020. 자연사에서 대멸종은 자주 반복되었다. 멸종 동물 연구는 흥미롭지만 생존자들은 상황이 나빠졌을 때 어떤 적응을 거쳐왔는지 귀중한 정보를 얻을 수 있다. 음식(과일이나 꿀)을 통해 공급되든 대사(폴리올 경로)를 통해 만들어지는 과당은 이를 섭취한 동물이 나중에 물이나 에너지로 전환할 수 있게 저장하기를(지방 혹은 글리코겐 형태로) 부추긴다. 과당은 나트륨을 머무르게 하고 혈압을 높여 탈수가 오더라도 염류가 부족해지지 않게 막는다. 미토콘드리아 대신 해당 과정으로 에너지 생산 방식을 바꿔 저산소 상태에서도 유기체의 생존에 도움을 준다. 과당의 역할은 바소프레신과 요산의 생성을 거쳐 이루어진다. 대멸종 시기에 두 번 돌연변이가 일어나 과당을 지방으로 저장하는 일이 벌어졌다. 백악기에서 팔레오세(6,500만 년 전)를 지나는 동안 비타민 C 합성 경로에 돌연변이가 일어난 사건과 미오세 중기(1,200~1,400만 년 전) 요산분해효소 돌연변이가 일어난 사건, 두 가지다. 오늘날 정제당과 고과당 옥수수 시럽의 형태로 과당을 과량 섭취하게 되면서 '생활양식의 부담'을 가중하는 비만과 당뇨병 및 고혈압 관련 질환이 늘어났다.

〈식단과 최초 인간 조상의 진화Diet and the evolution of the earliest human ancestors〉, *PNAS*, 제97권, 13506, 2000. 지난 10년 동안 최초의 인간 조상에 대한 논의는 주로 오스트랄로피테쿠스의 보행에 초점을 두었다. 인접 학문의 성과 덕에 최근에는 초기 인간 진화에서 생태적 요소가 중요하다는 질문이 등장하기 시작했다. 약 440만 년 ~230만 년 전 두개골과 치아의 형질을 추적한 뒤 과학자들은 초기 고생인류의 섭식 능력이 급격히 변했음을 알게 되었다. 장단기 기후변화와 결부된 음식물 자원의 변화에도 불구하고 다양한 서식지에서 삶을 영위하기에 적당한 형질을 얻게 된 것이다. 결론적으로 말하면 초기 사람과 조상들은 딱딱하거나 부드러운 것, 질기거나 그렇지 않은 것 모두를 두루 먹을 수 있게 턱과 치아의 구조가 변했다. 작거나 중간 정도의 앞니, 크고 평평한 어금니, 첫째/셋째 어금니 면적 비율이 상대적으로 작다(첫째 어금니 면적이 넓다). 현존하는 혹은 미오세 유인원과 비교했을 때 법랑질층과 턱이 두껍다.

〈입안에서 소화되는 곡류의 물리 화학적 변형Physical and chemical transformations of cereal food during oral digestion in human subjects〉, *British Journal of Nutrition*, 제80권, 429, 1998. 음식물의 화학적, 물리적 변환은 입안에서 시작되지만 구강 내 소화를 분석한 논문은 드물다. 연구자들은 12명의 건강한 지원자가 주어진 시간 동안 입안 가득한 빵과 스파게티를 씹은 뒤 삼키기 직전 잘게 쪼개진 입자의 크기를 분석했다. 삼키기 전 빵과 스파게티를 적시기 위해 분비한 침의 양은 음식물의 킬로그램당 각각 220그램과 39그램이었다. 입자의 크기도 달라서 빵이 훨씬 더 작은 입자로 변해 형체를 알아보기 힘들었지만 스파게티는 물리적 구조를 유지하고 있었고 입자의 크기도 제각각으로 들쭉날쭉하게 줄었다. 빵의 전분 가수분해는 스파게티보다 2배 빨랐으며 아마도 고분자 알파-글루칸이 방출되었기 때문일 것이다. 전체 전분당 올리고당의 생성은 두 음식물이 비슷했다(125 대 92그램/킬로그램). 전분의 가수분해는 입에서 시작된다. 하지만 음식물 최초의 구조에 따라 그 정도가 차이 난다. 입안에서 고형 음식물이 물리 화학적으로 분해되는 속도에 따라 전체적인 소화 과정이 영향을 받는다.

〈볶음밥 물리학The physics of tossing fried rice〉, *Journal of the Royal Society Interface*, 제17권, 20290622, 2020. 1,500년의 역사를 가진 볶음밥은 웍(Wok)을 흔들어 만든다. 따로 불을 더 지피지 않아도 음식이 섭씨 1,200도에 노출되는 일이 가능하다. 무거운 웍을 빠르게 흔들면 어깨가 아프다. 중국 음식점 주방장 64.5퍼센트가 통증을 호소할 정도다. 6명의 중국 요리사들이 웍을 흔드는 모습을 영상에 담아 분석했다. 웍을 흔드는 0.3초 주기에 두 방향으로 움직이고 밥은 웍 벽을 따라 미끄러졌다. 또한 회전 단계에서 밥은 공기 중으로 던져졌다. 영상을 분석하고 투사 움직임을 예측하는 이론적 모델을 만들었다. 흔들리는 밥의 비율, 날아간 높이, 밥의 회전 변위(단위 시간 동안 회전한 각도), 세 가지 기준에서 여러 영상을 분석했다. 볶음밥을 만드는 최적의 방식을 제안하고 웍 흔들기 방법을 개선할 수 있음을 보였다. 이 기술을 익힌 로봇을 제작하는 데 영감을 줄 수 있으며 근육 통증을 완화하는 외골격을 설계하는 데도 도움이 될 것이다. 사소해 보이지만 귀한 작업이다.

〈음식의 물리적 특성과 치아 사용Tooth use and the physical properties of food〉, *Evolutionary Anthropology*, 제5권, 199, 1997. 수십 년 전부터 비교 해부학자들은 동물의 치아구조와 음식물 사이에 구조 기능적인 관계가 있으리라 짐작했다. 역사적으로 인류학자들은 현생 종의 적응을 설명하기 위해 또는 화석 기록에 등장한 멸종한 동물의 음식물에 대해 예측하기 위해 이 관계를 인용해왔다. 인류학자들은 한 생태계 안에서 공존하는 영장류들이 자신들의 먹이 틈새에 따라 형태가 차이가 난다고 보고해왔다. 예를 들어 로빈슨은 오스트랄로피테쿠스와 파란트로푸스의 형태적 차이가 각기 다른 먹잇감에 적응하느라 달라졌다고 가정했다. 씨앗-먹잇감 가설을 제창

한 졸리는 초기 사람 속 생명체가 유인원과 생김새가 다른 이유는 작고 딱딱한 화분과 씨앗을 먹었기 때문이라고 주장했다. 초창기 연구에서 케이는 멸종된 유인원 라마피테쿠스의 두꺼운 어금니 법랑질이 딱딱한 견과류를 깨 먹기 위해 적응한 결과라고 말했다.

〈진화적 시각에서 바라본 척추동물의 간 재생Liver regeneration observed across the different classes of vertebrates from an evolutionary perspective〉, *Heliyon*, 제7권, e06499, 2021. 간은 영양소 대사 과정에서 위험한 물질(독성)을 처분하는 기능을 수행하는 핵심 기관이다. 생명체가 살아 있는 동안 여러 기제로 간은 보호되지만 그중 하나는 간 재생으로 알려진 상보성 간 증식이다. 포유동물은 하위 척추동물보다 더 나은 분자 도구 상자를 갖고 간을 재생한다. 핵심적인 요소들은 소염 혹은 항염 사이토카인 분자들이다. 진화적 시각에서 살펴볼 주제이다. 척추동물 그리고 포유동물의 수명과 관련해서 이런 기제의 의미를 모색한다. 양서류와 파충류의 동형재생(Epimorphic regeneration)은 조류, 포유류에서는 찾아볼 수 없다. 모든 척추동물에서 간이 재생된다. 보체, 사이토카인 및 콜레스테롤 유도체, 특히 담즙산의 역할이 포유동물에서 강조된다.

〈중력 환경 적응 및 진화-생후 한정된 고등 척추동물 심장 재생력의 이론적 기틀 Adaptation and evolution in a gravitational environment-a theoretical framework for the limited regenerative post-natal time window of the heart in higher vertebrates〉, https://www.intechopen.com/chapters/43188. 서 있는 자세에서 심장이 받는 중력의 역할을 서술했다. 중력의 저항을 덜 받는 생명체일수록 심장과 머리 사이의 거리가 멀다. 노화에서도 중력의 영향이 크다. 앉아서 생활하는 시간이 길어질수록 우주 비행을 오래 하는 것과 유사한 효과가 날 것이라고. 심혈관의 반사 작용이 문제가 생기고 기립할 때 저혈압을 조절하는 데 어려움을 겪을 수 있다. 근육의 힘도 줄고 뼈로부터 갹출할 칼슘의 양도 줄어든다. 천천히 읽어볼 만한 논문이다.

〈동물 재생: 오래된 형질 또는 진화적 참신성Animal regeneration ancestral character or evolutionary novelty〉, *EMBO Reports*, 제18권, 1497, 2017. 재생에 대한 오랜 질문은 그것이 과거부터 있었던 형질이며 지금도 작동하는 생명체의 일반적인 특성인가 아니면 다른 종류의 동물이 다른 환경에 반응하여 적응한 것인가 하는 점이다. 전통적인 형질이라고 보는 견해는 주로 윈트(Wnt) 혹은 뼈 형성 단백질 신호가 좌우대칭 동물의 전신인 무체강류의 전신 재생을 조절하는 방식에 주목한다. 또는 포식자에게 뜯긴 신체의 일부를 재생하는 적응적 능력이 일부 동물에게서 등장했다고 보는 사람들도 있다. 비슷한 기관의 재생에 관여하더라도 동물마다 유전자가 다르거나 새로운 유전자가 생겼다는 이유 때문이다; 〈동물 재생의 진화: 뒤얽힌 이야기Evolution of regeneration in animals: a tangled story〉, *Frontiers in Ecology and Evolution*, 제9권, 621666, 2021. 다세포 생명체 재생 능력의 진화는 생물학의 가장 복잡하고 흥미로운 주제 중 하나이다. 고장 난 부위를 스스로 수선하는 명백히 유리한 형질이 진화 과정에서 점차 사라지게 된 이유는 무엇일까? 조직 재생의 진화가 개체 혹은 종의 입장에서 보았을 때 반드시 이롭지만은 않다는 가설도 많다. 신호 전달 경로가 진화하고 분화 가소성이 점차 제한된 사건이 적응성 면역계의 등장과 궤를 함께한다. 동물 재생은 부분적 생식 과정의 재현 같은 것일까?

〈인간 비강 일산화질소Nasal nitric oxide in man〉, *Thorax*, 제54권, 947, 1999. 지난 10년 동안 생물학자들은 일산화질소에 지대한 관심을 두었다. 반응성이 높은 자유 라디칼인 이 기체는 해로운 공기 오염 물질로 간주되었지만 포유동물의 세포가 효소 작용을 통해 만들고 혈액의 흐름, 혈소판 기능, 면역 반응을 조절하고 신경 전달에도 관여한다고 알려졌다. 생체 조직에서 직접 이 기체의 양을 재는 일은 쉽지 않다. 일산화질소가 빠르게 헤모글로빈이나 철을 포함하는 단백질과 반응하기 때문이다. 간접적으로 일산화질소의 양을 측정하는 이유다. 대부분 생체 조직에서 일산화질소는 빠르게 사라지지만 낮은 농도에서 이 기체는 상당히 안정한 편이다. 1991년 구스타프슨은 우리가 내쉬는 숨 안에 일산화질소가 포함되어 있음을 알았다. 나중에 과학자들은 상기도에서 일산화질소를 만든다는 사실을 밝혔다. 따라서 이 기체는 하기도와 폐에는 거의 영향을 끼치지 않는다. 성인이 알레르기성 비염을 앓으면 상기도에서 만드는 일산화질소의 양이 증가한다. 하지만 부비동염과 같은 몇 가지 질환 환자에서 일산화질소의 양이 줄어든다. 《호흡의 기술》에도 언급된 내용이다.

〈열을 가했을 때 피하 혈관 감소와 땀 흘림 기능의 나이별 차이Regional differences in age-related decrements of the cutaneous vascular and sweating responses to passive heating〉, *European Journal of Applied Physiology and Occupational Physiology*, 제74권, 78, 1996. 열 명의 건장한 노인(64~76세)과 열 명의 젊은이(20~24세)에게 열 스트레스를 주면(60분간 종아리와 발을 섭씨 42도 욕조에 넣는다) 젊은이보다 노인들의 직장 온도가 높고 피부 온도는 낮았다. 가슴과 허벅지 혈류도 느렸다(젊은이에 비해 58퍼센트, 50퍼센트. 그러나 이마의 혈액 흐름은 비슷했다). 뒤쪽 30분 동안 등과 허벅지 땀 흘림 속도를 측정했다. 노인의 땀 흘림 속도가 늦다. 이마와 팔뚝, 가슴은 비슷하다. 나이 들며 생리 기능은 떨어지지만 부위에 따라 차이가 있다. 혈관 기능이 떨어진 후 땀 분비 기능도 줄어든다. 슬픈 일이다.

〈생명체가 감당할 수 있는 온도 상한The upper temperature thresholds of life〉, *Lancet Planet Health*, 제5권, e378, 2021. 기온은 다양한 생명 과정에 영향을 끼친다. 하지만 같은 환경이라도 종에 따라 그 효과가 달라질 수 있다. 저자들은 인간, 가축, 가금,

농작물 그리도 자료가 드물기는 하지만 포획 어류의 온도 문턱 값을 다룬 논문을 분석했다. 선호하는 온도는 인간, 소, 돼지, 가금, 물고기, 농작물에서 비슷했으며 섭씨 17~24도 사이에 분포했다. 습도가 올라가면 열 스트레스 문턱 온도는 낮아졌다. 섭씨 25도 이상이고 습도가 높은 상태에 오래 노출되면 생명체 대부분이 열 스트레스를 받았다. 습도가 높고 섭씨 35도 이상이거나 습도가 낮더라도 섭씨 40도면 짧은 시간이라도 위험했다.

〈자연계 마시기 전략Natural drinking strategies〉, *Journal of Fluid Mechanics*, 제705권, 7, 2012. 서강대 김원정 박사의 논문이다. 그는 자연계 마시기의 유체역학을 분석했다. 흡입이 마시기의 가장 보편적인 전략이었다. 하지만 그것을 제약하는 형태, 생리, 환경적 요건에 따라 다양한 대체 수단이 강구되었다. 모세관 길이보다 상대적으로 더 작은 생명체들은 특히 계면의 효과에 의존했다. 제약의 문제를 적절히 해결하는 방식으로 마시기 전략을 체계화하려고 노력했다.

〈물과 생명: 매질이 곧 정보다Water and Life: the medium is the message〉, *Journal of Molecular Evolution*, 제89권, 2, 2021. 지구 표면 그리고 아마도 우주에서 가장 풍부한 물질인 물은 생명의 매질이지만 사실 그 이상이다. 물은 대사 화학에서 가장 빈번하게 등장하는 주인공이다. 알려진 생화학 대사의 약 3분의 1에서 물을 소비하거나 생산한다. 물의 화학적 유입을 계산하면 물은 반응 기질, 중간체, 조효소 및 생성물로 자주 등장한다. 산소가 존재하는 조건에서 대장균이 분열할 때 물 분자가 (촉매 반응에서) 화학적으로 변환되고 역학적으로 참여하는 횟수가 3.7배 늘어난다. 결론적으로 말하면 생물학적 물은 매질임과 동시에 화학적 참여자이다. 두 역할을 뚜렷이 구분할 수 없다. 물의 화학적 변환은 현존하는 생화학뿐만 아니라 생명의 기원을 이해하는 출발점이다. 물질대사에 물이 '압도적'으로 참여하고 생물학적 합성과 분해를 촉진하기 때문에 대사는 생체 고분자와 함께 진화한 것 같다.

〈세포 부피 조절 메커니즘의 기능적 의미Functional significance of cell volume regulatory mechanisms〉, *Physiological Reviews*, 제78권, 247, 1998. 살기 위해 세포는 구조적 정합성과 세포 내부 환경의 균질함을 깨뜨릴 정도로 세포 부피가 변하는 일을 피해야 한다. 세포의 기능 단위인 단백질은 분자 혼잡도를 결정하는 특히 희석과 농축에 민감하다. 세포 외 삼투압이 일정하더라고 세포의 부피는 세포막 안팎을 가로지르는 삼투 활성 물질의 수송 또는 대사 과정에서 변하는 삼투압에 영향을 받는다. 세포 부피를 일정하게 유지하기 위한 조절 기제가 끊임없이 작동해야 하는 이유이다. 세포막 안팎의 이온 운반, 대사체와 삼투 조절제의 축적과 처분 모두 세심하게 조정해야 한다. 세포막 전위, 세포 내 이온의 구성, 다양한 이차 신호 전달 물질의 연쇄 반응, 목표 단백질 인산화 및 유전자 발현 모두 부피 조절 메커니즘의 신호 전달 과정에 참여한다. 호르몬과 분자 중재자도 잊지 말아야 한다. 세포 기능, 예컨대 상피세포 수송, 대사, 흥분, 호르몬 분비, 이동, 세포 분열과 세포 죽음에 세포 부피와 조절 기제가 중요한 요소다.

〈인간 세포 및 장내 세균 수 다시 측정하기Revised estimates for the number of human and bacteria cells in the body〉, *PLOS Biology*, 제14권, e1002533, 2016. 이스라엘 바이츠만 연구소의 론 마일로가 쓴 논문은 숫자 생리학 상식을 넓히기를 원하는 사람이라면 꼭 읽어야 한다. 론은 체중이 70킬로그램인 '표준 남성'의 세균 수가 3.8×10^{13}이라고 추정한다. 38조다. 혈구세포 계열(적혈구, 백혈구, 혈소판)이 거의 90퍼센트에 육박하고 이들을 합하면 약 3.0×10^{13}개 정도다. 흔히 상주 세균이 인간의 세포보다 10배 많다고 알려졌지만 다시 계산해 본 결과 거의 같은 것으로 드러났다. 그리고 이들의 무게는 0.2킬로그램 정도다; 〈인체를 구성하는 세포의 수 측정An estimation of the number of cells in the human body〉, *Annals of Human Biology*, 제40권, 463, 2013. 인간의 세포 수를 비교적 정확히 측정한 비앙코니의 논문 원문이다. 인간의 총 세포 수가 3.72×10^{13}개(약 37조) 정도임을 밝혔다. 여러 문헌을 분석했다. 예를 들면 포유동물 세포 1개의 평균 무게는 1나노그램 정도이다. 70킬로그램인 성인의 세포 수는 7×10^{13}개가 된다. 다소 많다. 부피로도 접근했다. 두 방법으로 측정한 성인의 부피는 각각 63.83리터, 66.61리터이다. 또 다른 연구자는 그 값을 60리터로 보았다. 세포의 평균 부피를 4피코리터로 간주하고 계산하면 그 수는 1.50×10^{13} 부근이다. 적혈구의 부피 90플루이드온스를 계산식에 넣으면 7.24×10^{14}개로 너무 많다. 저자들은 조직별로 세포 수를 구하여 더하는 방식으로 세포 수를 추정했다. 실험은 일반적으로 조직의 부피를 구하고 단위 면적(세제곱밀리미터)당 세포의 수를 얻어 곱하는 방식으로 진행되었다. 물론 연구자에 따라 부피보다는 면적을 선호하는 사람도 없지는 않다. 내게 익숙한 간을 예로 들어보자. 간의 부피는 1,470세제곱센티미터이다. 해독과 단백질 생산 등 핵심적인 역할을 하는 간 실질(parenchymal)세포 부피는 4,900세제곱마이크로미터이고 이들은 전체 부피의 80퍼센트를 차지한다. 이를 바탕으로 간세포의 수를 어림하면 $(1,470 \times 0.8) \times 10^{12}/4,900 = 2.4 \times 10^{11}$이다. 간 성상세포는 간세포 수의 1/10이라는 이미 알려진 결과를 이용했다. 한편 간에서 면역 기능을 담당하는 쿠퍼세포는 성상세포의 4배에 육박한다. 이런 식으로 계산하면 약 1.5킬로그램인 간에는 3.6×10^{11}개, 즉 3,600억 개의 세포가 존재한다.

〈인간 세포 유형의 다양성, 진화, 발생 및 신경 능선 세포를 기준으로 한 분류Human cell type diversity, evolution, development, and classification with special reference to cells derived from the neural crest〉, *Biological Reviews Cambridge Philosophical Society*, 제81권, 425, 2006. 신경 능선은 내배엽, 외배엽 및 중배엽에 이어 제4 배엽이다. 후생동물 (metazoan)은 인식할 수 있는 한정된 수의 세포 유형으로 구성된다. 종과 생태계의

관계처럼 세포 유형의 다양성을 인지하는 일은 복잡성과 진화를 이해하는 첩경이다. 하지만 진화의 다른 단위처럼 세포 유형도 정의하기가 쉽지 않다. 어쨌든 결론은 인간 성인은 145가지의 신경세포를 포함하여 411종의 세포로 구성되었다. 지금껏 약 200종이라고 생각했다.

〈인간 소화기관에서 비롯한 고대 미생물 유전체 재구성Reconstruction of ancient microbial genomes from the human gut〉, *Nature*, 제594권, 234, 2021. 산업사회에서 소화기관 미생물 다양성의 상실은 만성 질환과 관련이 있다. 이 현상을 이해하려면 우리 조상들의 소화기관 미생물 유전체 연구가 필요하다. 하지만 산업사회 이전 사람들이 소화기관 미생물 구성에 대해 아는 것은 거의 없다. 과학자들은 똥 화석에서 대규모로 미생물 유전체 분석을 시도했다. 미국 남서부와 멕시코에서 발견된 8개의 잘 보존된 분변 화석(1천~2천 년 된)이 그 대상이었다. 고대 인간 소화기관에서 비롯한 증거가 뚜렷한 181개 유전체 데이터에서 39퍼센트는 지금까지 한 번도 언급된 적이 없는 종의 것들이었다. 8개국 789개의 현생 인류 소화기관 미생물 유전체와 비교하면 분변 고세균 시료는 산업사회보다 그 이전의 데이터와 더 비슷했다. 기능적으로 보아 분변 화석 시료에는 항생제-내성, 뮤신 분해 유전자의(고분자 탄수화물을 분해하는) 빈도가 적었다. 고대 똥 화석 시료에는 점핑 유전자 단편이 풍부했다(현대에 들어와 계절 변화에 적응할 필요가 줄었다?).

〈포도당이 완전히 산화될 때 생기는 물 분자의 수는?How many water molecules produce during the complete oxidation of glucose?〉, *Biochemical Education*, 제24권, 208, 1996. 교과서에 기술된 6이라는 숫자는 부정확하다. ATP가 만들어질 때 생기는 것까지 모두 고려하면 포도당 1분자당 물이 44개 생긴다.

〈척추동물 혀의 기능과 구조의 진화Evolution of the structure and function of the vertebrate tongue〉, *Journal of Anatomy*, 제201권, 1, 2002. 살아 있는 척추동물의 혀의 형태를 비교 분석한 결과를 보면 그 형태와 기능은 진화적 사건과 관련이 있는 듯하다. 척추동물이 음식을 받아들이는 데 중요한 역할을 하는 혀는 그들이 사는 환경 조건에 적응한 것으로 보이며 무척 다양한 모습으로 변이했다. 일본 치과대학의 이와사키 신이치Iwasaki Shinichi는 척추동물의 혀가 진화하는 동안 혀의 형태가 중요했다는 점을 강조한다. 혀의 기원과 형태 환경의 상관성에 초점을 두고 양서류, 파충류, 조류 및 포유류의 혀를 거시적으로 또는 현미경을 써서 미시적으로 관찰했다. 비교 연구는 서식처와 형태의 변화가 상관성이 있음을 보였다. 물에서 뭍으로 삶터를 옮기면서 혹은 습한 곳에서 건조한 곳으로 옮기면서 혀 상피세포의 케라틴화 정도가 달라졌다. 양서류의 혀는 케라틴화 되지 않은 반면 파충류 혀에서는 그 변화가 상당히 일어났다. 파충류는 바다에서 온도가 높은 곳 그리고 습도가 다양한 곳에 정착했다. 혀의 케라틴화는 양막류가 진화하는 동시에 나타났다. 포유류 혀의 케라틴화는 이차적이어서 환경의 변화를 반영하고 있다.

〈혀의 부피, 구강 부피와 상기도 비율: 콘빔 CT(Influence of tongue volume, oral cavity and their ratio on upper airway: A cone beam computed tomography study)〉, *Journal of Oral Biology and Craniofacial Research*, 제10권, 110, 2020. 혀의 부피, 구강 부피 그리고 그들의 상관관계를 구하려는 실험이다. 치과용 CT를 이용했다. 평균연령이 21.9세인 15명의 피험자를 대상으로 했다. 비강과 인두는 상기도에 속한다. 이들 부위가 구조적으로 뒤틀리거나 편도비대증(adenoid), 혀 비대증이 있으면 폐쇄성 수면무호흡증에 시달릴 수 있다. 혀가 크면 상기도 공간이 줄어든다는 점을 실험적으로 증명했다(《호흡의 기술》 참고).

부위	부피(cm³)	부위	부피(cm³)
코인두	6.93	왼쪽 위턱굴(상악동)	14.06
입인두	17.62	구강 기도 부피	4.88
아랫인두	4.09	구강 부피(OCV)	111.09*
코벌집굴	24.18	혀 부피(TV)	98.32
오른쪽 위턱굴(상악동)	13.09	TV/OCV	0.895

* 구강 부피는 지름이 6cm인 당구공의 부피 113.04cm³와 비슷하다.

〈맞물리기 구조가 바뀔 때 음식물 씹기 적응-Masticatory adaptation to occlusal changes〉, *Frontiers in Physiology*, 제11권, 263, 2020. 음식물 씹기 능력은 영양 측면에서 중요한 주제이지만 영양사나 임상의 모두 큰 관심을 두지 않는다. 건강한 사람의 구강 조건에서 저작 능력은 우선 신경계 안에서 저작 적응 기제를 다룬다. 다음은 저작 능력을 판단하는 방법을 기술한다. 이에 뭔가를 덧씌웠거나 부정교합일 때 적응 방식을 예로 들었다. 치아얼굴이상(dento-facial deformities, DFD) 또는 부정교합이 심해서 만성적으로 음식물을 잘게 자르지 못하면 임상적 조치가 필요하다. 씹고 난 뒤 분쇄된 입자 크기가 4밀리미터 이상이면 심각한 부정교합일 가능성이 크다고 말한다.

〈초기 양막류 진화에서 황 대사 경로의 탄생-Birth of a pathway for sulfur metabolism in early amniote evolution〉, *Nature Ecology & Evolution*, 제4권, 1239, 2020. 타우린에 대한 내용만 살피자. 양막류 중 파충류와 포유류는 육상 생활에 다르게 적응했다. 육상에 적응하기 위해서 척추동물의 대사가 변화했다는 점은 알려져 있다. 특히 질소 배설 방식이 그렇다. 육상 생활에 맞게 대사 과정을 바꾸는 동안 이들은 새로운 효소 대사 경로를 만드는 대신 기존의 것을 용도 변경했다는 가설이 힘을 얻고 있다. 이탈리아 연구진은 양막류 5-인산 피리독신 의존 효소를 비교함으로써 조류에는 있으나 포유류에는 없는 황 대사 경로를 밝혔다. 헴과 5-인산 피리독신 조효소를 갖는 시스테인 분해 효소는 시스테인과 아황산염을 각각 시스테인산과 황화수소로 바꾼다. 시스테인산 탈수소효소는 이를 타우린으로 변환시키지만 황화수소는 시스타치온 합성 효소에 의해 시스테인으로 재활용된다. 이 반응 덕에 황을 가진 아미노산의 양은 알에서 발생하는 동안 내내 보존된다. 이 경로는 파충류 조상들이 시스타치온 합성 효소를 복제한 약 3억 년 전에 개발되었으며 시스테인 분해 효소는 새 기능을 얻고 시스테인산 탈수소효소와 보조를 맞추었다. 육상 생활에 적응하느라 새로운 경로가 개발되었으며 이러한 변화가 양막류의 참신성을 가능하게 했다. 포유동물은 다른 방식으로 타우린을 만든다: 〈장내 세균이 병원균 저항성을 부여한다Infection trains the host for microbiota-enhanced resistance to pathogens〉, *Cell*, 제184권, 615, 2021. 장내 세균은 숙주가 제공한 타우린을 황화합물로 변화시켜 숙주가 병원균 감염에 내성을 갖도록 돕는다. 장내 세균은 장막을 쳐 숙주가 감염되지 못하게 막는다. 군체 형성 저항성이라 불리는 과정이다. 미국 국립보건원 연구 팀은 감염되면 장내 세균이 숙주에게 저항성을 부여한다는 사실을 발견했다. 놀라운 일이다. 장기간에 걸쳐 담즙산 대사가 바뀌고 설폰산(황)과 타우린을 사용하는 세균 종이 늘어나 재조직화된다는 것이다. 흥미로운 점은 외부에서 타우린을 공급해 주어도 장내 세균의 기능이 변하면서 감염에 내성이 생긴다는 사실이다. 장내 세균이 타우린을 바꿔 황화물을 만들고 이를 숙주에 침입한 병원균의 세포 호흡을 억제하는 용도로 사용하는 것이다. 황화물을 없애는 약물을 투여하면 장내 세균의 구성이 바뀌고 병원균에 취약해진다. 감염되면 숙주는 타우린으로 장내 세균을 호궤(犒饋)하고 이들이 감염에 맞서 싸우게 기운을 북돋운다. 세균이 만드는 황화물은 황화수소(hydrogen sulfide)다; 〈타우린과 타우린 유도체 생리학과 생화학Biochemistry and Physiology of taurine and taurine derivatives〉, *Physiological Reviews*, 제48권, 424, 1968. 타우린이 알려진 때는 1827년이다. 생물계에 타우린이 어디에 존재할까? 타우린은 대부분 동물에 광범위하게 존재하고 조직에 따라 종종 그 어떤 아미노산보다 양이 많다. 삼투압 조절, 에너지 저장, 신경 펄스 억제, 담즙산 생합성에 관여한다. 인간 혈구 중 적혈구보다 백혈구와 혈소판에 타우린의 양이 많다. 아직도 모르는 게 많다.

〈원시 대사 네트워크의 기초를 이룬 작은 단백질 폴드Small protein folds at the root of an ancient metabolic network〉, *PNAS*, 제117권, 7193, 2020. 미국 럿거스 대학의 폴 팔코프스키Paul Falkowski가 썼다. 산화환원효소가 촉매하는 전자 전달 반응 덕에 지구 생명체가 살아간다. 가장 근대적인 산화환원효소계는 구조와 화학이 복잡하지만 분명 몇 개 안 되는 고대의 펩타이드 조각으로부터 진화했을 것이다. 시생누대인 약 35~25억 년 전에 존재했던 산화환원효소의 서열을 비교한 폴은 이들의 계통도를 그렸다. 단백질의 삼차원 구조는 아미노산 서열보다 느리게 변했다. 서열을 정렬하고 삼차원 구조를 비교함으로써 우리는 조효소가 결합하는 펩타이드 조각의 유사성을 정량화했다. 그 결과 그들은 공통 조상에서 비롯했음이 분명해졌다. 우리는 반복적으로 등장하는 두 개의 단편이 대사의 기원에 핵심적임을 알았다. 페레독신과 로스만-유사 단편이 그것이다. 공통 조상에 존재하는 이들 두 단편은 중복되고 여기저기 동원되고 분화하면서 새로운 기능을 얻게 되고 다양한 전자 전달 반응을 촉매하고 초기 대사의 기원을 장식했다. 단백질 구조를 연구하는 사람이라면 관심을 가질만하다. 광합성 과정에서 페레독신은 전자를 NADPH에 전달하여 포도당 합성을 돕는다.

〈포유동물 조직 사이의 대사체 교환을 돼지에서 정량하다Metabolite exchange between mammalian organs quantified in pigs〉, *Cell Metabolism*, 제30권, 594, 2019. 미국 프린스턴 대학 화학과 조슈아 라비노비치Joshua Rabinowitz의 논문이다. 포유동물 기관은 순환계와 끊임없이 대사체를 교환한다. 하지만 유기체 수준에서 이 교환 과정을 분석한 예는 없다. 연구진은 굵은 돼지의 동맥 대사체 농도와 11개 기관에서 채취한 정맥혈의 대사체 농도를 비교했다. 최소한 한 기관에서 90퍼센트의 대사체는 정맥과 동맥에서 차이를 보였다. 놀랍게도 간과 콩팥에서는 포도당뿐만 아니라 아미노산도 내놓았다. 둘 다 일차적으로 소화기관과 췌장에서 사용하는 것들이다. 간과 콩팥은 또 다른 예상치 않은 활성을 나타냈다. 간은 동맥경화성 포화 지방산보다 불포화 지방산을 태우는 일을 선호했지만 콩팥은 순환 중인 시트르산을 태웠으며 젖산을 피루브산으로 순-산화시키며 순환하는 산화환원 항상성을 유지했다. 지라(spleen)는 핵산을, 췌장은 TCA 회로 중간체 물질을 내놓았다. 이들은 기관 사이 대사체 순환의 목록을 제공하는 귀한 데이터이다. 라비노비치 연구 팀의 장철순 박사가 실험했다.

〈인간 심장의 에너지 사용Comprehensive quantification of fuel use by the failing and nonfailing human heart〉, *Science*, 제370권, 364, 2020. 평생 수축하기 위해 심장은 순환하는 영양소를 소비한다. 하지만 광범위한 인간 심장의 연료에 대한 자료는 부족하다. 라비노비치는 심장 질환이 있거나 없는 110명의 피험자, 동맥, 관상동맥, 넙다리 정맥에서 취한 혈액 대사체학을 조사했다. 기대했던 바와 달리 심장은 포도당은 거의 사용하지 않고 일차적으로 지방산을 소비했고 글루탐산과 다른 질소가 풍부한 아미노산을 내놓았다. 다리보다 심장에서 단백질이 10배나 빠르게 분해된다는 뜻이다. 또한 심장은 TCA 회로 중간체를 방출하며 아미노산의 분해에 맞서 합성을 증대시키려 애쓴다. 심장과 다리는 둘 다 케톤체와 글루탐산, 아세트산을 혈액으로부터 직접 공수해서 사용했다. 양이 많으면 더 많이 사용했다. 질환이 있는 심장은 케톤과 젖산을 더 사용했고 단백질 분해 속도도 빨라졌다. 인간 심장이 연료로 사용하는 대사체를 정량적으로 분석한 논문이다.

〈'쓰레기' 연구Response to Senator Flake's 'Wastebook: The Farce Awakens'〉, 은퇴한 상원

의원 톰 코번, 상원의원 제프 플레이크는 1,000억 달러의 연방 예산을 낭비한 쓰레기 같은 연구 100가지를 나열했다. 구글에서 그들이 비판한 내용을 찾아볼 수 있다. 미국국립과학재단 홈페이지에 가면 이런 보고서들이 많다(https://new.nsf.gov/about/congress/wastebooks).

〈포유동물 해부학 및 생리학 지표의 상대성장 예측Use of allometry in predicting anatomical and physiological parameters of mammals〉, *Lab Animal*, 제36권, 1, 2002. 수의사와 연구 과학자들은 특정한 실험동물의 생리적 어림값을 얻고자 노력한다. 이 논문에서는 흔히 사용하는 네 실험동물인 마우스, 랫, 개와 인간의 정상 생리와 해부학적 수치에 관한 데이터를 얻을 수 있다. 그 값들은 신체 크기에 의존적인 상대성장 계수를 나타내는 멱함수로 표현된다. 변수(Y) = aM^b (M은 체중). 데이터는 b 값에 따라 분류된다. 여기서 등장하는 유형은 신체 크기 의존적인 '디자인 원칙'이며 모든 포유동물에 걸쳐 기능과 구조에 관한 암시를 얻게 될 것이다. 몇 가지 생물학적 속도(심박수, 호흡수)는 b 값이 -1/4이다. 체중이 1만 배 늘면 심박수와 호흡수가 10배 줄어든다는 뜻이다. 부피 속도(예컨대 심장박출량, 호흡량, 산소 유입)의 b 값은 3/4이다.

〈미세 순환 시간 복잡계Temporal chaos in the microcirculation〉, *Cardiovascular research*, 제31권, 342, 1996. 혈관 벽의 자발적이고 주기적인 수축과 팽창은 혈액의 비선형 유체역학의 특성을 나타내고 시간에 따른 혈액의 미세 순환이 불규칙하게 요동친다. 복잡계는 초기 조건에 민감하고 행동을 예측하기 쉽지 않다. 네 가지 핵심적인 조절 기제는 세포질의 칼슘, 소포체 칼슘, 막 전위, 칼륨 채널이다. 혈관을 확장하는 일산화질소 합성은 핵심 요소가 아니다. 혈액의 흐름이 복잡계 양상을 띠는 것이 진화적으로 어떤 이점이 있는지 확실히 잘 모른다; 〈심혈관 혈액 흐름 프랙털 모델Fractal model for blood flow in cardiovascular system〉, *Computers in Biology and Medicine*, 제38권, 684, 2008. 심혈관계 혈액의 흐름은 실험과 이론 연구의 핵심 분야이다. 이 연구의 목표는 다르시의 법칙(Darcy's law), 레이놀즈 수와 푸아죄유 방정식을 써서 심혈관계 혈액의 흐름을 결정하는 일이다. 연구자들은 자기 닮음 생물학적 가지 비슷한 구조 모델을 제안한다. 혈관의 공간 배치와 혈관 직경에 따른 혈압의 합리적인 의존성을 반영하여 조직체가 균질한 산소 공급을 받을 수 있게 혈관계를 고안하고자 신경을 썼다. 《스케일Scale》에서 제프리 웨스트Geoffrey West는 혈관이 나뉘는 동안 단면적이 보존된다고 말했다; 〈국소 혈류 조절Local control of blood flow〉, *Advances in Physiology Education*, 제35권, 5, 2011. 기관의 혈액 흐름은 관류압과 기관 혈관의 내부 저항이 있는 혈관 운동 긴장도(tone)에 따라 다르다. 혈관 운동 긴장도를 조절하는 국지적 요소는 근육세포 혹은 대사의 자동 조절을 포함한다. 흐름이 매개하는 반응, 적혈구에서 분비되는 혈관 활성이 있는 성분들도 중요한 요소다. 이들 요소의 상대적 중요성은 시간에 따라 조직별로 혈관의 지름에 의존해 달라진다. 혈액의 흐름 방정식(푸아죄유) = $\Delta P\pi r4/8\eta l$ 반지름이 50퍼센트 증가하면 혈액의 흐름은 406퍼센트 빨라진다. 콜레스테롤이 혈관 벽에 더께처럼 끼어 혈관 벽 반지름이 6분의 5만큼 줄면 혈액 흐름은 절반으로 뚝 떨어진다;〈혈관 복잡성과 최적 가지치기 지수The role of vascular complexity on optimal junction exponents〉, *Scientific Reports*, 제11권, 5408, 2021. 심장과 뇌혈관 구조의 특성을 재현하기 위한 컴퓨터 모델을 제안했다. 성장하는 동맥 네트워크를 확장하여 이들 알고리즘을 복잡성으로 연결하기 위해 생리적 변수(혈관을 펌프질하고 유지보수하는 데 필요한 대사 비용)가 변하는 상황과 가지가 갈리는 접점의 가치를 이해할 필요가 있다. 모세혈관의 직경은 5마이크로미터, 대동맥은 2~3센티미터이므로 약 네 자릿수, 즉 10,000배 차이가 난다. 전형적인 기관에서 주동맥은 1~10밀리미터, 세동맥은 10~100마이크로미터로 모세혈관과 연결된다. 푸아죄유 방정식을 응용해서 가지가 갈릴 때 얼마나 반지름이 줄어야 하는지 모형화했다.

〈전립샘 해부학, 발생학 및 전립샘비대증의 병리학Review of prostate anatomy and embryology and the etiology of BPH〉, *Urologic Clinics of North America*, 제43권, 279, 2016. 사람의 전립샘은 방광 아래에 있는 호두 크기의 기관이다. 전립샘비대증, 전립샘암, 전립샘염의 주인공이다. 전립샘 해부학을 기술한 사람은 16세기 벨기에 의사, 안드레아스 베살리우스Andreas Vesalius, 1514~1564다. 1543년 그는 남성의 보조샘에 대해 기술했다. 고환과 전립샘의 기능이 서로 연결되어 있다는 사실을 알게 된 지도 오래다. 1786녀 존 헌터 John Hunter 는〈직장과 방광 사이에 있으며 정낭이라 불리는 샘의 관찰〉에서 "전립샘과 쿠퍼샘, 요도가 있는 남성 기관은 부드럽고 짠맛이 나는 액체를 분비한다. 거세한 동물의 그것은 작고 지방이 많으며 거칠고 질기지만 분비물은 적다."라고 기술했다;〈전립샘 비대와 배뇨 기능 변화는 노화 과정의 일부이다Prostate enlargement and altered urinary function are part of the aging process〉, *Aging*, 제11권, 2653, 2019. 악성이건 양성이건 전립샘 질환 이환율은 나이에 직접 비례한다. 40세 이전 남성이 전립샘 질환 진단을 받는 경우는 거의 없지만 80세 이상 노인 90퍼센트 이상은 양성 전립샘 비대 증상의 현미경적 소견을 보인다. 나이 든(24개월) 마우스에서 저자들은 양성 전립샘비대증과 비슷한 하부요소 증상을 관찰했다. 내분비와 전립샘 요소들, 예컨대 평활근 기능, 전립샘 성장, 섬유화 등 여러 과정이 복합적으로 전립샘 기능을 변화시킨다는 결론에 이르렀다;〈전립샘 발생과 전립샘비대증에서 안드로겐 수용체의 역할The role of the androgen receptor in prostate development and benign prostatic hyperplasia: A review〉, *Asian Journal of Urology*, 제7권, 191, 2020. 전립샘이 커지는 전립샘비대증은 나이 50세 즈음에 시작된다. 노년기 질병의 중요한 요소이며 하부요로 증상 및 급성요폐(urinary retention)가 찾아올 수 있다. 안드로겐 수용체는 전립샘의 정상적 발생에 필수 요소이다. 안드로겐 수용체 신호에 문제가 생긴(거세한) 개체는 나이가 들어도 전립샘이 비대해지지 않는다. 환원효소 억제제를 처리하여 환원된 테스토스테론의 양이 줄면 안드로겐 수용체 활성이 떨어지고 전립샘 크기가 줄며 전립샘비대증 환자의 일부 증세가 누그러진다. 특정 세포 분획에서 안드로겐 수용체 발현이 증가한다는 보고가 있지만 어떻게 안드로겐 수용체가 전립샘비대증 진행에 관여하는지는 확실치 않다.

〈정액 Seminal fluid〉, *Current Biology*, 제27권, R404, 2017. 정액은 정자의 운동성, 수정 능력에 기여하는 동시에 에너지와 면역 방어력을 제공하여 정자의 활동을 지원한다. 암컷과 접촉한 정액은 배란을 자극하고, 면역 활동을 조절하며, 영양을 공급하고, 생식기관의 pH를 변화시키고, 심지어 다른 수컷의 정자가 들어오지 못하게 아예 자궁을 막아버리기도 한다. 인간의 정액에는 약 900가지의 단백질이 들어 있다. 영양결핍, 질병 혹은 노화 같은 여러 스트레스 요인이 정액의 생산량을 줄인다.

〈성 선택과 영장류 정낭의 진화 Sexual selection and evolution of the seminal vesicles in primates〉, *Folia Primatologica*, 제69권, 300, 1998. 전립샘은 모든 포유동물이 갖고 있지만 정낭은 유대류, 단공류 및 육식동물에선 찾아볼 수 없고 설치류, 토끼, 박쥐 및 영장류에서는 그 크기가 줄었다. 인간의 정낭은 손가락 크기의 남성 생식기관으로 방광 뒤쪽에 자리한다. 정낭을 가진 포유동물과 마찬가지로 영장류 정낭은 몇 가지 중요한 생식 기능을 보인다. 정자가 포함된 정액의 상당 부분은 사정할 때 정낭에서 분비된다. 정액 안에 든 과당은 정자의 생존을 돕는 물질로 알려졌다. 알칼리성인 정액은 질의 pH를 완충하는 효과가 있어서 정자의 생존을 돕는다. 정액 단백질은 전립샘에서 만든 정낭 분비물 응고효소(vesiculase)와 반응해서 정액을 굳히고 어떤 종에서는 딱딱한 교미 마개를 만들기도 한다(회색쥐여우원숭이, 갈색여우원숭이, 침팬지). 이런 사실을 감안하면 영장류에서 정낭의 크기가 무척 다양하다는 점은 흥미롭다. 티티원숭이에서는 흔적기관처럼 남아 있지만 히말라야 원숭이와 긴꼬리원숭이의 정낭은 상당히 크다.

〈전립샘암에 영향을 끼친 생활사 진화적 절충: 테스토스테론 값과 전립샘의 집단 변이 Do evolutionary life-history trade-offs influence prostate cancer risk? a review of population variation in testosterone levels and prostate cancer disparities〉, *Evolutionary Applications*, 제6권, 117, 2013. 안드로겐에 노출되는 빈도가 늘수록 전립샘암에 걸릴 위험성도 커진다. 서구와 비서구 사람들의 테스토스테론 분비에는 영양소 제약이 따르고 그에 따라 남성 테스토스테론의 양과 전립샘 발병률이 제각각이다. 생활사 가설은 초기 생식에 투자하는 일과 수명 사이에 절충(trade-off)이 있었다고 본다. 생활사 가설의 한 지류인 '도전(challenge) 가설'은 경쟁이 심해서 수컷의 테스토스테론 수치가 높아졌다고 예측한다. 영양을 넘치게 섭취한 서구 남성의 혈중 테스토스테론 값은 이미 비교 문명 연구의 통계치를 넘어섰다. 진화학자들은 남성끼리의 경쟁이 극심한 공격적인 환경에 사는 서구 남성들이 테스토스테론 수치를 높이고 전립샘암에 노출되었으리라 생각한다.

〈전립샘과 유방암의 유사성: 진화, 식단 및 에스트로겐Similarities of prostate and breast cancer: evolution, diet and estrogens〉, *Urology*, 제57권, 31, 2001. 환경이 전립샘과 유방암의 위험도를 결정한다. 그 위험도는 거의 10배까지 커질 수 있다. 반면 정낭에 암이 생기는 일은 없다. 조직 특이성이 있는 것이다. 종 특이성도 있다. 개를 제외한 늙은 포유동물의 어떤 수컷도 전립샘암에 걸리지 않는다. 진화 연구자들은 전립샘과 가슴이 약 65만 년 전 같은 시기에 등장했다고 말한다. 모든 포유동물 수컷이 전립샘을 지니지만 정낭은 그렇지 않고 식단에 따라 결정된다. 주로 고기를 먹는 종들은 정낭을 갖지 않는다. 여기서도 인간은 예외다. 최근에 식이 변화로 인간은 고기를 먹게 되었지만 정낭이 있다. 다른 고등 영장류에서 인간 계통이 분기한 것은 약 800만 년 전이다. 인간과 가장 가까운 영장류는 난쟁이 침팬지인 보노보이다. 이들은 주로 과일과 신선한 채소를 먹지만 고기를 먹는 일은 드물다. 약 15만 년 전에 진화한 호모 사피엔스는 그들 생애의 불과 10퍼센트 시기 내에 개와 함께 식단을 급격히 변화시켰다. 인간이 개를 가축화한 즈음이다. 작물을 키우고 요리, 가공, 저장된 고기와 채소를 먹게 되었다. 전립샘과 유방암을 예방하기 위해서는 과거 인간이 진화했던 당시의 식단으로 돌아가야 한다고 최근 모든 역학 연구 결과는 일관되게 말한다. 세계적으로 서구화된 식단은 두 종류의 암과 연관된다. 에스트로겐에 자주 노출되는 일, 식물성 에스트로겐 섭취와 더불어 지방 식단의 증가, 비만, 태우는 음식물 가공법 모두 호르몬 기반 발암 원인이다. 흥미로운 가설이다.

〈오줌발 형태학-생물리학에서 진단까지The shape of the urine stream-from biophysics to diagnostics〉, *PLOS ONE*, 제7권, e47133, 2012. 저자들은 자유 제트 흐름(free jet-flow)의 모세관 파동(capillary-wave) 컴퓨터 모델을 개발하고 요도 입구를 빠져나가는 순간 오줌발의 특징적 형태의 생물 물리학을 연구했다. 컴퓨터 유동 역학 모델은 표면 장력의 영향 아래 축 대칭이 아닌 출구를 나오면서 뒤틀린 액체 제트 흐름의 형태를 결정하는 데 사용한다. 오줌발 형태는 유속과 출구 기하학의 지표로 쓸 수 있다. 건강한 지원자의 오줌발 형태에서는 그것의 최고 속도를 정확히 예측할 수 있었다(± 2퍼센트). 그러나 환자의 경우 형태와 유속의 상관관계는 방광이 비워지는 순간 요도구 열림에 문제가 있음을 암시한다. 오줌발의 형태를 분석하면 비침습적 진단의 수단으로 쓸 수 있을 것이다.

〈인간의 크기The size of man〉, *American Scientist*, 제56권, 400, 1968. 인간의 물리적인 크기가 왜 중요한지 그리고 과학 기술의 발전과 같은 인간의 성취가 인간의 특별한 크기 때문에 가능했는지 살펴본다. 다양한 생리적, 역학적 과정이 크기와 결부된 제약을 받는다는 것이다. 미세구조에서 거대구조로 과정을 무작위로 줄이거나 늘일 수 없을 뿐만 아니라 생리적 뒤틀림 없이 그 역과정을 진행할 수도 없다는 뜻이다. 《코끼리의 시간, 쥐의 시간》에서 모토카와 다쓰오는 몸 1밀리미터를 경계로 생명체가 사는 세계의 물리적 특성이 달라진다고 말했다. 뉴턴 역학이 지배하는 관성력이 주인공인 큰 세계가 있는 반면 작은 세계에는 환경을 구성하는 분자 사이의 인력이 우세하다. 작은 생명체의 체중이 임곗값 아래로 줄어들기 때문이다. 허우적거리며 세균이 끈적거리는 물을 건너는 광경을 상상해 보자.

〈개구리 콩팥에서 방광으로 소변의 움직임 및 방광의 배뇨 기능The physical movement of urine from the kidneys to the urinary bladder and bladder compliance in twon anurans〉, *Physiological and Biochemical Zoology*, 제82권, 163, 2009. 요관에서 방광으로 오줌의 움직임은 중력과 폐의 팽창(inflation), 볼의 펌핑(buccal pumping, 볼의 움직임을 이용하여 호흡하는 방법) 및 평활근 수축으로 생긴 압력의 조합에 의해 작동한다. 총배설강에서 방광으로 오줌의 움직임은 총배설강 평활근이 수축하면서 생긴 압력에 의한 것이지만 방광의 압력이 크면 그 흐름이 늦춰진다. 개구리 얘기다. 정리하면 방광 채움은 요관과 총배설강의 압력으로 시작되지만 방광 압력에 의해 상쇄된다. 육상 동물의 방광은 더 복잡하다.

〈저장 기관으로서 방광의 진화: 냄새 흔적과 초기 육상 동물 선택압의 컴퓨터 시뮬레이션The evolution of the urinary bladder as a storage organ: scent trails and selective pressure of the first land animals in a computational simulation〉, *SN Applied Sciences*, 제1권, 1727, 2019. 폐기물 조절 기능은 모든 생명체에게 무척 중요하다. 육상 사지동물이 저장용 방광을 갖는 것은 거의 보편적인 현상이다. 바다 혹은 창공에 사는 여러 생명체는 이런 기능의 기관이 없거나 보관 기능이 상당히 축소된 방광을 갖는다. 방광의 구조를 보면 그것이 삼투 조절 기능을 갖는 얇은-벽 구조에서 진화했음을 알 수 있다. 현대 해양 동물에서 볼 수 있는 형태이다. 방광의 보관 기능은 포식자로부터 피식자를 안전하게 지킬 수 있어서 진화적으로 선택적 이점이 있었다고 가정한다. 단순하게 냄새의 흔적을 따라 쫓고 쫓기는 무작위 시뮬레이션이 다양한 사냥 전략을 구현하는 데 사용된다. 여기서 보관 기능을 갖는 방광의 세 특징이 두드러진다. 냄새 흔적 탐지율을 줄인다; 포식자-피식자 거리가 늘어난다; 포식자가 냄새를 맡아 사냥에 성공할 확률이 줄어든다. 또 다른 진화모델은 이런 특성이 수세대를 지나는 동안 보존되었으며 포식자-피식자 상호관계가 보관 기능을 갖는 방광의 진화에 선택압이었음을 보여준다; 〈죽음:《사람은 어떻게 죽음을 맞이하는가》를 읽고DEATH: A Positive Review/Essay of "How we die" by Sherwin B. Nuland〉, *SPSI: Spencer-Pacific Scientific Institute*, 2020. 용감하고 품위 있게 죽는 법; 나이가 들면서 일반적으로 방광의 기능이 떨어진다는 얘기가 등장한다. 수돗물 흐르는 소리에 오줌이 마려운 까닭은 흐르는 물에 방광을 비우는 일이 안전하기 때문이라는 이유라고 한다. 오줌 섞인 물은 내게서 점점 멀어져 간다.

〈중수로 표지된 물의 흡수와 분포 및 배설의 동역학 분석Pharmacokinetic analysis of absorption, distribution and disappearance of ingested water labeled with D2O in humans〉, *European Journal of Applied Physiology*, 제112권, 2213, 2012. 마신 물이 어떻게 흡수되고 체내 물풀(pool)에 분포하는지 또 사라지는지 36명의 피험자를 대상으로 조사했다. 열흘 동안 혈장과 오줌의 중수소/수소의 비율 변화와 그 동역학을 1, 2구획 또는 분획 없는 모델로 분석했다. 회전율은 하루 4.58리터(±0.80)였고 완전히 새로운 물로 치환되는 데 50일이 걸렸다. 5분 안에 마신 물이 혈당과 혈구에 등장했고 흡수 반감기(11~13분)로 보아 물 전부가 흡수되는 데는 약 75~120분이 걸렸다. 물 흡수 분포 관련 데이터는 많지 않다. 하지만 이 값은 사람의 특성, 음료수 및 환경 조건의 영향을 받는다. 회전율을 계산한 값은 실제 성인 남성에서 측정한 값인 하루 3.2~3.7리터보다 많다. 사실 피험자들은 하루 2리터의 물을 마셨다. 오줌으로 배설되는 양은 전체의 약 60퍼센트였다. 나머지는 뱉는 숨, 땀과 똥이다. 오줌은 분당 2밀리리터 속도로 만들어진다.

〈항문조임근: 정상 및 비정상〉, 대한소화관운동학회지, 제12권, 8, 2006. 주로 근육으로 구성된 관인 항문은 길이가 2~4센티미터이고 두 종류의 항문조임근으로 이루어진다. 안쪽 항문조임근은 직장의 돌림근층과 이어지고 바깥 항문조임근은 항문거근으로 이어지며 서로 다른 형태를 띠고 있다. 똥을 눌 때 안쪽 항문조임근이 자동적(불수의적)으로 이완하고 골반 아래 근육과 바깥 항문조임근의 의식적 이완이 일어난다. 똥을 억제할 때는 안팎의 항문조임근과 치골직장근이 모두 수축한다.

〈소화기관 머무름을 개선할 두 구획 캡슐의 개발 및 디자인Design and development of novel dual-compartment capsule for improved gastroretention〉, *ISRN Pharm*., 752471, 2013. 위에서 대장까지 내부의 표면적과 pH 정보가 있다. 생리학 교과서를 참고하면 약 3억 개의 폐포(alveoli)를 가진 폐의 표면적은 75제곱미터에 이른다. 빌 브라이슨은《바디》에서 그 면적이 95제곱미터라고 말했다.

소화기관	표면적(m^2)	pH
위	3.5	1~3.5
십이지장	2	4~6.5
공장	180	5~6
회장	280	6~8
대장	1~3	6~8

〈인간의 피부 면적Human body surface area:measurement and prediction using three dimensional body scans〉, *European Journal of Applied Physiology*, 제85권, 264, 2001. 유럽인들 395명 남성과 246명 여성을 조사한 자료다. 남성 피부 표면적은 2.03제곱미터 (±0.19), 여성은 1.73제곱미터(±0.19).

〈소화기 비교 생리학Comparative digestive physiology〉, *Comprehensive Physiology*, 제3권, 741, 2013. 척추동물, 무척추동물 소화기 형태와 기능적 특성은 일반적으로 음식물의 화학을 반영한다. 탄수화물, 단백질, 지방 그리고 소화가 잘되지 않는 물질(셀룰로스) 등이다. 소화효소와 영양소 운반 단백질은 개별 음식물을 얼마나 먹느냐에 달려 있다. 가수분해 효소 활성의 차이는 종이나 집단마다 다르며 이는 유전자 복제 수의 차이 혹은 단일 염기 다형성에서 비롯된다. 음식물 신호에 따라 전사 혹은 번역 후 가공이 진행된다. 음식물에 따라 소화 분획의 크기를 탄력성 있게 조절한다. 공생 미생물에 위탁한 발효과정은 느리고 시간이 오래 걸리는 일이다. 따라서 동물들은 발효 공간을 늘리는 방식을 취했다. 척추동물의 장내 세균은 무척추동물의 그것보다 최소한 수십 배 많다. 영양소 운반 단백질은 기능적으로 다르다 해도 여러 문에 걸쳐 단일한 상동(ortholog) 유전자군을 이루고 있다. 독소는 어디에든 있기 때문에 음식물을 정지시킨 다음 이를 확인하고 제거하는 작업이 중요하다.

〈대사 스케일링의 열역학 기원On the thermodynamic origin of metabolic scaling〉, *Scientific Reports*, 제8권, 1448, 2018. 대사 스케일링의 형태와 기원은 표면과 부피의 관계가 예견하듯 3분의 2가 아니라 체중의 3/4 지수, 먹급수라는 클라이버(Kleiber) 기초대사율이 발견된 이래 혼란을 거듭했다. 지수 3/4의 보편성이 영양소 네트워크의 프랙털 특성이라는 견해는 최근 이에 어긋나는 거듭된 발견으로 다시 한번 도전을 받는다. 대사율의 체중 의존성은 열로 소산되는 에너지와 대사를 유지하기 위해 생명체가 효율적으로 사용하는 에너지 사이의 균형에서 비롯된다. 이런 균형이 부가적인 모델의 형태를 바로잡아 이전에는 일관되지 않았던 포유류와 조류, 곤충 그리고 식물에 이르기까지 단일한 틀로 직조할 수 있게 되었다. 이 모델은 데이터와 잘 부합하고 열로 인한 에너지 소실, 체중, 기후 환경 또는 내온성과 외온성의 차이를 설명할 수 있다.

〈도시 규모에서 인류의 체온 조절 비용City-scale expansion of human thermoregulatory costs〉, *PLOS ONE*, 제8권, e76238, 2013. 조류와 포유동물이 생리적으로 내부 온도를 일정하게 유지하는 정온성은 에너지 측면에서 매우 값비싼 형질로 알려져 있다. 자유 생활을 영위하는 조류와 포유류의 연간 에너지 수요량은 비슷한 크기의 변온성 척추동물인 도마뱀보다 15~30배 많다. 현대적 인간도 체온을 조절하기 위해 에너지를 쓴다. 하지만 독특하게도 그들은 신체의 체온을 조절하는 대신 자신들이 귀속된 환경을 변화하기에 이르렀다. 도시에 거주하는 현대 도시 네트워크가 제공하는 에너지는 다양한 형태를 띠지만 북미 6개 도시의 에너지 소비량은 정온동물 개체와 흡사하게도 온도 의존적이었다. 그렇다고 해도 도시와 주택 온도를 조절하느라 외부에서 공급하는 연간 에너지양은 체온을 조절하는 인체 대사량보다 9~28배나 더 컸다. 개인에서 주택으로 온도를 조절하는 체계로 바뀌면서 인류는 기후와 무관하게 열적으로 안락한 상황을 만들어 냈다. 인류의 탄소발자국을 반영하듯 기후변화가 증폭되는 시기에 넘치는 에너지를 투입하는, 다시 말해 열 보존 보다 열 생산에 주안점을 둔 이런 사치스러운 도시-규모의 온도 조절 방식의 심각성을 알아야 한다.

〈새로운 머리에 축복을, 새로운 입에 찬사를A celebration of the new head and an evaluation of the new mouth〉, *Neuron*, 제37권, 895, 2003. 지금으로부터 20년 전 칼 간스Carl Gans와 글렌 노스컷Glen Northcutt은 척추동물의 주요한 발명이 포식성 생활 방식에 적합한 감각 기관을 주렁주렁 매단 새로운 머리라고 말했다. 감각 기관의 발생 기원을 역추적하고 이들 모두가 일시적 배아 외배엽 세포 집단인 신경 능선(neural crest)과 외배엽 판(placodes)에서 대부분 기원했다는 사실을 밝혔다. 이들 세포 유형은 이후 턱을 가진 새로운 입과 같은 더 많은 참신성을 이끌었다. 신경 능선의 패턴 형성과 가소성, 두 가지가 상호작용하면서 척추동물은 두개안면부(craniofacial)의 끝없는 변이를 끌어냈다.

〈잊힌 기계: 우주복 입고 오줌 누기Forgotten hardware: how to urinate in a spacesuit〉, *Advances in Physiology Education*, 제37권, 123, 2013. 1961년 5월 5일 알란 쉐퍼드Alan Shepard는 우주 공간을 여행한 최초의 사람이 되었다. 고도에서 견딜 수 있는 압력복이 개발되고 우주 비행이 시작되던 1950년대 기술자들은 오줌을 모으는 기술을 발전시켰다. 1962년 화성 궤도를 비행한 존 글렌은 그것을 착용했다. 해수면에서는 평방인치당 14.7파운드(PSI)의 압력이 콜로라도주 덴버에서는 12PSI까지 줄어든다. 외부 압력이 계속 주는 것이다. 우주에서는 혈관이 파열되지 않게 압력복을 입어야 한다. 질소가 기화되어 감압병이 생기지 않도록 100퍼센트 산소를 호흡한다. 무중력 상태에서는 소변이 방광 바닥에 모이지 않는다. 방광이 가득 차야만 옆구리가 늘어나 요의를 느끼게 된다. 방광 근육이 수축해서 오줌을 눌 수는 있지만 오줌이 떠다니는 모습을 보려 하지 않을 것이다. 그래서 우주복에 오줌을 모으는 장치를 달기도 했다.

〈림프액 펌프: 역학, 기제 그리고 오작동Lymphatic pumping: mechanics, mechanisms and malfunction〉, *The Journal of Physiology*, 제594권, 5749, 2016. 몸통 장소 대부분에서 정수압을 거슬러 림프액을 움직이기 위해서 외적(수동적), 내적(능동적) 힘을 합쳐야 한다. 이런 림프액 펌프가 효율적으로 움직여야 간질액의 전반적인 항상성이 유지된다. 림프액을 밀기 위해서는 림프 근육세포가 활발하게 수축해야 하지만 림프관을 따라 동조하는 움직이고 림프관 사이 밸브가 올바르게 작동하는 일도 그에 못지않게 중요하다. 정상적인 림프의 펌프 기능은 림프 근육의 내적인 특성에 의해 결정되지만 그 펌프의 가동은 림프액을 얼마나 받아들이고 내려놓는지, 수축 속도는 얼마인지에 따라 수축력과 신경의 영향을 받는다. 림프가 수축하는 일을 제대로 수행하지 못하면 방어 기능이나 밸브 기능이 망가지고 림프계 전체가 흐트러진다. 선천성 질병인 림프 부종이 생길 수 있다. 간접적으로 면역, 비만, 대사 증후군 및 염증성 소화기 질환에도 림프계가 영향을 받는다.

〈코끼리의 흡입 섭식 Suction feeding by elephants〉, *Journal of The Royal Society Interface*, 제18권, 20210215, 2021. 무게가 100킬로그램도 넘는 코를 가졌지만 코끼리는 주로 무게가 가벼운 풀을 주식으로 한다. 코끼리는 어떻게 이리 가벼운 풀을 취급할까? 애틀랜타 동물원에서 확보한 영상 실험과 이론적 고찰을 거쳐 연구진은 코끼리가 음식물을 잡기 위해 흡입한다는 사실을 알게 되었다. 이전까지 물고기에 국한되었다고 알려진 섭식 방법이었다. 사람의 폐와 비슷한 압력을 만들어 내는 코끼리 콧구멍 크기와 폐의 용량이면 충분히 물건을 잡을 수 있으리라 추정한 것이다. 점성이 있는 유체를 빨아들이는 코끼리 코의 지름은 30퍼센트까지, 콧구멍 부피는 64퍼센트까지 늘어난다. 코끼리 코는 초당 150미터가 넘는 속도로 공기를 빨아들이며 이는 인간의 그것보다 30배가 빠르다. 빠른 속도의 공기로 코끼리는 순무 조각이나 토르티야 과자 더미를 순식간에 빨아들였다(vacuum up).

똥 누는 시간 12초
오줌 누는 시간 21초
내 몸을 살리는 평활근 생물학

초판 1쇄 펴낸날 2025년 4월 1일

지은이 김홍표
디자인 studio O-H-!
펴낸곳 도서출판 지호
출판신고 2007년 4월 4일 제2018-000061호
전자우편 chihobook@naver.com
전화번호 02-6396-9611
팩스번호 02-6488-9611

ISBN 978-89-5909-076-1 (03470)